地下水利用与保护关键技术创新及其应用

仕玉治　李福林　陈华伟　王开然　著

黄河水利出版社
·郑州·

内 容 提 要

本书对地下水利用与保护有关理论方法与应用实践进行了详细的阐述，并从水权分配、综合评价、耦合模拟、回灌补源和保护管理等方面提出了地下水利用与保护的关键技术。主要内容包括绪论、地下水资源评价与水权分配、地下水系统安全综合评价、地下水-地表水耦合模拟技术、地下水人工回灌-回采(ASR)技术、地下水管控目标确定技术、地下水利用保护综合管理技术等。

本书可供从事地下水开发利用、保护和管理的技术人员以及相关领域的研究人员阅读参考。

图书在版编目(CIP)数据

地下水利用与保护关键技术创新及其应用/仕玉治等著.—郑州：黄河水利出版社，2022.7

ISBN 978-7-5509-3337-8

Ⅰ.①地…　Ⅱ.①仕…　Ⅲ.①地下水利用-研究②地下水保护-研究　Ⅳ.①TU731.5②P641.8

中国版本图书馆 CIP 数据核字(2022)第 135149 号

组稿编辑：王路平　电话：0371-66022212　E-mail：hhslwlp@163.com

韩莹莹　66025553　hhslhyy@163.com

出 版 社：黄河水利出版社　网址：www.yrcp.com

地址：河南省郑州市顺河路黄委会综合楼 14 层　邮政编码：450003

发行单位：黄河水利出版社

发行部电话：0371-66026940、66020550、66028024、66022620(传真)

E-mail：hhslcbs@126.com

承印单位：河南新华印刷集团有限公司

开本：787 mm×1 092 mm　1/16

印张：13.25

字数：310 千字

版次：2022 年 7 月第 1 版　印次：2022 年 7 月第 1 次印刷

定价：150.00 元

前 言

水是生命之源、生产之要、生态之基。地下水是水资源的重要组成部分,具有重要的资源属性和生态功能,是重要的水资源战略储备。地下水在社会经济发展中发挥着重要的作用。进入21世纪以来,社会经济对水资源的需求日益增大,尤其在我国北方干旱、半干旱地区,地下水局域性过度开采,进而引发了水质污染、地面沉降、海(咸)水入侵等一系列生态与环境问题,已成为制约经济社会良性发展的主要因素之一。因此,科学合理利用和有效保护地下水资源极为重要,对于保障供水安全、粮食安全和生态安全具有重大意义。

自"十一五"以来,国家陆续出台了一系列关于加快推进水利改革发展和最严格水资源管理制度建设的文件,大力推动了水资源高效利用与管理制度建设,在地下水资源评价、严格地下水管理保护等方面的科学研究也取得了较好进展。近些年,为加快推进生态文明建设,国家将水安全提升为国家战略,尤其在2021年12月1日起施行《地下水管理条例》以来,对地下水科学利用、节约保护、超采治理等方面提出了更高的要求。

本书密切结合地下水利用与保护管理实际,对地下水利用与保护关键技术方法进行了较为系统的研究。本书共分7章。第1章综述了地下水初始水权分配、综合评价、耦合模拟、人工回灌补源、利用保护与管理等方面的研究进展;第2章在地下水资源评价的基础上,提出了地下水水权分配指标与分配模型;第3章围绕地下水水质评价、地下水脆弱性评价以及地下水系统健康评价三个方面,提出了基于可变模糊理论、云理论以及组合权重的综合评价方法;第4章论述了地下水-地表水耦合理论框架与适应性评价,分析了研究区地下水环境演变规律;第5章阐述了ASR技术原理与基本条件,提出了地下水回灌与回采系统设计方法和堵塞处理技术;第6章在地下水功能区划分的基础上,提出了地下水管控目标确定方法;第7章论述了地下水监测预警与体制机制建设等综合管理技术。书中介绍了一些新的理论方法与技术,并辅以研究实例分析说明,将有助于地下水利用与保护技术的推广应用。

本书在编写过程中得到了德州市水利局、莒县水利局、肥城市水资源保护中心等有关部门的领导和专家,以及长期以来支持项目研究的山东省水利科学研究院的领导和同事们的大力支持与帮助,许多同志参与了本书的研究和实践工作。在此,谨向为本书的完成提供支持和帮助的单位、所有研究人员和参考文献的作者表示衷心的感谢!

鉴于地下水利用与保护涉及面广、要素多、问题复杂,本书的研究仅仅是一项阶段性成果,由于作者水平有限,书中不妥之处在所难免,敬请读者批评指正。

作 者

2022年4月

目 录

第1章　绪　论

地下水利用与保护研究涉及众多方面，本章着重从地下水水权分配、综合评价、耦合模拟等方面阐述国内外研究进展。

1.1　地下水初始水权分配研究进展

初始水权分配是一项非常复杂的系统决策过程，涉及政府、用水户、生态系统等众多利益相关者，需要统筹考虑经济效益、市场、社会、管理、决策等众多因素。目前，针对流域初始水权分配理论与实践工作，国内外学者对水权分配方法的研究取得了许多成果，从不同角度探讨了水权分配问题。概括起来，水权分配方法主要有边际成本法、公共管理分配法、水市场法、基于用水需求的水权分配方法等，不同的水权分配方法在具体应用中存在各自的优缺点。边际成本法是从水资源边际成本的角度进行水权的再分配，分配成果能够避免水资源的过度使用，不足之处是在实际应用中很难确定边际成本价格，如Jeson Kelmanti(2002)提出了一种基于不同用户水的机会成本的分配模型，探讨了经济法则和线性分配机制。公共管理分配法是从政府管理角度实施水权分配制度，比较常见的有河岸权制度、优先占用权等。其优点是能够促进公平，确保水资源不足地区的供水，并满足环境需水要求，不考虑价格因素；缺点是没有考虑资源的稀缺程度，会导致公共资金的巨大投入，造成水资源浪费，如Gopalakrishnan(1973)采用占用优先原则建立水权分配方法。水市场法是以市场水权交易的形式，实现水资源从低效益用户向高效益用户流转，提高了用水效率。其优点是通过市场配置资源，不仅优质高效，还可进行水权转让；缺点是水资源分配倾向于经济效益第一，会忽视弱势群体和公共利益。Howe(1986)从水市场的角度提出了一种新的流域水权分配方法，Zhao等(2013)建立了基于代理的水权分配框架，并比较分析了管理系统和市场系统视角下用水户行为(水权交易、交易价格、水使用违规处罚等)。基于用水需求的水权分配方法主要是统筹考虑多方利益关系，建立综合分配指标体系，采用数学模型进行水权分配的方法，该方法可以灵活调整供水方式以满足不同区域、部门的用水需求，不足之处是构建一个透明的协商分配机制较为困难，需要协调多方利益。王忠静、吴丹等(2009)分别建立了不同分层或者分级的水权分配模型。不同水权分配方法对比分析，基于用水需求的水权分配方法应用最为广泛，实用性强，易于操作，但关键是在模型求解过程中，需要采用先进的决策方法。

目前，现有水权分配理论框架主要是开展以流域为单元的水权分配机制研究，而对于区域地下水为主体的初始水权分配研究还处于起步阶段，尤其对于水权分配指标体系构建、水权分配模型等方面仍待更深一步的研究。

1.2 地下水综合评价技术研究进展

随着经济社会的快速发展,地下水资源受到污染的威胁也越来越大,对地下水资源进行保护显得尤为重要。地下水综合评价主要围绕地下水水质、地下水脆弱性、地下水污染风险、地下水系统健康等方面开展,国内外学者从不同方面进行了许多研究,最早在1968年法国学者Marjat提出了地下水脆弱性概念,国外水文地质学家在20世纪70年代开始了地下水脆弱性评价研究,并于20世纪80年代在国际水文计划和联合国教科文组织的共同推动下得到了快速发展,欧美国家陆续开展了地下水脆弱性调查评价与绘图,形成了一系列针对不同评价类型的技术框架和评价方法,如美国环境保护署(USEPA)于1987年提出的地下水脆弱性DRASTIC评价方法,以及欧洲国家提出的以GOD和COP为代表的欧洲模型,在世界各国得到了广泛应用,至此,地下水脆弱性成为国际水文地质领域的研究热点。地下水脆弱性评价、水质评价等都是地下水环境评价的主要体现形式,国内关于地下水脆弱性评价和水质评价的研究基本上始于20世纪90年代中期,在国际研究成果的基础上,针对我国的地下水实际,国内学者深入探讨了地下水脆弱性评价和水质评价,主要研究涉及两个方面:一是进一步拓展地下水脆弱性评价范围,对我国地下水脆弱性进行了划分,界定为固有脆弱性和特殊脆弱性,并考虑了人类活动影响下地下水脆弱性演化;二是基本建立了我国针对孔隙水、岩溶水等不同地下水类型的评价方法和评价框架,如陈守煜(1999)提出可变模糊综合评价模型,成为我国地下水脆弱性评价的重要方法。另外,国内许多学者也探讨了国外成熟模型方法在国内的应用,如杨庆等(1999)应用DRASTIC指标体系法对大连市的地下水易污性进行了评价;邢立亭等(2009)应用COP法评价了济南岩溶含水层脆弱性;李志萍等(2013)从地下水污染风险的定义入手,综合考虑地下水固有的脆弱性、外界胁迫脆弱性和地下水资源预期损害性,建立了地下水污染风险评价指标体系,探讨了基于灾害风险理论的地下水污染风险评价方法;赵玉国(2011)选择径流条件、覆盖层保护能力、地表水系、岩溶发育程度等4个因子对重庆市老龙洞地下河流域进行地下水脆弱性评价,并利用ArcGIS生成地下河流域脆弱性评价图。随着社会新时代发展理念的不断提出以及地下水资源系统研究的逐步深入,地下水系统也越来越复杂,从地下水系统健康角度出发,如何考虑经济社会的可持续发展、资源承载力以及地下水系统生态协调机制的综合评价问题成为当下国内外地下水研究的又一新热点。随着信息熵理论、模糊理论以及新的不确定性理论方法的涌现,为有效地解决评价过程中的随机性和模糊性问题提供了有力的方法支撑,也必将在地下水综合评价中逐步应用和验证,同时在评价指标权重计算、评价指标分级标准的标准化以及通用评价模型等方面需要深入探讨研究。

1.3 地下水-地表水耦合模拟研究进展

目前,国际上关于地下水模拟的基础理论、应用技术等各方面的研究相对成熟,常用的地下水环境模拟软件包括MODFLOW、FEFLOW、GMS等,其中MODFLOW是由美国地

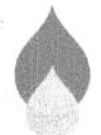

质调查局(USGS)的 McDonald 和 Harbaugh 于 20 世纪 80 年代开发的一套专门用于孔隙介质中三维有限差分地下水流数值模拟的软件;此外,郑春苗博士研发设计了用于模拟三维地下水溶质运移模块 MT3D99,主要包括平流、扩散、衰减、溶质化学反应、线性或非线性吸附内容,后来进一步完善扩展为 MT3DMS,并与地下水流模型耦合,广泛应用于地下水环境模拟、规划与管理业务领域。国内对地下水环境模拟研究起步较晚,主要应用国外成熟软件研究地下水水位预测、地下水资源开发利用、地下水循环机制、地下水资源预报评价等方面,如 2003 年马振民建立泰安岩溶水系统的地下水水量水质耦合模型与模拟预测;贾金生等(2003)应用 Visual MODFLOW 模拟了河北省栾城县的地下水流情况,较好地反映了当地的实际水文地质条件;徐军祥等(2008)采用 MODFLOW 模拟济南泉域裂隙岩溶介质地下水运动规律,进行了回灌补源条件下的地下水、地表水联合调蓄模拟,进而提出了回灌补源、水质供水、控制城市向直接补给区扩展和优化水资源配置等泉水保护建议;赵旭(2009)以地下水数值模拟软件 FEFLOW 和 GIS 技术为平台建立咸阳市地下水数值模拟软件;王丽亚(2009)利用 GMS 软件建立了北京平原区地下水模型,采用模型分析了地下水流场的变化趋势,评价出地下水的最优开采方案。在实际研究中,国内学者也尝试开发了中国特色的新模型,如贾仰文研究团队开发的 WEP 模型等。随着地下水与地表交互作用越来越剧烈,单纯以独立的地下水系统进行研究,已经不能满足实际需要,由此,近些年来,国内外学者开展了地下水和地表水耦合模拟研究,主要形成了两个方面的耦合框架:一是松散耦合,以现有模型为基础,开发外部耦合模块,实现两单独模型模拟数据的传输通道,即以地表水模型模拟输出作为地下水模型的输入,同时将地下水模拟结果反馈给地表水模型,这种耦合框架比较容易实现,可以快速有效地搭建耦合模型,比较有代表性的有 SWATMODFLOW 模型、QSWATMOD 模型、GSFLOW 模型等;二是全过程耦合,基于统一平台构建地表水和地下水全过程模型函数,这种模型往往以物理模型为基础,数值计算过程相对比较复杂,模型应用搭建过程较长,且对模型运算平台提出了更高的要求,如 DHI 公司的 FEFLOW、MIKESHE。这些模型有些是开源的,有些是商业软件,目前在中国均取得了一定的应用效果。如王中根(2011)利用地表水 SWAT 模型与地下水 MODFLOW 模型进行松散耦合,构建了海河流域地表水与地下水耦合模型,并验证了模型的有效性。王军霞(2015)研究了分布式流域水文模型与地下水数值模型的耦合方法,将研究区气象、基础地质、水文地质等基础资料和监测数据输入所建模型,通过地表实测径流量和长观孔地下水水位对模型进行识别验证。水量过程耦合研究取得了较多成果,但是水量、水质全过程耦合研究还有所欠缺,尤其对受到地表水环境和流域下垫面条件变化等因素影响的地下水与地表水交互作用过程识别研究不足,迫切需要由水量过程耦合向水量、水质全过程耦合转变,以及由区域研究尺度向流域研究尺度递进,深入探讨模型耦合和人类活动影响下地下水资源演化规律,指导变化环境下地下水资源利用规划与管理实践。

1.4 地下水人工回灌补源研究进展

我国地下水资源并不丰富,尤其北方平原地区,水资源短缺尤为严重,地下水开采量已经超出区域地下水可开采量,进而造成了局部地下水水位持续降低、含水层疏干,形成了降落漏斗,引发了水质污染、地面沉降、海(咸)水入侵等一系列生态与环境问题,俨然已经危及供水安全、粮食安全和生态安全,并严重制约着经济社会的良性发展。针对以上问题,国内外学者提出四项基本措施:一是完善地下水管理制度;二是加强地下水源涵养;三是着力提高节约用水水平;四是实施地下水人工回灌补源。因地制宜地开展地下水回灌是人工干预条件下维持地下水系统采补平衡和地表水与地下水联合调度的重要技术手段。目前,世界上许多国家已经在利用水文地质条件较好的含水层修建地下水库,提高地下含水层的人工调蓄能力,从而实现地表水与地下水资源联合调蓄,优化区域水资源配置。地下水人工回灌技术以美国最新研究的含水层储存和回采(Aquifer Storage and Recovery,ASR)技术为最典型代表,20 世纪 80 年代以来,美国开始实施 ASR 工程计划,在干旱和半干旱地区推广 ASR 技术,建设 ASR 工程 100 多项;随后,英国从 20 世纪 90 年代也开始关注 ASR 技术,并于 1998 年完成在英格兰和威尔士推行该技术的区域潜力研究;澳大利亚、德国、日本、荷兰、丹麦等国家也陆续开展 ASR 技术研究和推广应用,可以看出,ASR 技术在国际上的应用已趋于成熟。我国 ASR 技术研究起步较晚,最早在 20 世纪 50 年代,在我国上海市,为了增加深井的出水量和解决地面沉降等问题,尝试利用附近废弃深井进行回补地下水的试验,开展了利用深井进行地下水回灌,从而调整地下水开采层次和压缩用水以控制地面沉降。另外,我国北方水资源短缺而地下水赋存相对丰富的黄淮海平原区,以及天津市、北京、山西、辽宁、山东半岛等地区也都先后进行过人工引渗补给浅层地下水的试验,并得到了较好的试验效果,如北京进行了西郊地下水库的回灌试验;河北雄县利用地面灌溉系统将大清河水引入沟渠回灌至含水层;山西榆次市引用蒲河水回灌地下水保护源涡泉区,恢复地下水环境;辽宁省也修建了龙河地下水库、三涧地地下水库,含水层储存和回采技术得到进一步发展;山东半岛陆续兴建了龙口市八里沙河地下水库、黄水河地下水库、青岛市大沽河地下水库、莱州市王河地下水库等,缓解了季节性干旱缺水和海水入侵问题。地下水人工回灌试验或地下水库建设已初步展开,但是受水文地质条件和成井技术等众多因素影响,目前主要针对相对容易回灌的浅层地下水,而深层地下水人工回灌难度较大且主要通过井回灌形式,总体上效率不高。截至目前,该方法在地表水-地下水联合调节和地下水资源利用与生态修复等方面仍然未受到充分认可,究其主要原因在于回灌过程中发生的堵塞严重降低回灌效率、缩短回灌井使用寿命以及增加维护成本,国内技术推广难度较大。鉴于此,针对深层地下水回灌与回采系统设计、堵塞预防等方面的研究尤为迫切,需要进一步开展大量地下水人工回灌工程实践,突破 ASR 技术难题,进一步扩大技术推广应用前景,为地下水超采综合治理提供有力的技术支撑。

1.5 地下水利用保护与管理研究进展

目前,国内外地下水利用保护与管理着重推进三项工作:一是加强地下水法律法规顶层设计,通过法律手段加强地下水管理。世界上已有多个国家针对地下水资源管理颁布了专门的法律,如美国联邦政府颁布的《水资源清洁法》(*Clean Water Act*,CWA)、《资源保

持恢复法》(*Resources Conservation and Recovery* Act,RCRA)、《地下水规程》(2000年),英国政府颁布的《地下水管理条例》(1998年),韩国政府颁布的《地下水法》(1994年)等,这些法律文件中对地下水开发利用保护与管理给出了明确规定。我国地下水利用保护与管理主要根据《中华人民共和国水法》《中华人民共和国水污染防治法》《地下水管理条例》等法律文件。同时,一些国家的地方政府为因地制宜实施地下水有效管理,也颁布了专门的地方地下水管理法规,如在澳大利亚,几乎各州都有专门的地下水管理的法律法规,这对于加强地下水资源开发利用管理和保护具有重要作用。依据法律法规,需要开展地下水管理规划,主要包括地下水饮用水水源地保护区划分、地下水功能区划分、地下水污染防治区划分、地下水超采区划分以及地下水利用保护与管理规划等,应制定相应管控目标,这将成为地下水资源管理的重要抓手。如美国在全国范围内开展了饮用水水源地的水源保护行动和水源评价计划,要求各州绘制或"圈定"现有井和新井的补给区,同时依据《地下水章程》开展饮用水水源地保护区划分,保护地下饮用水源免受细菌和病毒的侵害;德国经过100多年的长期实践,迄今为止已设立近20 000个饮用水水源保护区,水源保护区面积占德国全国土地面积的13%;1991年,英国国家流域管理局委托联邦地质调查局进行地下水源保护区的划分工作,用时3年在英国全国划定了800个水源保护区;我国各地依据《中华人民共和国水污染防治法》《饮用水水源保护区污染防治管理规定》等,陆续实施了饮用水水源地保护区划分以及水污染防治区划分,同时水利部门结合水资源综合评价与规划,同步开展了地下水功能区划分。二是完善地下水监测网络,为科学开采地下水提供数据支撑。地下水动态监测是一项长期的水文地质工作,为实现水资源的科学管理,要求监测数据真实、准确、完整,这对于识别区域水文地质条件,实现社会经济的可持续发展具有重要作用。欧美国家从20世纪50年代开始设置地下水数据储存系统、地下水质观测网优化设计研究,地下水质监测网的发展一般根据国家需要和水文,除德国外,欧洲其他国家监测网都是全国范围覆盖。地下水监测网络优化方法主要有混合整数规划法、空间统计方法、水污染运移法、遥感物探法等。与国外相比较,国内地下水监测起步较晚,20世纪60年代,我国水利部门开始监测地下水水位、开采量、水质和水温等要素,并持续加强地下水监测工作,改变地下水监测落后难于满足管理的现状,同时深入研究遥感技术在地下水监测中拓展应用,如水文地质遥感信息分析法、环境遥感信息分析法、热红外遥感地表热异常监测法和遥感信息定量反演模型等方法。三是完善地下水体制机制建设,保障地下水管理落到实处。国内外基本上已经建立了水资源的统一管理体制,加强地下水管理与保护工作,贯彻实施取水许可制度,控制地下水开采量,促进地下水采补平衡。地下水补给是水循环的重要组成,水土保持工作是实现地下水补给的重要措施之一,许多国家实施水源涵养制度,采取工程措施与生物措施并重,层层拦蓄,充分涵养水源,减少地表水土流失,实现对地下水的补给,进而保障水资源的可持续利用。近些年,实施节约用水制度,大力推行节水管理,随着节水技术的推广应用、工艺过程改造提升等,行业用水水平不断提高,在很大程度上降低了对地下水的需求与依赖,从内部用水结构体系上节省地下淡水资源。

第 2 章 地下水资源评价与水权分配

地下水水权分配对于地下水可持续利用与生态保护具有重要的意义，而地下水资源评价是开展地下水资源总量、地下水可开采量以及确定地下水可分配水权量的重要基础工作。鉴于此，本书以莒县为研究区开展地下水资源评价与水权分配研究。

2.1 研究区基本概况

2.1.1 自然地理概况

2.1.1.1 地理位置

莒县位于山东省东南、日照市西部，东经 118°35′~119°06′，北纬 35°19′~36°02′，隶属于日照市。莒县东临日照东港区、五莲县，西界沂水县、沂南县，北接诸城市，南毗莒南县。莒县辖 20 个乡(镇、街道办)和 1 个省级经济开发区，1 195 个村，南北最大长距 75.6 km，东西最大宽距 37.4 km，总面积 1 818.3 km^2。莒县地理位置见图 2-1。

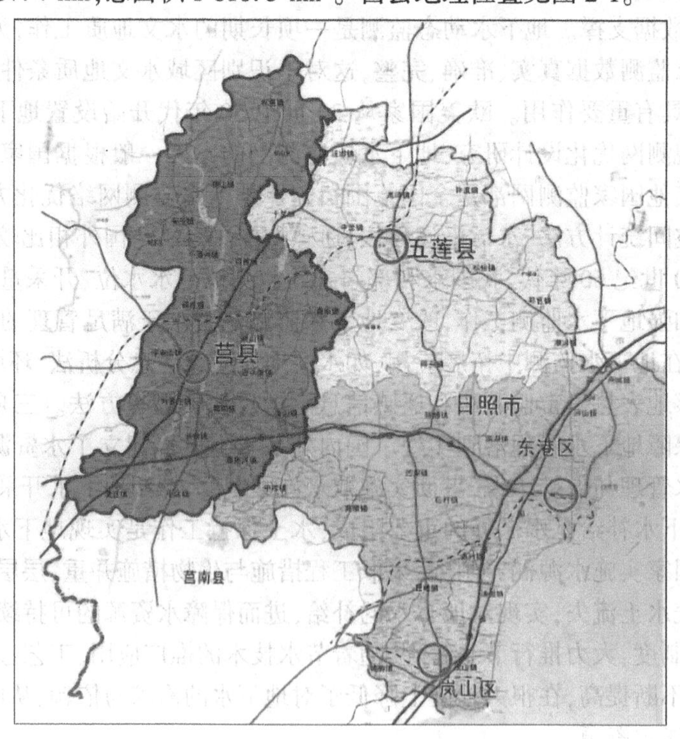

图 2-1 莒县地理位置

2.1.1.2　**地形地貌**

莒县地处沂蒙山区东部边沿，地势北高南低，四面山岭起伏，中部及沭河两岸为冲积平原，形成四周高、中间低的地貌景观，波浪起伏的东西部弓形山丘陵把中部圈夹成以沭河水系冲积而成的莒县盆地。主要山脉东有峤子山，西有浮来山，南有马亓山、老营项，北有碁山。莒县境内以丘陵、平原为主，分别占总面积的43.4%和31.3%，山地占18.6%。县城所在地区域为山地冲积平原，地势较为平坦，略呈东北高、西南低，坡降平均小于1:1 000。莒县位于沂沭断裂带上，景芝—大店与安丘—莒县两大断裂带纵贯县境南北，地质构造极为复杂，山脉受地质影响，地质构造多呈北北东向和北北西向。境内地貌类型及其特征与地质构造一致，区内主要包括三大地貌类型：构造剥蚀低山区、构造剥蚀丘陵区和山间沉积的冲积平原。莒县地形地貌见图2-2。

2.1.1.3　**河流水系**

莒县属淮河流域，境内有沭河水系和潍河水系。东莞、库山两乡镇属潍河水系，其余为沭河水系。潍河源自沂水县箕山，在县境内只有石河一条支流，流域面积234 km^2，占全县总面积的12.9%。沭河是过境河，源于沂山南麓泰薄顶，全长310 km，流域面积5 174 km^2，经沂水县进入莒县，纵贯莒县南北，境内干流长76.4 km，境内流域面积1 584.3 km^2。莒县境内长10 km以上的支流有26条，呈“非”字形排列，控制流域面积100 km^2以上的支流有袁公河、鹤河、洛河、柳青河、宋公河等。沭河河道干流平均坡度为1.8‰，在本县流域面积达1 584.3 km^2，流经本段南北长76.4 km。最大洪峰流量达3 490 m^3/s。柳青河为沭河支流，河道长26 km，流域面积296 km^2，平均坡降1.3‰，县城周围和沭河两侧呈椭圆形长轴的第四纪地层，储水量较丰富，是锅锥井集中分布区，分布在以县城为中心的南北狭长地带。地下水流向自东北流向西南，埋深一般在4~7 m。地下水主要靠大气降水、侧向流入、灌溉回归等补给。莒县河流水系见图2-3。

2.1.1.4　**土壤类型**

莒县土壤共有7大土类、26个亚类、13个土属、93个土种。棕壤主要分布在沭河以东及城南各乡镇，占总面积的17.1%；褐土主要分布在东莞、库山、长岭、小店、浮来山等乡镇的丘陵地区，占总面积的12.7%；潮土分布于低洼平地，适种作物广，是各种土壤中最好的一个土类，占总面积的20.6%；水稻土多分布在县城周围乡镇的部分倾斜平原交接洼地，宜种植水稻，占总面积的8.1%；砂姜黑土主要分布在石灰丘陵东侧低洼狭长地带，占总面积的2.5%；石质土占总面积的2.5%；粗骨土占总面积的36.5%。莒县土壤数据分析见表2-1。莒县土壤类型见图2-4。

2.1.1.5　**土地利用**

选取质量较好、物候特征明显、云覆盖面积均小于5%的不同时期卫星遥感影像，采用ENVI4.7、eCognition8.7及AcrGIS12.0等空间分析平台进行数据处理。首先在ENVI4.7平台上对遥感数据进行相对辐射校正、几何校正及RGB假彩色合成和归一化处理，其次参考研究区1:50 000地形图对图像进行精校正，校正后影像均投影到Xi'an80坐标系20°带；最后根据中国土地利用现状分类系统，在eCognition8.7平台上进行分类和分类后处理，通过人工修正划分土地利用类型。研究区土地利用解译结果见表2-2、图2-5、图2-6。

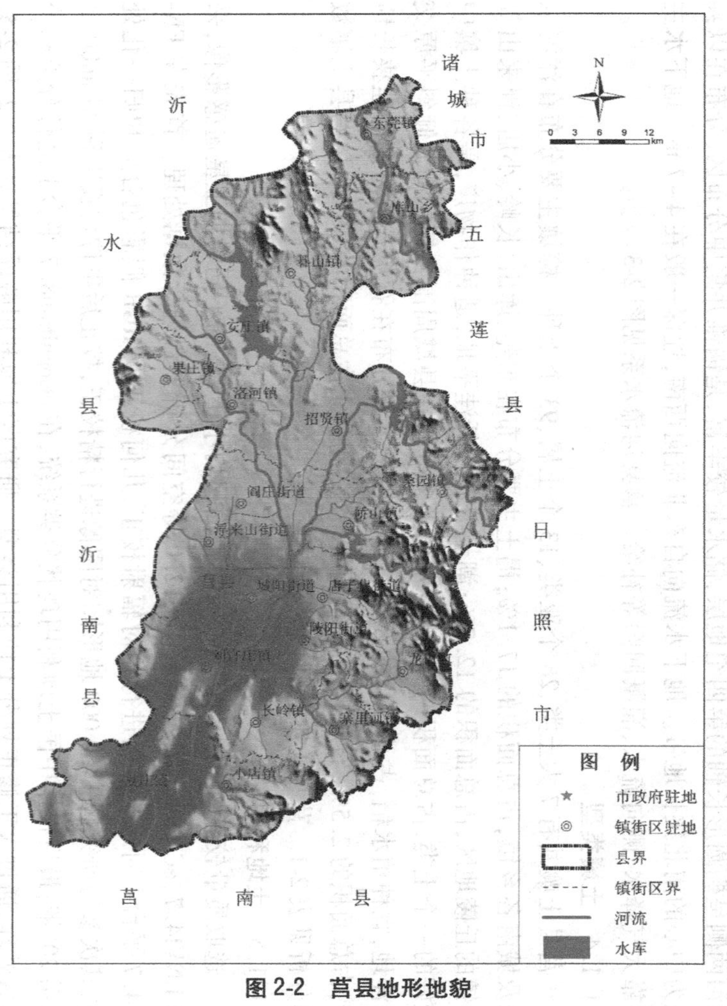

图 2-2　莒县地形地貌

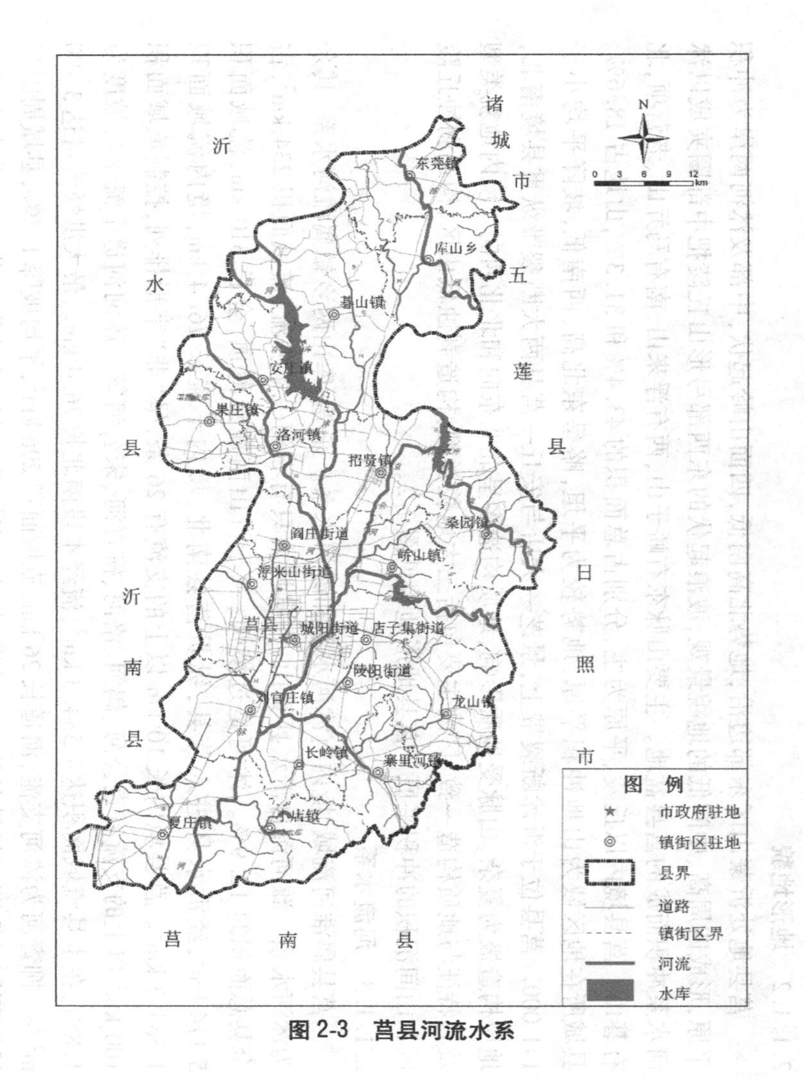

图 2-3　莒县河流水系

表 2-1　莒县土壤数据分析

土壤类型		面积/km²	小计/km²	占比/%
棕壤	麻砂棕壤	84.26	310.82	17.1
	暗泥棕壤	18.87		
	硅泥棕壤	9.70		
	洪积棕壤	17.61		
	洪冲积潮棕壤	72.54		
	麻砂棕壤性土	105.74		
	硅泥棕壤性土	2.10		
褐土	灰质褐土	4.72	230.14	12.7
	硅泥褐土	23.62		
	洪积褐土	32.91		
	硅泥淋溶褐土	110.55		
	洪冲积淋溶褐土	0.82		
	洪冲积非灰性潮褐土	35.21		
	冲积非灰性潮褐土	22.31		
黑土	砂姜黑土	45.65	45.65	2.5
潮土	砂质非灰性河潮土	2.41	374.90	20.6
	壤质非灰性河潮土	372.49		
水稻土	砂姜黑土型淹育水稻土	44.18	147.15	8.1
	湿潮土型淹育水稻土	92.43		
	河潮土型淹育水稻土	10.54		
石质土	中性石质土	45.24	45.24	2.5
粗骨土	酸性粗骨土	129.56	664.40	36.5
	基性岩类中性粗骨土	215.09		
	砂页岩类中性粗骨土	137.30		
	石灰岩钙质粗骨土	69.11		
	砂页岩类钙质粗骨土	113.34		
合计			1 818.30	

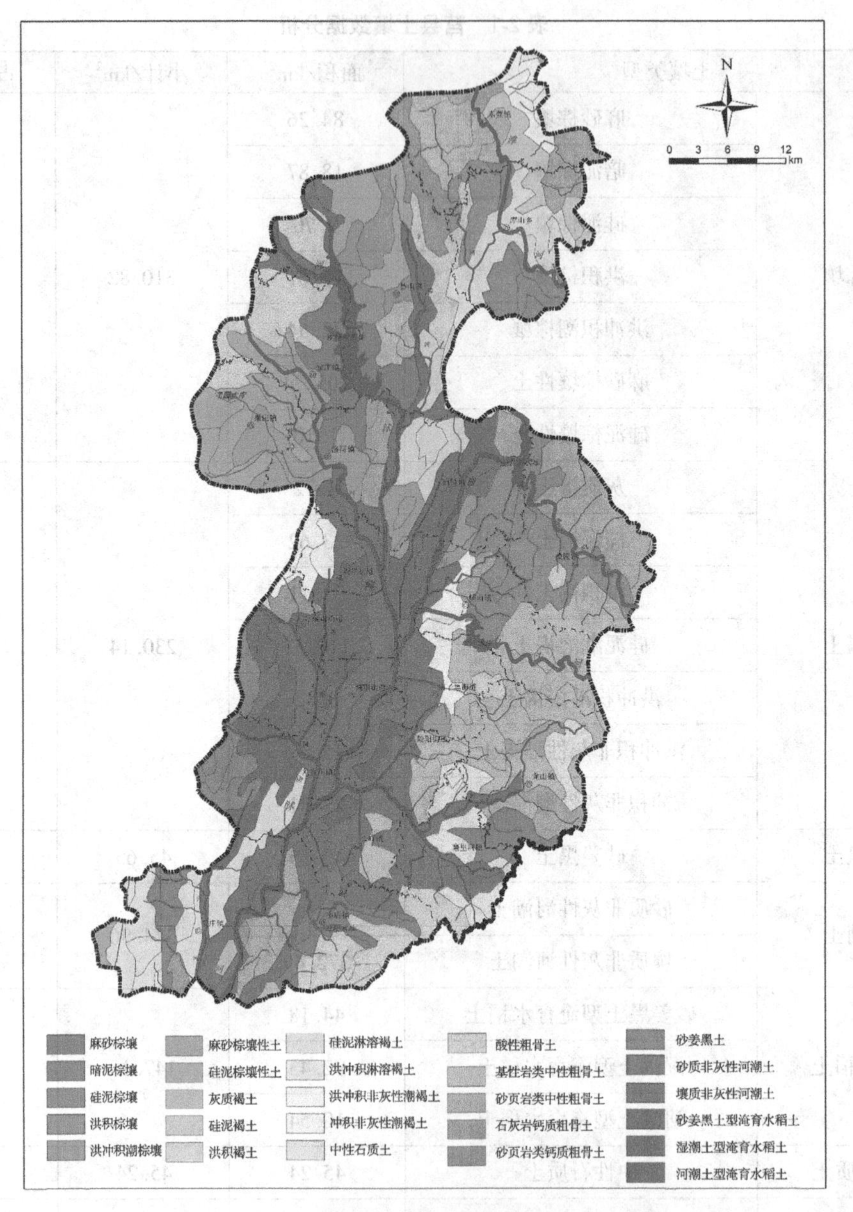

图 2-4 莒县土壤类型

表 2-2 研究区土地利用解译结果

类型	面积/km²			
	1980 年	2000 年	2010 年	2018 年
水田	253.57	245.30	5.16	0.22
旱田	1 096.50	1 100.07	1 310.00	1 302.04
有林地	60.66	59.19	50.96	51.00
灌木林	18.07	18.13	15.65	15.66

续表 2-2

类型	面积/km²			
	1980 年	2000 年	2010 年	2018 年
疏林地	14.66	14.67	9.76	9.77
其他林地	3.30	3.32	0	0
高覆盖度草地	65.44	65.42	45.38	45.42
中覆盖度草地	68.80	68.97	31.35	31.37
低覆盖度草地	18.26	19.16	4.72	4.70
河渠	7.23	6.97	15.00	14.98
水库坑塘	32.55	41.30	45.90	45.76
滩地	29.97	13.53	7.78	7.80
城镇用地	16.26	25.25	40.30	52.59
农村居民点	127.18	130.85	211.63	209.77
其他建设用地	3.30	3.63	22.46	25.00
沙地	0.30	0.30	0	0
裸岩石质地	0.92	0.92	0.91	0.92

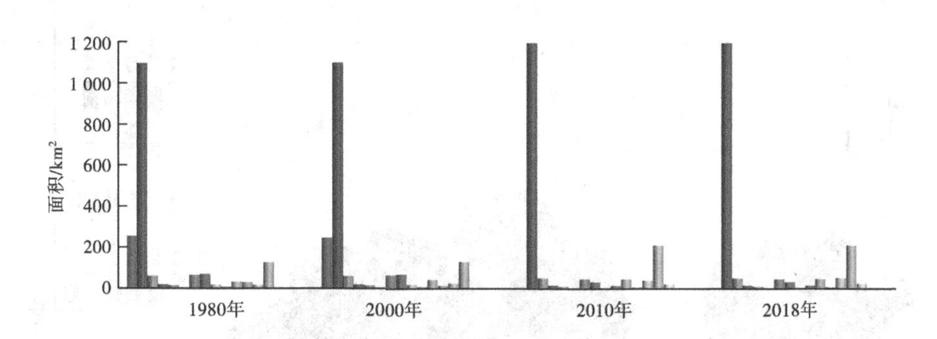

图 2-5　研究区不同时期土地利用类型统计分析成果

由图 2-5 和图 2-6 可以看出，研究区范围内在过去的 30 多年时间内，城镇用地持续增加，由 1980 年的 16.26 km² 增加到 2018 年的 52.59 km²，增加了 36.33 km²；而同期林地(包括有林地、灌木林、疏林地、其他林地)面积则减少，从 96.69 km² 减少到 76.43 km²，减少了 20.26 km²。这两类土地利用类型变化对地下水补给影响较大，其中城镇用地多为硬化路面，减少了浅层地下水的补给区范围；而山丘区林地的减少，则会减少山丘区地下水的补水区范围。随着城镇化率的进一步提高，城镇用地面积将进一步扩大，为避免地下水补给量受损，应严格控制直接补给区内硬化程度。

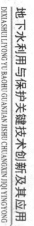

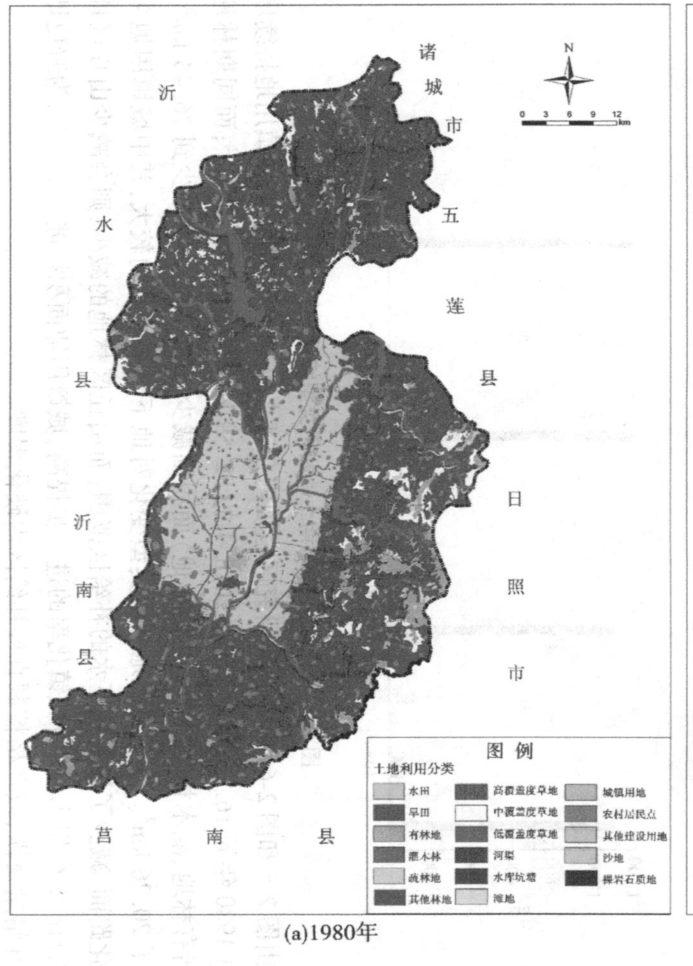

(a)1980年

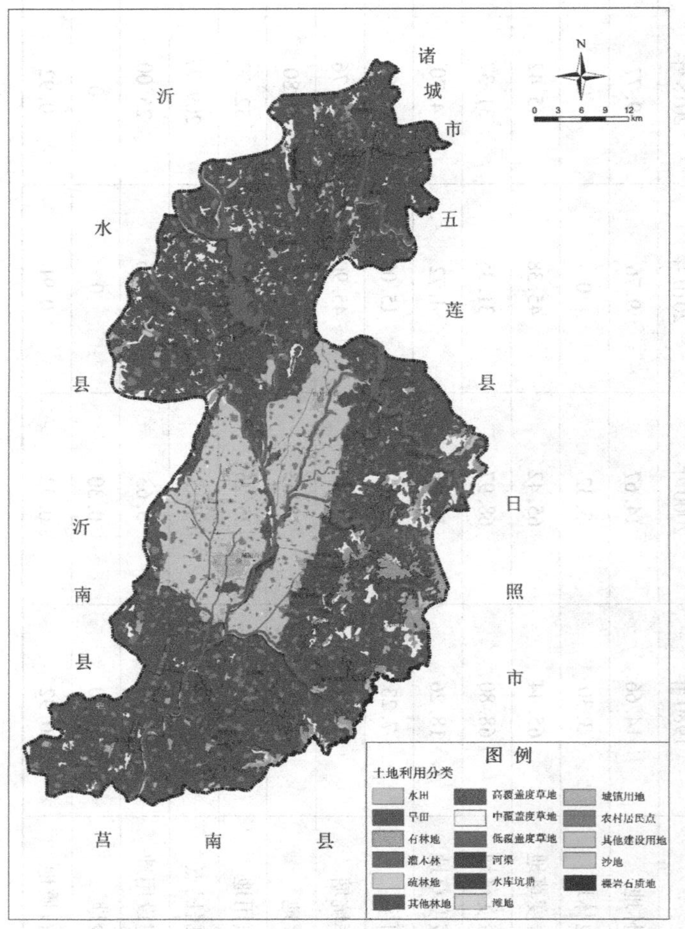

(b)2000年

图 2-6　1980—2018 年土地利用解译成果

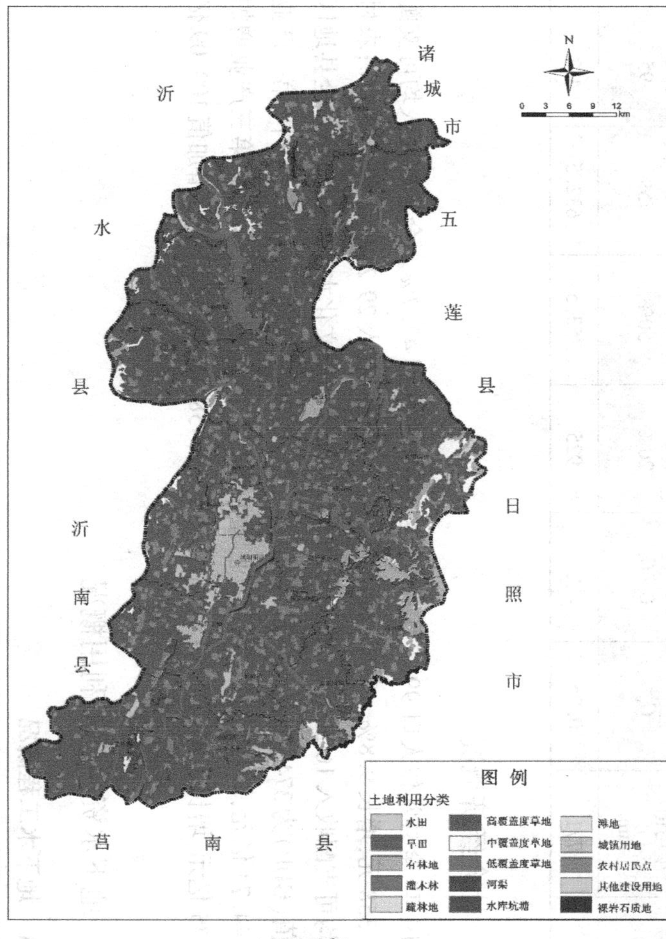

(c)2010年

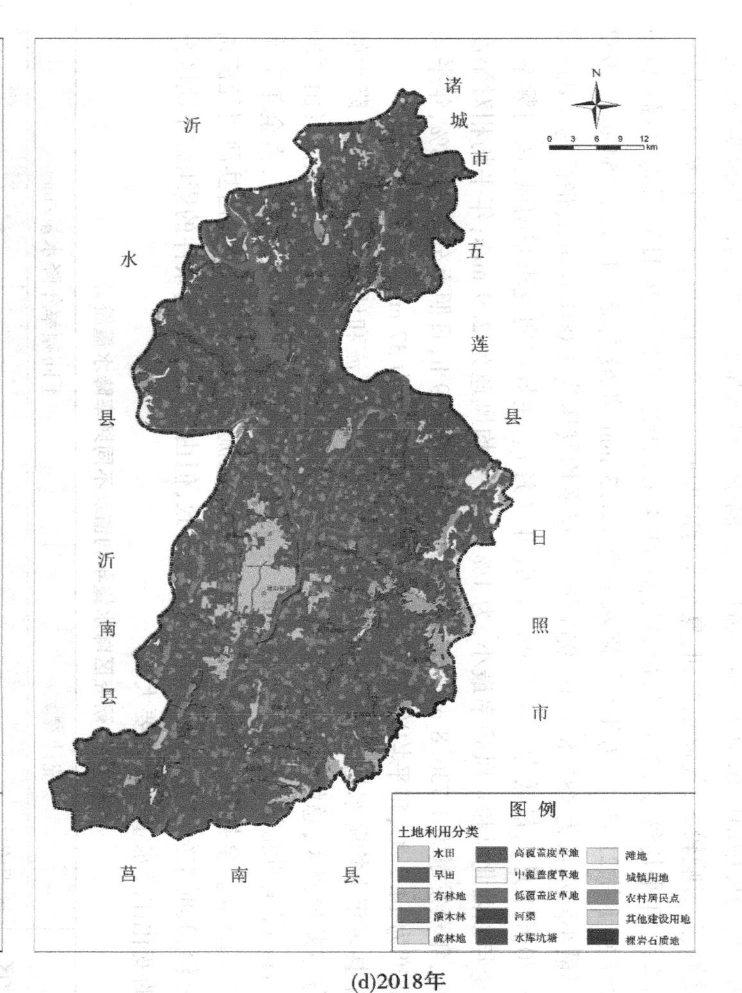

(d)2018年

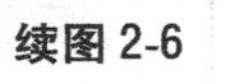

续图 2-6

2.1.1.6 气候气象

莒县地处鲁中山区东南部，属暖温带半湿润季风区大陆性气候，东部靠近黄海，气候变化受海、陆影响较大，气候较温和，夏季盛行海面吹来的东南季风，冬季主要为东北风，空气湿润。年平均气温 12.1 ℃，最高气温 39.4 ℃（1995 年 7 月 24 日），最低气温-25.6 ℃（1957 年 1 月 21 日）。历年平均降水量为 901.3 mm，年最大降水量为 1 354 mm（1962 年），年最小降水量为 487.8 mm（1955 年）。年平均气压为 1 004.6 hPa，最高为 1 033.5 hPa（1970 年 1 月），最低为 978.7 hPa（1961 年 7 月）。主导风向夏季东南风，风向频率为 11%，全年以西北风和东风频率最小，为 1%，全年平均风速为 2.9 m/s；年平均相对湿度为 71%，年蒸发量为 1 736.8 mm，全年日照时数为 2 551.9 h，日照百分率为 58%，年平均地面温度为 14.2 ℃，年平均冻结期为 57 d，最大冻土深度为 37 cm。

全县多年平均降水量为 771 mm（见表 2-3）。受大气环流和地形等因素影响，降水的时空分布差异较大，总的分布趋势是自东南向西北递减，多年平均降水量从东南群山区的 814.2 mm 降至西北部山区的 709.2 mm。年内降水多集中于汛期（6—9 月），占全年降水总量的 72.0%。全县多年平均径流深 251.5 mm，径流总量 4.57 亿 m^3。莒县河川径流由降水补给，其时空分布变化规律基本与降水一致，但由于受下垫面条件的影响，在地区分布上的变化比降水量的变化要大。

表 2-3 研究区降水量年均值及不同频率降水量统计

行政区	统计参数			不同频率年降水量/mm			
	年均值/mm	C_v	C_s/C_v	20%	50%	75%	95%
莒县	771	0.25	2	925	753.5	632.5	482.7

2.1.2 社会经济概况

2019 年，全县常住人口 99.7 万人，全县城镇化率达到 42.7%。全县居民人均可支配收入 21 358 元，增长 9.8%。其中，城镇居民人均可支配收入 29 219 元，增长 7.7%；农村居民人均可支配收入 16 599 元，增长 9.8%，城乡居民物质文化水平不断提高。全县地区生产总值（GDP）为 374.25 亿元，按可比价格计算，比 2018 年增长 6.3%。其中，第一产业增加值 44.74 亿元，增长 0.2%；第二产业增加值 142.76 亿元，增长 9.2%；第三产业增加值 186.75 亿元，增长 5.8%，三次产业结构为 11.95∶38.15∶49.90。工业增加值 103.09 亿元。

2.1.3 地下水资源开发利用概况

2.1.3.1 地下水工程概况

地下水源供水工程指利用地下水的水井工程，莒县水井工程全部为浅层水井，为农村人畜饮水、农业灌溉供水。据调查，莒县共有地下水源井 20.1 万眼，其中，规模以上机电井 2 639 眼，控制灌溉面积 19.79 万亩，实际灌溉面积 16.22 万亩；规模以下机电井 19.83

万眼，包括农业灌溉水源井、农村居民饮用水自备井。实际灌溉面积 51 331 亩，实际供水人口 55.39 万人；人力井 9.17 万眼，实际供水人口 19.08 万人。

2.1.3.2　地下水取用水分析

1. 现状供水分析

2019 年莒县实际总供水量 19 772 万 m^3，其中，地下水源供水量 8 315 万 m^3，占总供水量的 42.05%。在地下水源供水中，浅层地下水供水占地下水源供水量的 100%。此次收集了莒县 8 年（2012—2019 年）不同供水水源的供水量，不同年份供水量情况见表 2-4。地下水源供水量占总供水量的比值为 42%～52%。

表 2-4　莒县 2012—2019 年供水量情况　　单位：万 m^3

年份	地表水源供水量	地下水源供水量（浅层水）	其他水源供水量	总供水量
2012	12 007	8 840	0	20 847
2013	11 948	8 779	0	20 727
2014	12 301	9 077	0	21 378
2015	8 547	9 160	0	17 707
2016	10 137	8 816	0	18 953
2017	8 997	8 745	0	17 742
2018	9 698	8 353	0	18 051
2019	10 538	8 315	0	18 853
均值	10 522	8 761	0	19 283

2. 现状用水分析

2019 年莒县总用水量 18 853 万 m^3，其中地下水量 8 315 万 m^3。农田灌溉、林牧渔畜、工业、城镇公共、居民生活、生态与环境补用地下水量分别为 6 254 万 m^3、539 万 m^3、175 万 m^3、167 万 m^3、1 118 万 m^3、62 万 m^3。

莒县 8 年（2012—2019 年）不同年份地下水用水量见表 2-5。

表 2-5　莒县 2012—2019 年地下水用水量　　单位：万 m^3

年份	农田灌溉	林牧渔畜	工业	城镇公共	居民生活	生态与环境	总用水量
2012	5 688	460	600	238	1 842	12	8 840
2013	5 735	633	640	249	1 508	14	8 779
2014	6 438	678	280	256	1 364	61	9 077
2015	6 703	678	194	160	1 364	61	9 160
2016	6 434	650	165	155	1 350	62	8 816
2017	6 402	620	162	156	1 345	60	8 745
2018	6 187	510	156	163	1 278	59	8 353
2019	6 254	539	175	167	1 118	62	8 315
平均值	6 230	596	297	193	1 396	49	8 761

2012—2019 年地下水用水组成见图 2-7，地下水总用水量多年呈缓慢下降趋势，其中农田灌溉用水量占比最大，每年都在 50% 以上，其次是居民生活用水量、林牧渔畜用水量、工业用水量、城镇公共用水量、生态与环境补水量。

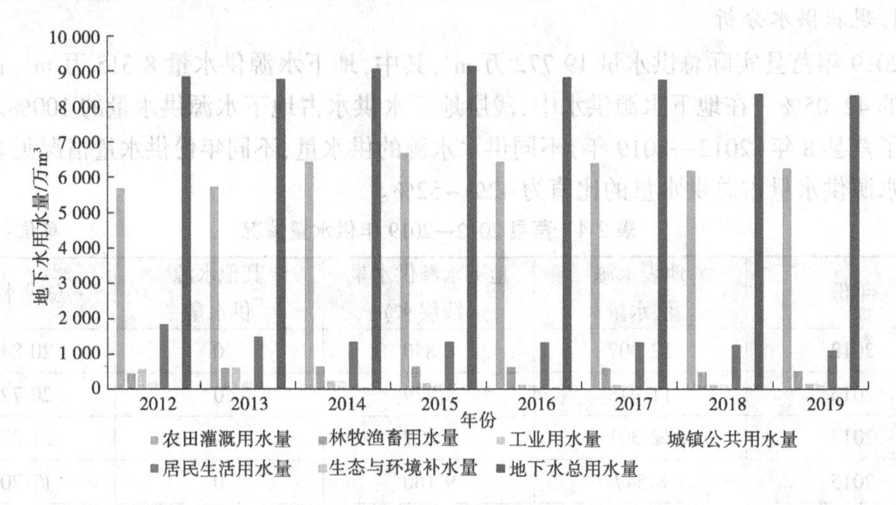

图 2-7　2012—2019 年地下水用水组成

2.1.3.3　地下水资源开发利用与保护存在的问题

莒县地下水资源开发利用与保护存在的主要问题有以下几个方面：

（1）地下水资源开发利用有待进一步优化。莒县 1980—2016 年多年平均地下水资源总量 21 387.9 万 m^3，全县 1980—2016 年多年平均地下水可开采总量为 16 011.61 万 m^3，根据《关于分解 2019 年度水资源管理控制目标的函》（日水发〔2018〕27 号）文件，莒县地下水用水总量控制目标为 9 200 万 m^3，而 2012—2016 年平均地下水供水量为 8 934 万 m^3，略有富余。从地下水资源空间分布来看，莒县富水性区域主要分布在沭河盆地开发利用区，其他山丘区基本上为分散式开发利用，主要为农业灌溉和人畜饮水。为了缓解区域水资源供需矛盾，应进一步优化水资源开发利用工程布局，在有需要、开采条件允许的地区，适当增加开采量，发挥地下水对生活、生产的供水保障作用；在开发利用条件不足的区域，采用水源替代或者中水回用减少地下水开采。

（2）地下水功能区划与管控机制有待建立健全。浅层地下水功能区划是以地下水主导功能划分地下水功能区，对于统筹安排未来一段时期内经济社会发展对地下水资源的需求，统一调配流域和区域水资源具有重要意义。同时，根据地下水功能区的主导功能，兼顾其他功能的用水要求，因地制宜确定地下水功能区的开发利用和保护目标，提出地下水开发利用的总量控制目标、维系供水安全的水质保护目标和维持地下水良好循环的合理生态水位控制目标。而目前，莒县尚未开展地下水功能区划，对于重要开发利用和保护区域也尚未确定具有针对性和有效性的管控指标。此外，莒县现有国家、省（市）地下水监测站仅 8 处，与现行地下水监测规范中规定的监测站点布设标准还有一定差距，应进一步合理布设地下水监测井网，建立和完善地下水动态监测网络，加强对地下水的动态监测，为地下水的合理开发利用、保护和管理提供科学依据。

(3)地下水资源保护机制仍待进一步完善和落实。莒县地下水为浅层孔隙水,脆弱性较大,极易受到人类活动影响而发生污染。根据近些年莒县地下水监测成果,县域内河道内源污染和全域面源污染相对较大,尤其农业和畜牧养殖业面源污染最大,需进一步加强面源污染综合治理,保护水生态环境系统。工业生活污水排放的大量增多,农业污水灌溉面积大和化学肥料、农药等使用增多;农村生活垃圾的填埋、直接堆放和倾倒;地下水集中开采水源地增加,地下水大规模开采甚至濒临超采,水位逐年有所下降,改变了原有地下水的补给、径流和排泄条件,城市工业废水和生活污水都会通过不同途径进入地下含水层,造成了水体的重要水质指标逐年升高,其中包括水的总硬度、硝酸盐氮、溶解性总固体等,导致地下水水化学类型趋于复杂。而目前,莒县尚未出台地下水资源保护管理方面的有关办法。应重点加强集中式供水水源地的保护,划定水源地保护区,采取工程措施和非工程措施等多项措施,确保集中式供水水源地水质达标,保障饮水安全。

2.2 区域水文地质概况

2.2.1 区域地质

莒县地层的分布,大致分为三大区,即昌邑—大店断裂以东为燕山期喷出的火成岩,主要由花岗石、熔岩组成。浮来山—白芬子断裂以西,岩层出露地面主要为寒武系与奥陶系灰岩。两大断裂之间主要由白垩系砂页岩及第四系组成。地壳活动强烈频繁,且为多次构造复合,伴随有岩浆侵入,中生代以来,由于燕山运动的影响,地台复活,岩浆活动剧烈,断裂构造部分充填,断裂构造比较发育。沂沭断裂带东半部的昌邑—大店、安丘—莒县两大深断裂贯穿县内南北,属新华夏构造体系,中间形成莒县地堑,地堑中基岩由白垩系砂页岩组成,上覆第四系冲积层,两大断裂带附近第四系沉积层较厚。浮来山—白芬子断裂近沂水、莒县交界处,断裂带东侧由白垩系砂页岩组成,上覆第四系沉积层较薄,西侧由奥陶系中厚层灰岩组成。上述大断裂带呈北东方向撒开,往南西方向收敛的趋势。

2.2.1.1 昌邑—大店大断裂

走向北北东,倾向北西,倾角70°~80°,境内断裂长50 km,断裂的上盘为白垩系砂页岩,下盘南部为火成岩,北部为侏罗系紫红色砂岩、页岩,凝灰质砂岩、页岩。断裂由于多期的强烈活动,显示出以强烈的挤压揉皱的密集断层,挤压揉皱带的宽度可达几十米至百米以上,褶皱较复杂,密集的冲断层平行褶皱层发育,为一陡侧冲断层性质。

2.2.1.2 安丘—莒县大断裂

走向北北东,倾向南东,倾角50°~75°,贯穿境内南北,长75 km,断裂几乎全部发育在白垩系地层中,是沂沭断裂带中具有最新活动的断裂,而且具有多期活动的特点。断裂以逆冲为主,局部地段也有逆掩性质的断层发育,由于强烈的倾向挤压,在断裂带常显示有密集平行的断层和强烈挤压倒转的皱褶,形态十分复杂,影响宽度可从几十米到几百米。它不但规模大,而且在临沂地区也是起着控制地震活动的主要断裂。

2.2.1.3 浮来山—白芬子断裂

走向北北东,倾向南东,倾角65°左右。断裂长度在本区内约81 km,该断裂对中生代白垩系王氏组地层起着明显的控制作用,组成莒县地堑盆地,形成了几千米巨厚的碎屑岩沉积,断裂带强烈挤压,断层面多为高角度陡倾,且为舒缓波状,时而东倾,时而西倾,北部多以东倾正断或逆冲为主。

莒县呈现"二堑一垒"的构造格局,断裂带中揉皱、扁豆体、片理发育,宽达数百米以上,有可靠历史资料记载,1999—2006年,7年间该断裂带上共发生过48次左右地震,震级在2级以上,这充分说明了近期该断裂仍在活动。由于昌邑—大店断裂从该调查区中东部穿过,因此构造断裂在该区十分发育,主干断裂走向为北东、北北东,性质以压扭为主。区域内还发育4条北西向和近东西向张性、张扭性断裂,由北到南分别为:东沟头—小塘坊断裂(F1);店子集—阎庄断裂(F2);于家石河断裂(F3),倾向东北,倾角80°;赵家葛沟—前沈家庄断裂(F4),倾向东北,倾角72°。以上4条断裂是根据物探推测及实地延伸的,具有一定的导水作用,是构造裂隙水与孔隙水发生水力联系的主要通道。

2.2.2 水文地质分区及特征

按水文地质条件将莒县分布的各种岩石归纳为四大区类:变质岩与火成岩类、灰岩类、碎屑岩类及第四系松散沉积物类。地下水的赋存,在变质岩与火成岩区主要是风化裂隙水,灰岩区主要为岩溶水或岩溶裂隙水,碎屑岩区主要为构造裂隙水,松散沉积物分布区主要为砂层孔隙水。

2.2.2.1 第四系砂层孔隙水(松散岩类孔隙水)

第四系冲、洪积物孔隙水主要赋存于砂砾石层中,砂层分布与第四系沉积物类型、沉积结构、地貌形态以及所处的地貌部位密切相关。该区处于沂沭断裂带东半部的昌邑—大店、安丘—莒县两大断裂带之间,即莒县地堑断块盆地内,以及沭河各支流沿岸的山间小平原,分布面积495 km^2。沭河莒县山间盆地受断裂影响,第四系较发育,沉积厚度一般为15~35 m,最厚可达75 m,上部均为粉土或粉质黏土,厚3~8 m,厚度因地形而异;下部则为砂砾石层,局部夹粉土或粉质黏土透镜体,其厚度一般小于2 m(见图2-8)。盆地东部边缘因地层结构较复杂,具多层结构,且砂层单层厚度较薄,一般单层厚度小于2 m。

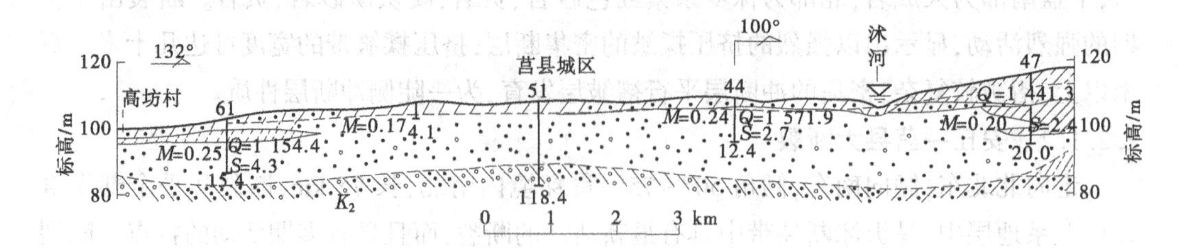

注:M单位为m;Q单位为m^3/s;S单位为m。

图2-8 莒县盆地高坊村—莒县城区一带第四系剖面

第四系岩性由黏土、亚黏土、亚砂土及细砂、中砂、粗砂、砾石等组成。含水层厚度一般为6~21 m,最厚可达45 m,地下水主要赋存于各类砂层的孔隙中,具有潜水或承压水性质,含水层单井涌水量一般为1 000~3 000 m^3/d。

地下水埋深随地形而异,近河流地带较浅,一般地下水埋深1~2 m;盆地腹部地带一般埋深3~4 m;盆地边缘部位埋深4~5 m。沭河上游建有青峰岭、小仕阳、乔山等水库,当水库放水农灌时,灌区内局部地带地下水埋深受此影响,水位有不同程度上升。

在沭河两侧及古河道带内富水性强,单井涌水量大于1 000 m^3/d;盆地外缘及其主要支流汇入地段,如招贤—店子集及阎庄一带,富水性中等,单井涌水量500~1 000 m^3/d;峤山—凌阳一带,含水层岩性颗粒细且层薄,富水性弱,单井涌水量则小于500 m^3/d。盆地内水质良好,矿化度一般为0.6~0.8 g/L,属重碳酸钙型水。

2.2.2.2 碳酸盐岩岩溶裂隙水

沿浮来山—白芬子断裂西盘,从北至南条带状分布着碳酸盐岩地层,其面积为153.51 km^2。其中,寒武系灰岩分布面积为83.81 km^2,位于北部、西部山区的山顶及山坡地带,一般为补给区和径流区,呈北东向条带状分布,多为裸露状态;奥陶系灰岩分布面积为69.7 km^2,沿屋山、棋山、浮来山东坡,呈东北向条带状分布,出露宽度1 km左右,多出露在山坡较平缓地带,处于裸露、半裸露状态。岩溶裂隙水的赋存受岩溶发育程度控制,岩溶发育强裂,岩溶裂隙水则多,否则就少。根据野外调查和钻孔资料分析,本区岩溶发育受地层、岩性、构造、灰岩埋深等多种因素控制。一般情况是,隐伏灰岩区岩溶发育强,裸露区岩溶发育弱;奥陶系灰岩岩溶发育强,寒武系地层岩溶发育弱;纯灰岩岩溶发育强,白云岩、泥灰岩岩溶发育弱。总之,岩溶裂隙发育分布极不均匀。

2.2.2.3 碎屑岩裂隙水

碎屑岩主要由侏罗系砂岩、白垩系王氏组砂页岩、青山组角砾岩及第三系官庄组组成。主要分布在浮来山—白芬子撕裂以东的丘陵地带,分布面积为749.1 km^2,岩性主要由细砂岩、泥岩、砂页岩、砾岩、火山凝灰岩、角砾岩等组成,孔隙性差,含水量少,构成相对较弱含水地层。但地下水可赋存于砂砾岩的裂隙中,利用手压井解决人畜吃水作用很大。白垩系青山组火山角砾岩、石灰砾岩裂隙发育,富水性较好,单井涌水量50~500 m^3/d。

2.2.2.4 变质岩、火成岩裂隙水(基岩裂隙水)

莒县该岩性分布区,地势高、坡度陡,地形为丘陵剥蚀区,如安庄、天宝、果庄、中楼、夏庄等地。岩性出露为太古界变质岩,花岗岩侵入体及少量岩浆熔岩,分布面积545.6 km^2,由于地表风化作用,岩石上部风化裂隙发育,地下水主要赋存于风化裂隙中。

变质岩、火成岩裂隙水的分布很不均匀,主要受地貌条件及构造作用的控制,风化壳发育深度不尽相同,一般风化壳存在10~25 m。地下水埋深随地形而变化,一般埋深2~4 m,年变幅3 m左右,水位、水量受季节影响较大。因裂隙发育密集细小,富水性较差,含水微弱,在低洼处富水性相对较强,单井涌水量小于100 m^3/d。

莒县水文地质见图2-9。

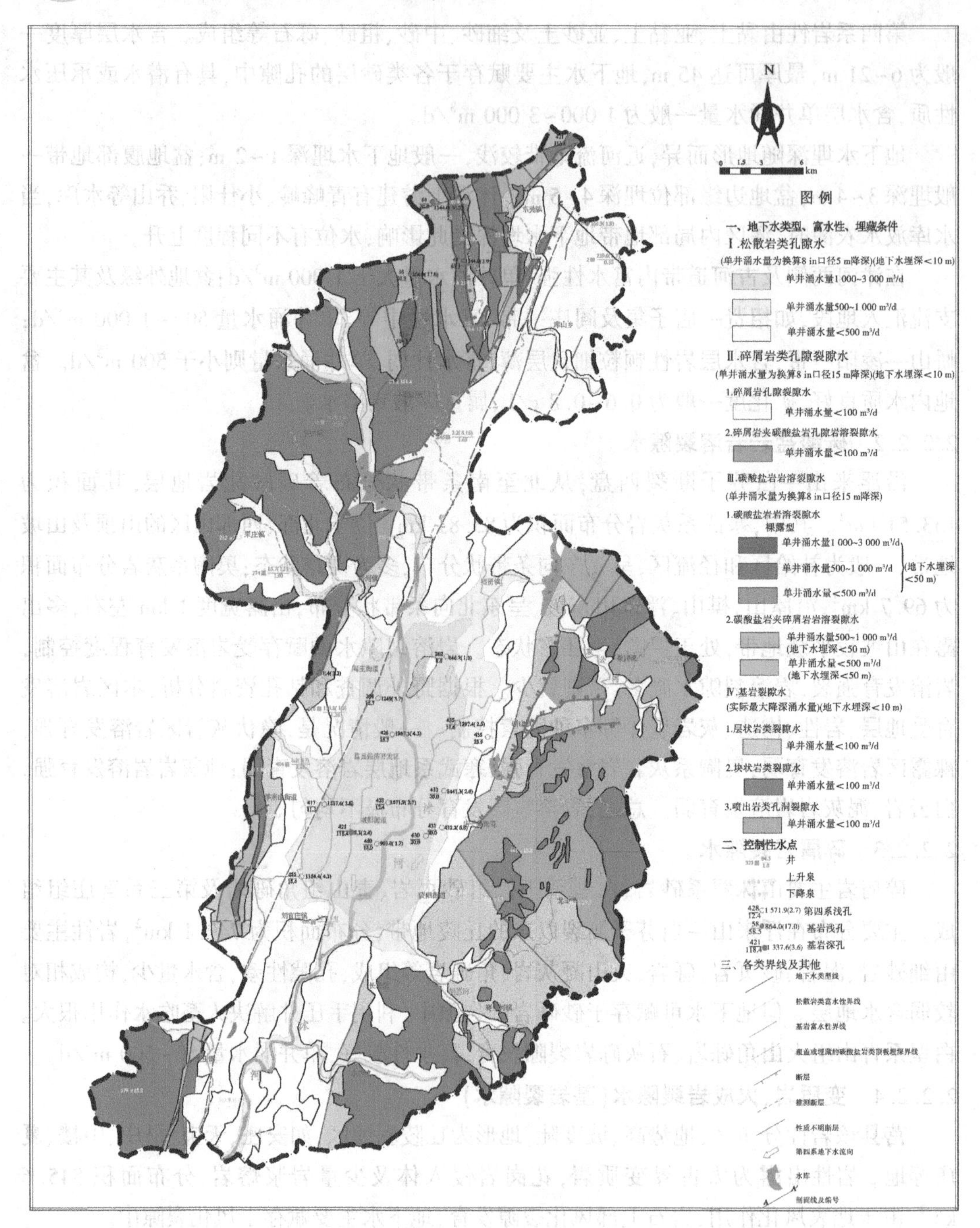

图 2-9 莒县水文地质

2.2.3 含水岩组分布及特征

从地质概况中可看出,地层分为 8 个系统,按水文地质条件可归纳为 5 个含水岩组,即太古代变质岩与岩浆岩含水岩组,寒武系含水岩组,奥陶系含水岩组,石炭系、侏罗系、白垩系及第三系含水岩组和第四系含水岩组,各组特点如下:

(1)变质岩与岩浆岩含水岩组。分布在县内西北部的安庄、天宝、棋山、果庄和东部的大石头,中楼马亓山、寨里老营顶,小店青山、横山,夏庄马坡一带,地势高、坡度陡,地形为中低山、丘陵地区,岩性为各种片岩、片麻岩、花岗片麻岩,各种混合岩及花岗岩侵入体等。该区风化壳厚度一般为10~25 m,受断裂影响裂隙发育,这种风化壳一般赋存浅层风化裂隙水。但这种浅层含水层不稳定,受气候影响较大,水位升降频繁,水量很不稳定,单井涌水量小于100 m^3/d。

(2)寒武系含水岩组。该含水岩组主要分布在屋山、棋山及浮来山等地,岩性有白云质灰岩、灰岩及页岩等,总厚度861.5 m,其中馒头山、张夏组与凤山组灰岩岩溶发育有溶沟、溶槽,含水量较好,属层间岩溶裂隙水,单井涌水量240 m^3/d左右。

(3)奥陶系含水岩组。分布在屋山、棋山及浮来山东坡地带,岩性为中厚层灰岩及白云质灰岩,集中奥陶系马家沟组灰岩含水丰富,岩溶发育好,有溶孔、溶洞,单井涌水量大于500 m^3/d。

(4)石炭系、侏罗系、白垩系及第三系含水岩组。分布于浮来山—白芬子断裂以东,大官庄、夏庄、小店、长岭、龙山、桑元、茅埠、库山、东莞等大部地区。岩性有砂岩、砾岩、泥岩、页岩等,单井涌水量小于100 m^3/d。

(5)第四系含水岩组。主要分布在沭河山间盆地中及其支流的河谷地区,岩性由砾石、粗砂、中砂、细砂、亚砂土、黏土组成,含有丰富的砂层孔隙水,单井涌水量大于2 000 m^3/d,是莒县工业、农业用水及生活用水的重要水源地。

2.2.4　地下水的补给、径流、排泄条件

2.2.4.1　松散岩层孔隙水补给、径流、排泄条件

1.孔隙水的补给

第四系松散沉积物孔隙水主要分布在莒县中部,山间盆地内,其补给来源相对稳定。主要有大气降水补给、沭河及其支流渗漏补给、农田灌溉回渗补给及侧向补给。第四系松散沉积物孔隙水主要为大气降水渗入补给,面积495 km^2,主要集中在山间盆地内,地形平坦,比降小于1‰,地面径流不畅,利于大气降水后的滞流下渗,砂层埋藏较薄,入渗比率大而迅速。据长观井资料,汛期雨季过后,井水位都有较大幅度的回升,一般在2~4 m。区内河流主要为沭河水系,除沭河干流外,其支流有洛河、袁公河、柳青河等,分别在区内汇入沭河。这些地表水体对地下水的补给,主要表现为河水位高于地下水水位时,因河床岩性为中细砂,透水性较好,河水下渗而补给地下水。区上游建有2座大型水库(青峰岭、仕阳)和1座中型水库(峤山)。多年来一直采用引库灌溉,灌溉水下渗回归,对区内地下水也是很大补给,使地下水水位有一定程度上升。根据区内常观井观测,大面积灌溉一次,地下水水位上升0.5~2 m,如青峰岭灌区内的一次灌溉后,可使地下水水位抬升1.5 m左右,可见埋藏较浅的古河道砂层能得到大量灌溉水的渗透补给。由于该区处于山间盆地内,地形周围较高,山丘区地下水沿基岩裂隙向中间运动,而成为砂层孔隙水的补给来源之一。

2.孔隙水的径流、排泄

第四系孔隙水的径流和排泄,主要受地形控制。研究区地下水水位等值线总的趋势

是四周高、中间低,呈现向南开口的瓢状形式,最后由刘官庄乡前云村出口排向下游,水力坡度小于1‰,表明地下水的径流比较缓慢。地下水的排泄主要有河川基流排泄、人工开采、潜水蒸发消耗地下水及侧向流出。

2.2.4.2 岩溶裂隙水的补给、径流、排泄条件

1. 岩溶裂隙水的补给

石灰岩岩溶裂隙水主要为大气降水渗入补给。以裸露的寒武系与奥陶系灰岩为补给区,受断裂构造的影响,灰岩山区裂隙较为发育,大气降水多沿裂隙渗入地下,在构造线发育的地表沟谷不能形成地表径流,这表明灰岩山区地表水入渗性较好。岩溶裂隙水的径流受地形、地质构造和岩溶发育条件的控制,区内岩溶水的径流条件存在差异,岩溶水总体流向与地形坡向基本一致,从实测的地下水水位等值线图中可知,在北部龙王庙一带,岩溶水流向由北向南最终排入潍河。西部浮来山一带岩溶水流向自西向东运动。

2. 岩溶裂隙水的排泄

泉水是岩溶裂隙水的主要排泄方式。据1980年山东省水文地质一队资料,对灰岩区的21个泉水进行调查计算,年排泄量为275万 m^3,其次是人工开采排泄。

2.2.4.3 碎屑岩裂隙水的补给、径流、排泄条件

碎屑岩裂隙水的补给来源主要是大气降水,其他补给甚微。其径流及排泄受地势、地貌控制。主要分布在昌邑—大店与浮来山—白芬子断裂之间的中部,呈南北长带状分布,水力坡度大,主要以地下水潜流的形式向第四系排泄,人工开采也是区内地下水的主要排泄途经。

2.2.4.4 变质岩、火成岩裂隙水的补给、径流、排泄条件

变质岩、火成岩裂隙水的补给来源主要是大气降水,大气降水渗入后,储存在风化裂隙和构造裂隙中,并沿裂隙顺山坡由高处向低洼处缓慢运动。排泄途径主要为排入第四系坡洪积层中,形成第四系孔隙水或流向沟谷中直接形成地表水。

2.2.5 地下水动态变化特征

莒县山丘区地下水一般为基岩裂隙水、岩溶水,地下水主要补给来源为大气降水。平原区地下水主要为第四系松散岩类孔隙水,补给来源主要为大气降水和地表水体,其次为山前侧向补给和井灌回归补给。地下水排泄方式主要为人工开采和径流排泄。本次选取公设的莒县地震办、东莞中学、碁山镇大庄坡村、浮来山大薛庄村、陵阳镇大埠堤村、长岭镇二小村、岳家庄科村、刘管庄镇刘官庄村8眼监测井进行观测,监测井信息统计、地下水平均水位见表2-6、表2-7。通过对2019年地下水水位进行插值(见图2-10)分析,莒县地下水水位的空间分布特征受地下水的开采程度、地形、植被、岩性及地质构造气候条件的影响明显。地面坡度陡、岩石破碎程度低、植被稀少的山丘区,地表径流大、流失快,降水入渗补给量相对较小;而在地形平缓的松散层沉积区,降水流失较慢,地表水入渗补给量相对较大,而且砂层沉积较厚,地下水赋存于砂层空隙中。总的趋势是地下水水位由莒县中部沿沭河两岸平原向北部潍河流域丘陵区递减,由沭河南部两岸平原向南部丘陵区递

表 2-6　莒县市级以上固定监测井信息统计

监测井		监测井位置	地理坐标		地下水类型	监测项目	监测井归属
编号	名称		经度	纬度			
3711220071	日照市莒县地震办	日照市莒县地震办	118°50′56.57″	35°35′02.28″	裂隙承压	水位、水质	国家级
3711220072	日照市莒县东莞镇东莞中学	日照市莒县东莞镇东莞中学	118°58′09.38″	35°58′44.95″	孔隙潜水	水位、水质	市级
3711220073	日照市莒县碁山镇大庄坡村	日照市莒县碁山镇大庄坡村	118°52′28.46″	35°48′03.74″	孔隙潜水	水位、水质	市级
3711220074	日照市莒县浮来山街道大薛庄村	日照市莒县浮来山街道大薛庄村	118°45′41.62″	35°37′02.13″	孔隙潜水	水位、水质	市级
3711220075	日照市莒县陵阳街道大埠堤村	日照市莒县陵阳街道大埠堤村	118°53′41.10″	35°33′13.77″	孔隙潜水	水位、水质	省级
3711220076	日照市莒县长岭镇二小村	日照市莒县长岭镇二小村	118°50′22.68″	35°28′25.36″	孔隙潜水	水位、水质	市级
3711220086	日照市莒县岳家庄科村	日照市莒县岳家庄科村	118°52′40.31″	35°34′36.52″	孔隙潜水	水位、水质	省级
3711210077	日照市莒县刘官庄镇刘官庄村	日照市莒县刘官庄镇刘官庄村	118°47′51.79″	35°31′08.65″	孔隙潜水	水位、水质	市级

表 2-7　日照市莒县 2015—2019 年地下水水位平均值

单位:m

行政区	年份	2015 年	2016 年	2017 年	2018 年	2019 年	多年平均埋深	历史最高	历史最低
莒县	实际水位标高	130.06	130.2	130.05	123.91	124.11	—	—	—
	实际埋深	5.77	3.43	5.20	4.23	4.18	4.562	9.94	-0.77

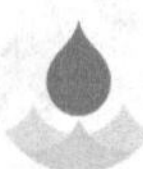

增。其中,青峰岭水库区域地下水水位值最大。

根据莒县8眼固定监测井的浅层地下水水位和降水量变化曲线分析(见图2-11~图2-18),该地区的地下水动态变化曲线为水文气象型,近河谷地带变幅较小;不同年份水位变幅差异较大,一般枯水年份变幅较小,丰水年份变幅较大;一个水文年中,丰水期水位迅速回升,枯水期水位缓慢下降。

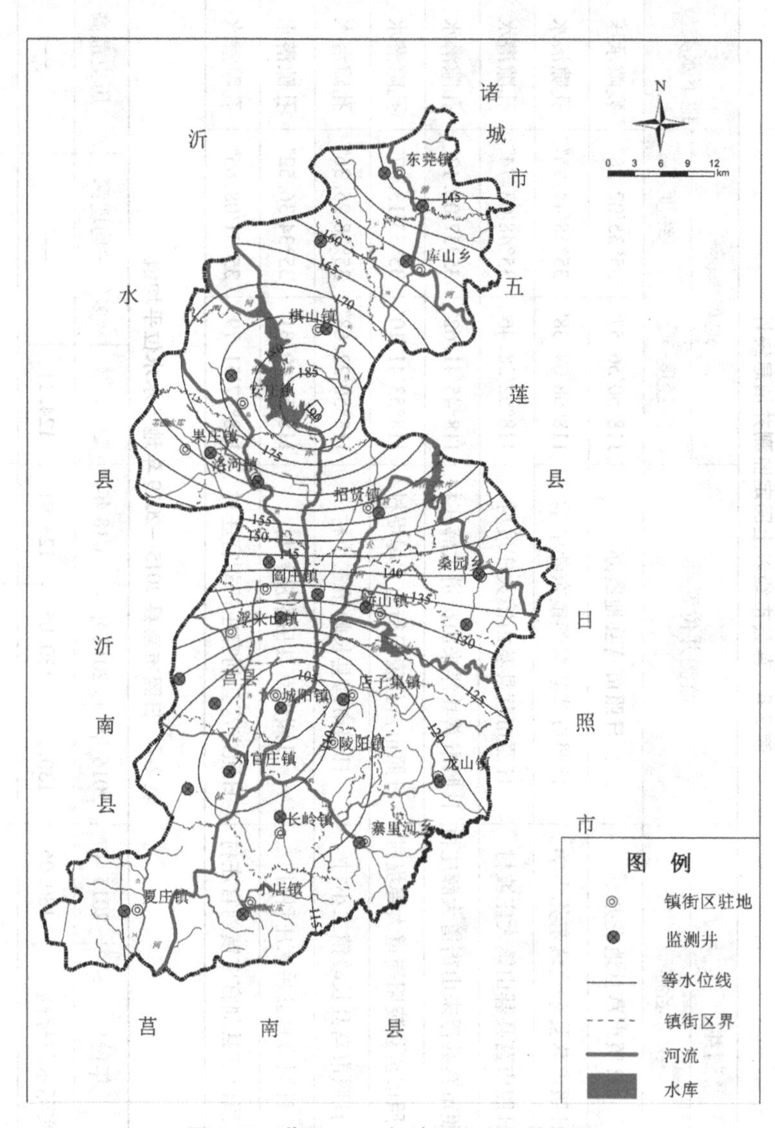

图2-10　莒县2019年地下水水位等值线

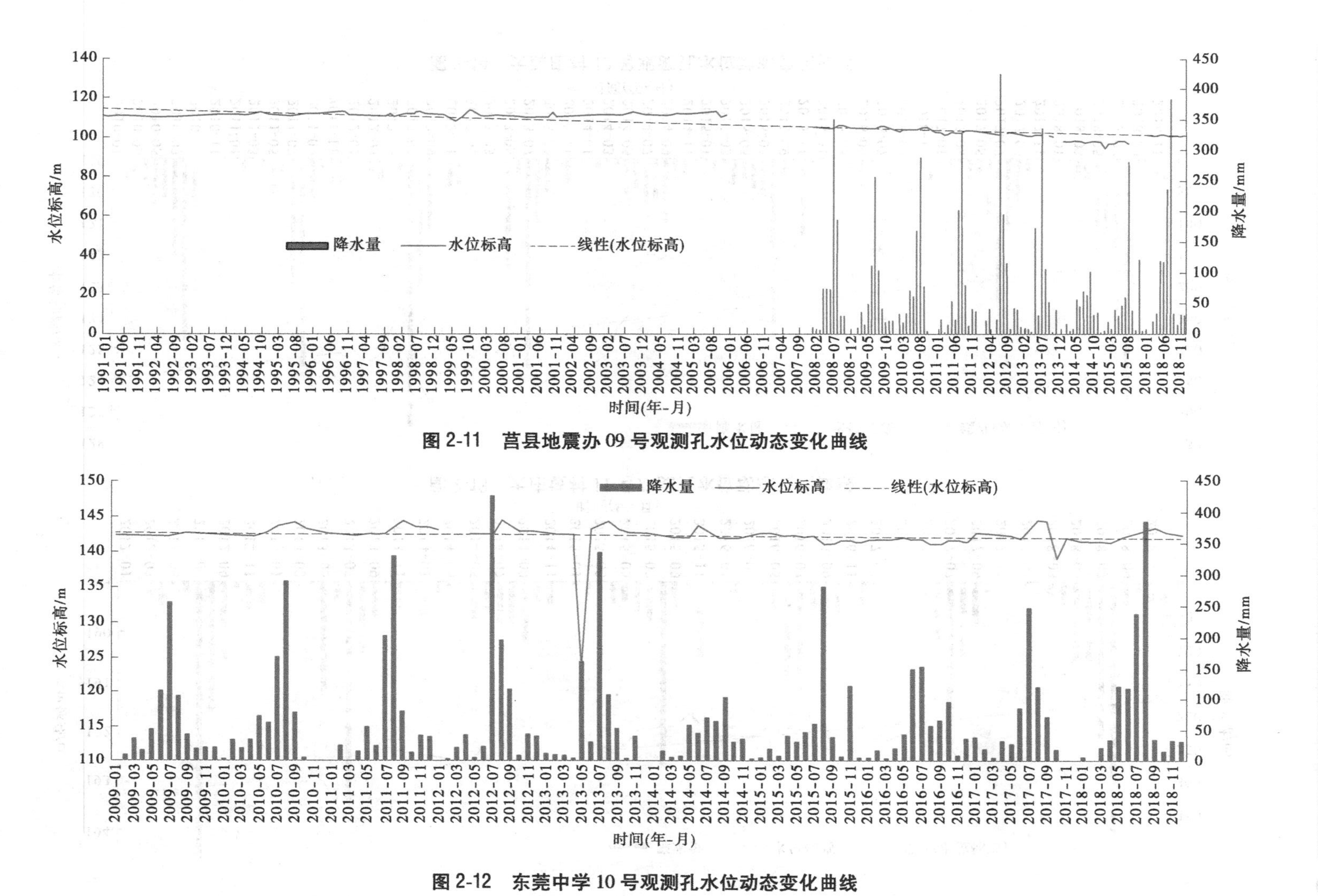

图 2-11　莒县地震办 09 号观测孔水位动态变化曲线

图 2-12　东莞中学 10 号观测孔水位动态变化曲线

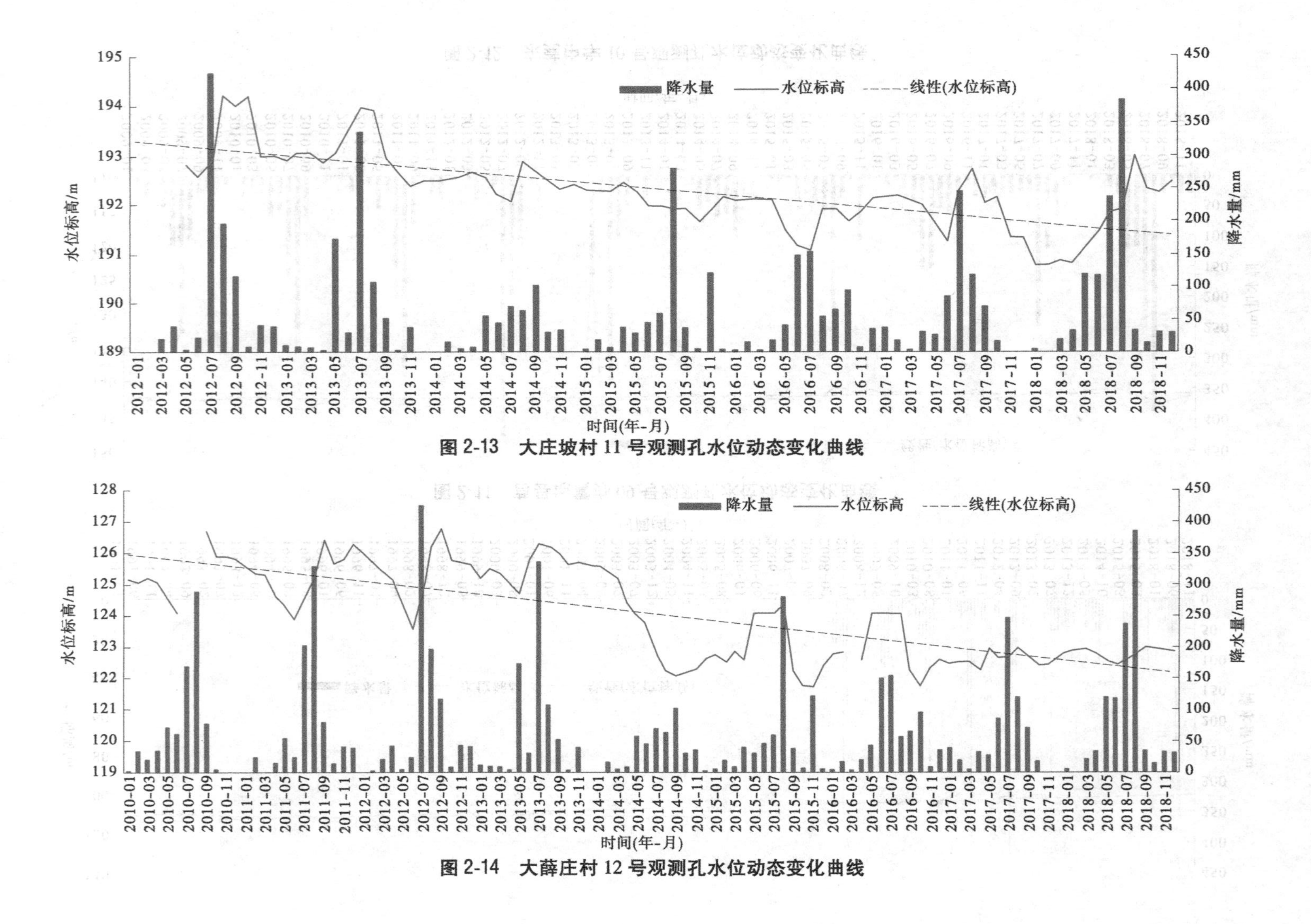

图 2-13　大庄坡村 11 号观测孔水位动态变化曲线

图 2-14　大薛庄村 12 号观测孔水位动态变化曲线

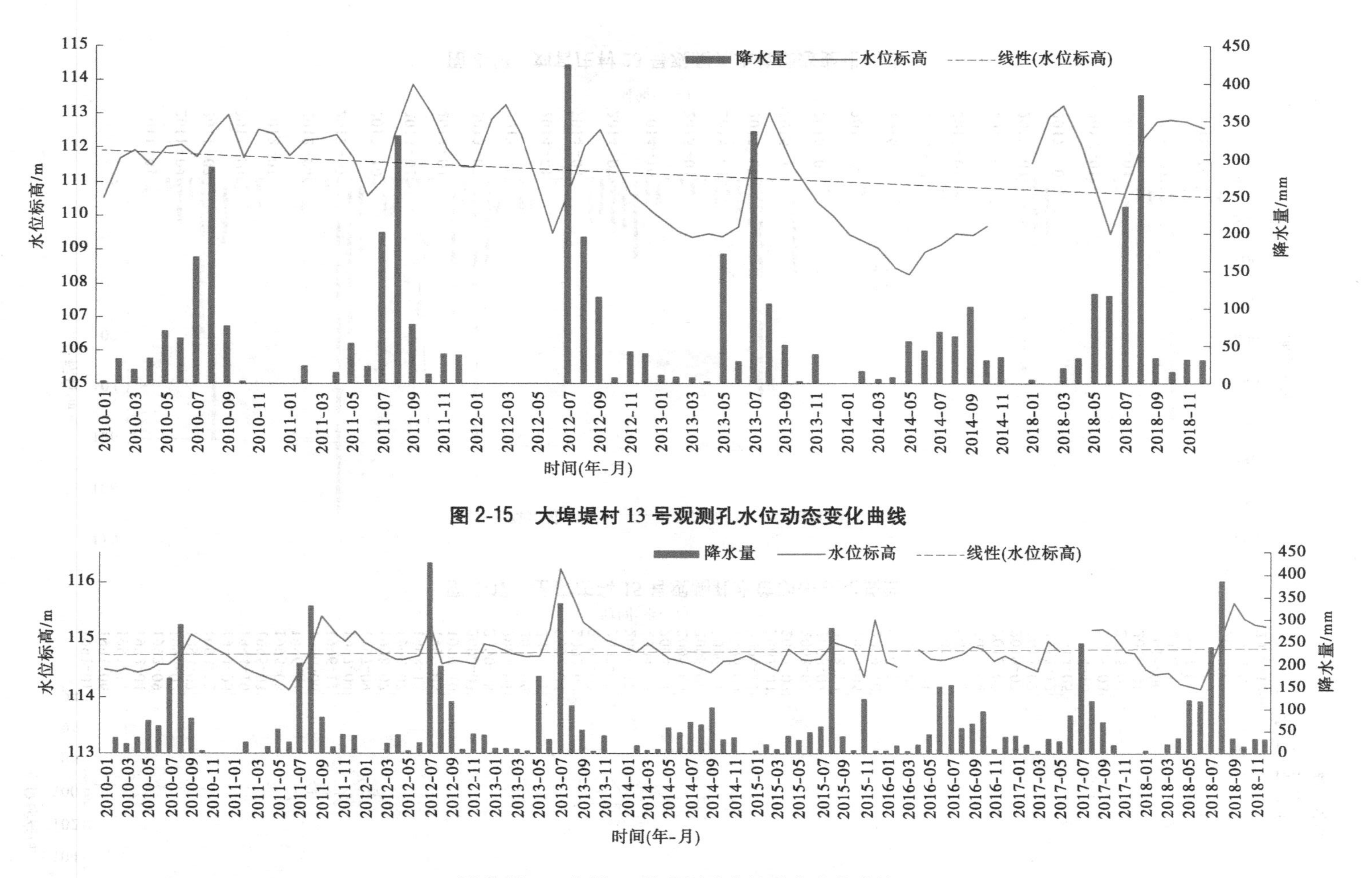

图 2-15　大埠堤村 13 号观测孔水位动态变化曲线

图 2-16　二小村 14 号观测孔水位动态变化曲线

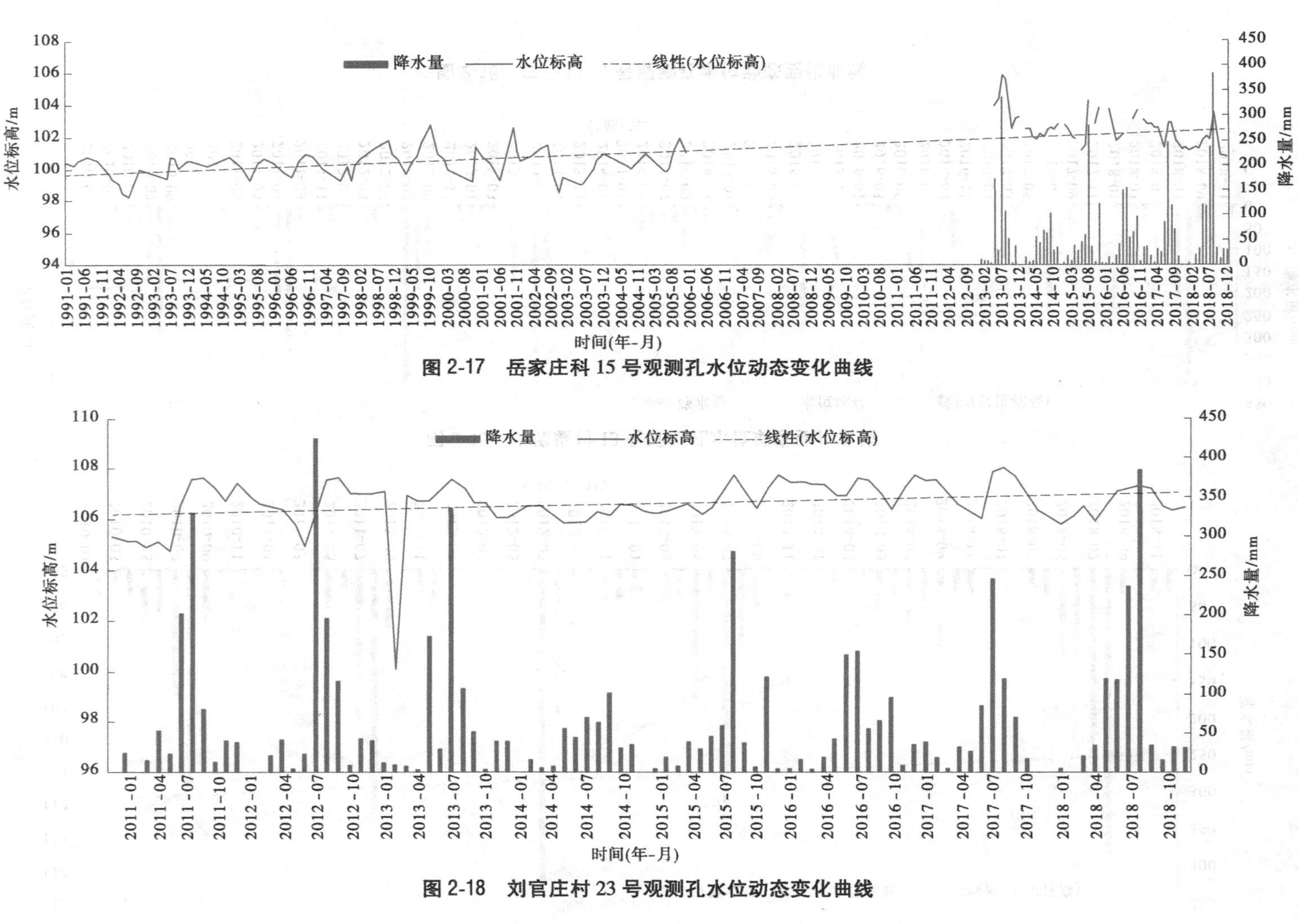

图 2-17 岳家庄科 15 号观测孔水位动态变化曲线

图 2-18 刘官庄村 23 号观测孔水位动态变化曲线

2.2.5.1　浅层地下水水位年内变化

莒县盆地地下水补给来源主要为大气降水和上游径流补给，主要排泄方式为人工开采和径流排泄。结合区内8个监测井位常年水位动态曲线分析，地下水动态基本没有受到其他因素干预，从而处于自然状态。降水量制约着地下水水位的变化，因而其动态变化呈现的季节性规律非常明显，从动态曲线变化趋势上看，呈波浪起伏状。每一个水文年全年范围内的丰水期为7—9月，地下水水位回升到最高值，也就是波峰的位置，之后由于受到降水量减少、径流、蒸发排泄等多方面因素的影响，水位呈现出逐渐下降的趋势。水位下降过程中，若有其他因素干扰，比如秋种用水等，则动态图上会出现短期的小低谷。从图2-19中可以看出，年内雨季为7—9月，该时期水位处于年内最高，说明研究区地下水水位动态主要与降水量有关。过了丰水期后两个月左右，由于秋种影响，地下水水位有下降趋势。11月至翌年的3月左右，由于气候条件的影响，人类活动需水量和地下水蒸发量减小，地下水水位略有回升。4—6月，春种开始、气候回暖等因素使得地下水用量和蒸发量骤增，地下水水位下降至最低点，而丰水期还未到来，因此水位暂时没有回升。

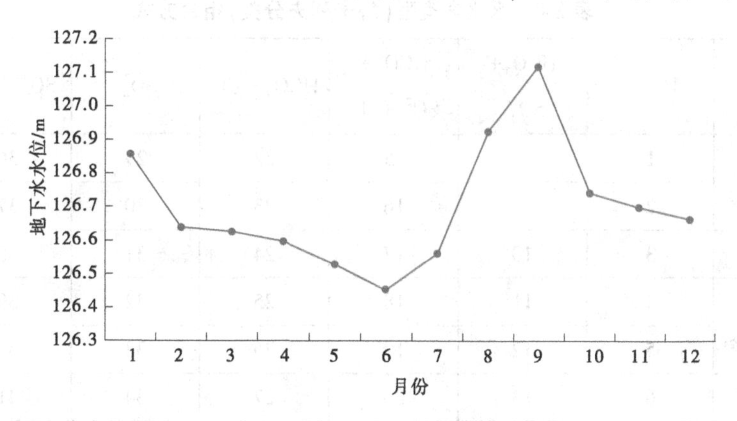

图2-19　莒县多年年均地下水水位动态变化曲线

2.2.5.2　浅层地下水水位年际变化

从莒县8个监测井地下水多年水位标高年际动态变化分析得出，年际间水位标高总体呈缓慢下降趋势。丰水年地下水水位回升，枯水年地下水水位会下降，这便是地下水的年际变化规律。从图2-20分析得出，年际间浅层地下水埋深变化在3.2 m以内。1993—2004年和2013—2017年埋深变化比较明显，与当年的降水量有密切的联系；2006年至今，浅层地下水埋深很大，与近年来大量开采地下水有关。

2.2.6　地下水化学特征

2.2.6.1　地下水化学类型

1. 分类方法

选用K^++Na^+、Ca^{2+}、Mg^{2+}、HCO_3^-、SO_4^{2-}、Cl^-等项监测项目，采用舒卡列夫分类法确定地下水化学类型。根据地下水中6种主要离子（Na^+、Ca^{2+}、Mg^{2+}、HCO_3^-、SO_4^{2-}、Cl^-、K^+合并于

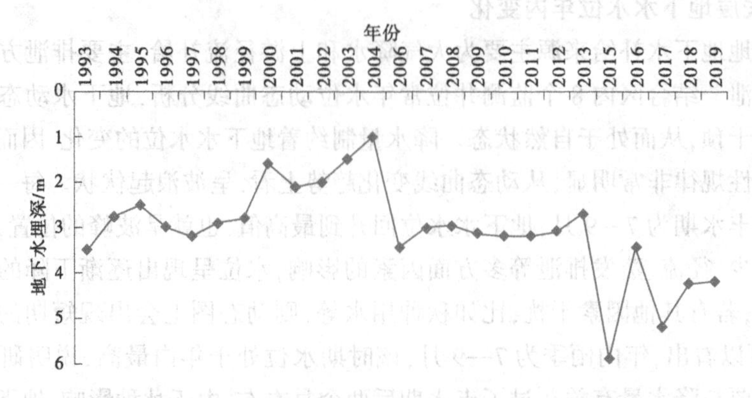

图 2-20　莒县盆地地下水多年平均埋深年际动态变化

Na^+)分析结果,将 6 种主要离子中含量大于 25%毫克当量的阴离子和阳离子进行组合,可组合出 49 型水,并将每一型用一个阿拉伯数字作为代号,见表 2-8。

表 2-8　水化学类型(舒卡列夫分类)组合方式

超过 25%毫克当量的离子	HCO_3^-	$HCO_3^-+SO_4^{2-}$	$HCO_3^-+SO_4^{2-}+Cl^-$	$HCO_3^-+Cl^-$	SO_4^{2-}	$SO_4^{2-}+Cl^-$	Cl^-
Ca^{2+}	1	8	15	22	29	36	43
$Ca^{2+}+Mg^{2+}$	2	9	16	23	30	37	44
Mg^{2+}	3	10	17	24	31	38	45
Na^++Ca^{2+}	4	11	18	25	32	39	46
$Na^++Ca^{2+}+Mg^{2+}$	5	12	19	26	33	40	47
Na^++Mg^{2+}	6	13	20	27	34	41	48
Na^+	7	14	21	28	35	42	49

根据全国水资源综合技术大纲要求,将 1、2 型水归类为 1 型水,4、5、6 型水归类为 4 型水,8、9、15、16、22、23 型水归类为 8 型水,10、17、24 型水归类为 10 型水,11、12、13、18、19、20、25、26、27 型水归类为 11 型水,14、21、28 型水归类为 14 型水,29、30、36、37 型水归类为 29 型水,32、33、34、39、40、41 型水归类为 32 型水,35、42 型水归类为 35 型水,43、44 型水归类为 43 型水,46、47、48 型水归类为 46 型水,如表 2-9 所示。

2. 地下水化学分类分布情况

平原区地下水均为 1 型水,面积大约为 473.7 km^2。山丘区地下水以 1 型水为主,主要组分是 $HCO_3^--Ca^{2+}$的重碳酸根水,主要分布在潍河区的东莞、青峰岭区间的大庄坡、莒县站区间的前牛店和商家店子一带,面积大约为 900 km^2,占山丘区总评价面积的 66.93%;小仕阳区间的桑园和莒县未控区的长岭一带主要分布着 8 型水,面积大约为 444.6 km^2,占山丘区总评价面积的 33.07%。

表 2-9 地下水化学类型归类

地下水类型名称	地下水主要离子
1	HCO_3^-、Ca^{2+}、Mg^{2+}
4	HCO_3^-、Ca^{2+}、Mg^{2+}、Na^+
8	HCO_3^-、SO_4^{2-}、Cl^-、Ca^{2+}、Mg^{2+}
10	HCO_3^-、SO_4^{2-}、Cl^-、Ca^{2+}
11	HCO_3^-、SO_4^{2-}、Cl^-、Ca^{2+}、Mg^{2+}、Na^+
14	HCO_3^-、SO_4^{2-}、Cl^-、Na^+
29	SO_4^{2-}、Cl^-、Ca^{2+}、Mg^{2+}
32	SO_4^{2-}、Cl^-、Ca^{2+}、Mg^{2+}、Na^+
35	SO_4^{2-}、Cl^-、Na^+
43	Cl^-、Ca^{2+}、Mg^{2+}
46	Cl^-、Ca^{2+}、Mg^{2+}、Na^+

2.2.6.2 矿化度分布

根据各评价单元监测井矿化度监测资料，将莒县的矿化度分为小于等于 1 g/L 和大于 1 g/L 来进行统计。全县平原区地下水矿化度均小于 1 g/L，面积大约为 473.7 km^2。山丘区地下水矿化度大部分小于 1 g/L，其分布总面积大约为 1 305.6 km^2，占总评价面积的 97.1%；矿化度大于 1 g/L 的地下水主要分布在商家店子一带，总面积为 39 km^2，占总评价面积的 2.9%。

2.2.6.3 总硬度分布

根据各评价单元监测井总硬度监测资料，按总硬度 150~300 mg/L、300~450 mg/L、450~550 mg/L 和大于 550 mg/L 的要求进行划分，按平原区和山丘区进行地下水总硬度面积统计分析，结果见图 2-21。

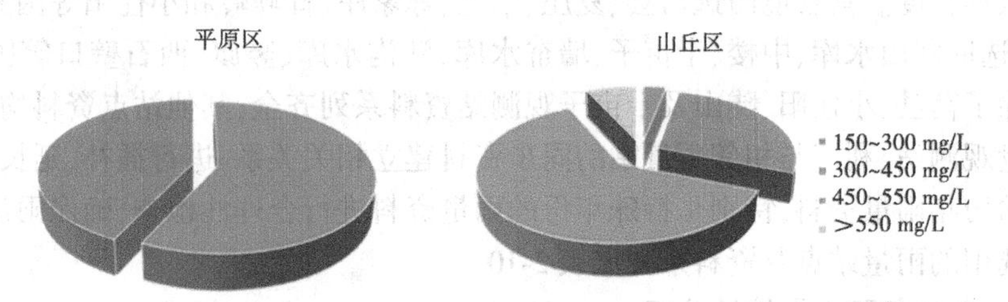

图 2-21 莒县地下水总硬度分布

1. 平原区分布情况

莒县平原区总硬度均大于 150 mg/L，绝大多数为 150~450 mg/L。其中，沭河盆地东侧岳家庄科村、小埠提村一带地下水总硬度为 150~300 mg/L，面积大约为 271 km^2，占总评价面积的 57.2%；莒县沭河盆地西双庙、地震办沿线一带均属于 300~450 mg/L，面积大约为 202.7 km^2，占总评价面积的 42.8%。

2. 山丘区分布情况

山丘区总硬度小于300 mg/L的地下水主要分布在前牛店村一带,总面积大约为43 km^2,占总评价面积的3.2%;总硬度为300~450 mg/L的地下水主要分布在大庄坡、东莞镇和桑园镇附近,面积为375.5 km^2,占总评价面积的27.93%;总硬度为450~550 mg/L的地下水主要分布在长岭镇和大薛庄附近,面积为832.8 km^2,占总评价面积的61.94%;总硬度大于550 mg/L的区域面积为93 km^2,占总评价面积的6.93%,分布于商家店子一带。

2.2.6.4 pH值分布

莒县平原区地下水pH值为6.5~7.5,其中pH值为6.5~7.0的面积为234.6 km^2,占总评价面积的49.44%,主要分布在莒县县城驻地和岳家庄科一带;pH值为7.0~7.5的面积为239.5 km^2,占总评价面积的50.56%,主要分布在沭河盆地小埠提和西双庙一带。莒县山丘区地下水pH值为6.5~7.5,其中pH值为6.5~7.0的面积为683.4 km^2,占总评价面积的50.83%,主要分布在东莞镇、大薛庄一带以及桑园乡、商家店子一带;pH值为7.0~7.5的面积为661.2 km^2,占总评价面积的49.17%。

2.3 地下水资源评价

结合实际,本次地下水资源评价以近期下垫面条件计算分析研究区地下水资源量,无特别说明,选取的雨量观测站、蒸发站等水文要素实测年、月降水量资料系列取1980—2016年序列,共37年。

2.3.1 降水

2.3.1.1 雨量站选择与分布

降水资料选取莒县境内雨量观测站的观测资料,尽量选取资料系列较长、具有较好代表性的站点,同时考虑地形变化、空间分布特点,可适当从境外选择合适观测点作为补充,以提高数据精度。莒县境内选莒县、夏庄、东莞、陈家庄、青峰岭和小仕阳等国家雨量观测站,周边选取陡山水库、中楼、十亩子、墙夼水库、沙沟水库、竖旗、西石壁口等国家雨量观测站。除了莒县、小仕阳、陡山及十亩子观测站资料系列齐全,其他站点资料均缺测,对于缺测雨量观测站,利用与相邻雨量站的同步资料建立相关关系,进行插补、延长,并对所选雨量站的历年雨量资料,特别是特殊年份的雨量资料进行合理性检查,确保雨量资料的可靠性。选用的雨量站点及资料系列见表2-10。

2.3.1.2 单站年降水量统计分析

单站年降水量不同频率计算方法采用适线法。首先根据实测系列用矩法计算统计参数作为适线的初值,然后通过调整参数获得与经验点据配合最佳的理论频率曲线,频率曲线线型采用皮尔逊-Ⅲ型分布曲线,根据确定的配合最佳的理论频率曲线,求得各保证率的年降水量。莒县各雨量站1980—2016年降水量成果见表2-11。

表 2-10　雨量站点及资料系列

站点	实测系列/年	年数/a
小仕阳水库	1956—2016	61
莒县	1956—2016	61
青峰岭水库	1961—2016	56
陈家庄	1960—2016,其中 1967—1975 为汛期	57
夏庄	1962—2016	55
东莞	1964—2016	53
陡山水库	1956—2016	61
中楼	1961—2016	56
十亩子	1956—2016	61
墙夼水库	1961—2016	56
西石壁口	1966—2016,其中 1967—1975 为汛期	51
竖旗	1961—2016	56
沙沟水库	1961—2016	56

表 2-11　莒县各雨量站 1980—2016 年降水量成果

雨量站名称	所在		东经/(°)	北纬/(°)	平均年降水量/mm	年 C_v 值
	四级区	县(市、区)				
竖旗	傅疃河区	东港区	119.05	35.30	808.4	0.25
东莞	潍河区	莒县	118.58	35.59	662.4	0.29
墙夼水库	潍河区	诸城市	119.08	35.54	709.2	0.28
青峰岭	沭河流域区	莒县	118.52	35.47	724.1	0.26
陈家庄	沭河流域区	莒县	118.47	35.54	684.2	0.28
小仕阳	沭河流域区	莒县	118.59	35.44	741.3	0.24
莒县	沭河流域区	莒县	118.51	35.34	724.5	0.28
夏庄	沭河流域区	莒县	118.41	35.25	787.0	0.27
中楼	沭河流域区	岚山区	118.59	35.24	801.1	0.25
十亩子	沭河流域区	五莲县	119.10	35.4	762.1	0.30
陡山水库	沭河流域区	莒南县	118.72	35.21	748.0	0.24
西石壁口	潍河区	临沂市	118.92	36.09	710.0	0.25
沙沟水库	沂河区	沂水县	118.62	36.04	723.0	0.28

2.3.1.3 分区降水量计算

区域平均降水量的计算方法主要有等雨量线法、泰森多边形法、算术平均法、距离平方倒数法。其中,泰森多边形法是荷兰气象学家 A. H. Thiessen 提出的一种由分散的雨量站观测值计算面平均雨量的方法,在现代水文分析计算、水文情报预报等工作中得到了广泛应用。该方法是以雨量站之间连线的垂直平分线,把计算区域划分为若干个多边形,然后以各个多边形的面积为权重,计算各站雨量的加权平均值,作为区域面平均雨量。由于面积权重考虑了雨量站分布的不均匀性,由此计算出的面平均雨量一般要比单纯的算术平均值更加准确。研究区降水量等值线见图 2-22。

图 2-22 研究区降水量等值线

根据 1980—2016 年水资源分区年降水量系列,计算各分区不同频率的年降水量,见表 2-12。全县多年平均年降水量为 729.7 mm,其中莒县站以下未控区多年平均降水量最

大，为 759.0 mm；莒县潍河上游区最小，为 662.4 mm。

表 2-12 莒县水资源计算分区年降水量计算成果

水资源分区	计算面积/km²	统计参数			不同频率年降水量/mm			
		年均值/mm	C_v	C_s/C_v	20%	50%	75%	95%
莒县潍河上游区	231.6	662.4	0.29	2	816.3	643.9	524.7	474.4
青峰岭区间	115.1	695.8	0.26	2	841.7	680.3	566.8	515.3
小仕阳区间	137.8	746.4	0.23	2	885.8	733.3	624.6	581.4
莒县站区间	599.6	719.6	0.24	2	859.5	705.9	596.8	554.8
莒县站以下未控区	647.4	759.0	0.26	2	918.1	741.9	618.2	563.1
莒县	1 731.5	729.7	0.24	2	871.5	715.7	605.2	559.9

2.3.1.4 **降水量时空分布特征**

莒县属暖温带半湿润季风区大陆性气候，春季干旱少雨，夏季湿重，无酷热，雨水集中易成涝，秋季天高气爽，冬季无严寒，少雨雪。水汽来源主要是西太平洋低纬度暖湿气团的侵入和台风、台风倒槽及东风波输送的大量水汽。1956—2016 年全县多年平均降水量 771 mm。莒县降水空间分布，主要受地理位置、地形等因素的影响，年降水量在地区上分布很不均匀。莒县多年平均降水量总的分布趋势是自东南向西北递减，等值线多呈西南—东北走向。

1. 年际变化

降水量的年际变化可从变化幅度和变化过程两个方面分析。变化幅度用年降水量变差系数 C_v 来反映，变差系数 C_v 大，则表示年降水量的年际变化大，反之亦然。年际变化幅度也可以用年降水量极值比和极差来反映，极值比和极差大则表示年降水量的年际变化幅度大，反之亦然。年降水量的年际变化过程用年降水量过程线和年降水量模比系数差积曲线来反映，见图 2-23、图 2-24。

从多年平均年降水量的变差系数来看，莒县各地降水量的年际变化较大，C_v 值一般为 0.24~0.29。最大值位于潍河区东莞镇一带，C_v 值为 0.29；最小值位于陡山水库附近，C_v 值为 0.24，形成一个低值区。各站最大与最小年降水量的比值为 2.7~3.4；最大与最小年降水量的极差为 684.4~932.1 mm。比值最大的是东莞站，比值为 3.4，极差为 904.7 mm。莒县年降水量的多年变化过程具有明显的丰、枯水交替出现的特点，连续丰水年和连续枯水年的现象十分明显。自 1956 年以来以连续两年出现的次数较多，连续 3 年以上的次数较少。连丰、连枯是莒县降水量年际变化的特征之一。从全县平均年降水量模比系数差积曲线可以看出，1956—1975 年为上升段（丰水期），自 1976 年开始又转为下降段（枯水期），且在每一个上升段或下降段内都有若干个较小的上升或下降的波动段。2002 年前后处于枯水期低谷。

2. 年内变化

莒县降水量的年内分配很不均匀。本次分析选用了代表性较好的 6 处雨量站，对历

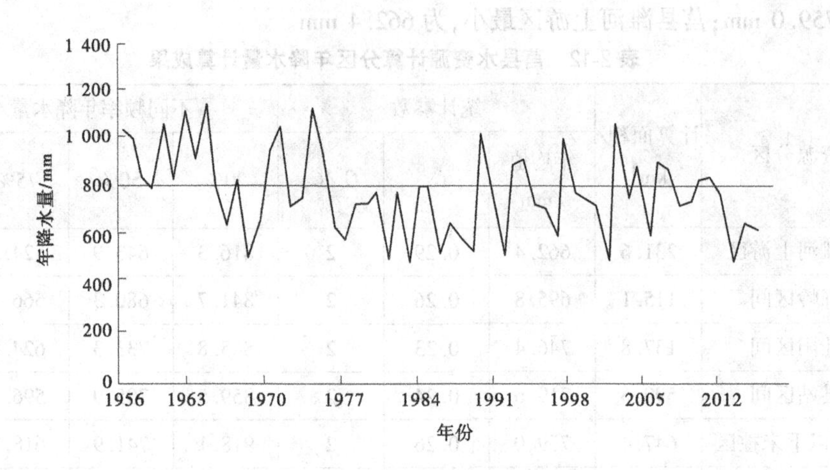

图 2-23　1956—2016 年降水量变化过程

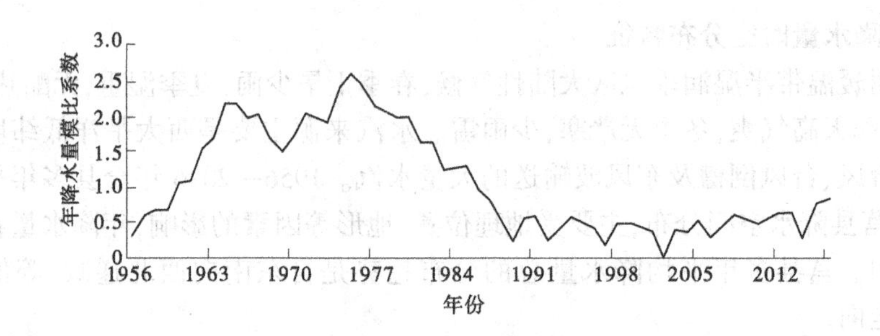

图 2-24　莒县年降水量模比系数差积曲线

年逐月降水资料进行了统计分析。各雨量站多年平均年降水量为 707. 7～813. 5 mm，年降水量主要集中在汛期。多年平均连续最大 4 个月降水量为 499. 0～586. 3 mm，占年降水量的 70. 4%～72. 0%。连续最大 4 个月降水量，一般都发生在 6—9 月。降水量的季节变化较大。夏季(6—8 月)降水量最大，为 428. 7～507. 7 mm，占全年降水量的 62. 4%；秋季(9—11 月)降水量次于夏季，为 123. 9～136. 4 mm，占全年降水量的 16. 8%～17. 5%；春季(3—5 月)降水量小于秋季大于冬季，为 102. 8～117. 2 mm，占全年降水量的 14. 3%～14. 5%；冬季(12 月至翌年 2 月)降水量最少，为 34. 4～37. 5 mm，仅占全年降水量的 4. 6%～4. 9%。

年内各月降水量变化较大，最大和最小月降水量相差悬殊，一年中以 7 月降水量最大，为 181. 3～233. 9 mm，占全年降水量的 25. 6%～28. 7%；8 月次之，为 157. 4～175. 7 mm，占全年降水量的 21. 0%左右；最小月降水量多发生在 1 月，为 9. 4～9. 7 mm，仅占全年降水量的 1. 1%～1. 3%。

由此可见，莒县年降水量近 3/4 集中在汛期 6—9 月，最大月降水量多发生在 6 月、7 月，这说明莒县的雨季较短、雨量集中，降水量的年内分配很不均匀，见图 2-25。

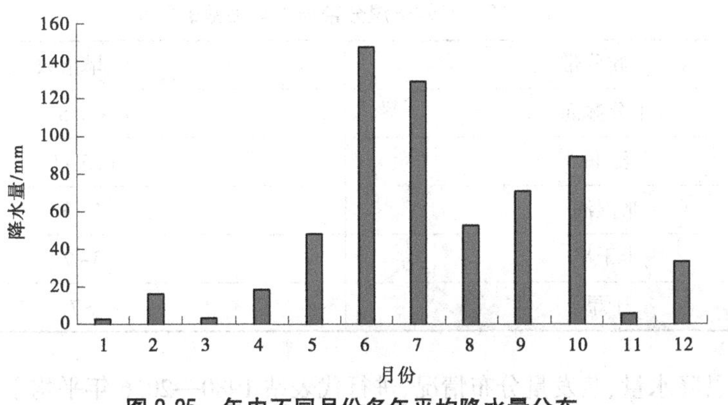

图 2-25　年内不同月份多年平均降水量分布

2.3.2　蒸发与干旱指数

2.3.2.1　蒸发指数

蒸发能力是指充分供水条件下的陆面蒸发量。本次评价近似地用 E601 型蒸发皿观测的水面蒸发量代替。依据资料为日照市水文、气象部门实测蒸发资料，主要站点是陡山水库、墙夼水库等，资料系列为 1980—2016 年。本次评价采用陡山水库站、墙夼水库站蒸发资料分析莒县蒸发规律。一般来讲，蒸发能力的地区变化和年际变化不大，其系列 C_v 值较小，一般需要 10 年以上的观测资料即可满足计算要求，本次评价采用陡山水库站、墙夼水库站 1980—2016 年 37 年蒸发资料分析近期蒸发能力。根据折算之后的蒸发资料，陡山水库站 1980—2016 年多年平均水面蒸发量为 916. 5 mm，墙夼水库站 1980—2016 年多年平均水面蒸发量为 965. 3 mm。

莒县 1980—2016 年平均年蒸发量为 941 mm，总体变化趋势是由南向北递增。莒县潍河区是全县的高值区，年蒸发量在 965 mm 左右。水面蒸发量年内分配不均，季节差异较大，蒸发集中。月最大蒸发量出现在 5 月，为 121. 5 ~ 138. 3 mm，占全年蒸发量的 13. 3%~14. 3%；月最小蒸发量出现在 1 月，为 17. 5 ~ 19. 3 mm，占全年蒸发量的 1. 9% ~ 2. 0%。一年四季中，春季（3—5 月）水面蒸发量为 294. 5 ~ 335. 3 mm，占全年蒸发量的 32. 1%~34. 7%；夏季（6—8 月）水面蒸发量为 327. 0 ~ 337. 4 mm，占全年蒸发量的 35. 7%~35. 0%；秋季（9—11 月）水面蒸发量为 212. 6 ~ 223. 8 mm，占全年蒸发量的 23. 2%；冬季（12 月至翌年 2 月）水面蒸发量为 60. 3 ~ 67. 60 mm，占全年蒸发量的 6. 6% ~ 7. 0%。灌溉期（4—6 月）水面蒸发量为 341. 6 ~ 385. 4 mm，占全年蒸发量的 37. 3% ~ 39. 9%，灌溉期蒸发量较大，春旱较为突出。

2.3.2.2　干旱指数

干旱指数是反映气候干湿程度的一种指标，由多年平均水面蒸发量除以多年平均降水量求得。干旱指数小于 1，表明该地区蒸发能力小于降水量，气候湿润；干旱指数大于 1，表明该地区蒸发能力大于降水量，气候偏于干旱。干旱指数越大，干旱程度就越高。我国气候干湿分带与干旱指数的关系见表 2-13。

表 2-13　气候干湿分带与干旱指数的关系

气候分带	干旱指数
十分湿润	<0.5
湿润	0.5~1
半湿润	1~3
半干旱	3~7
干旱	>7

根据莒县降水量、蒸发量分布情况，进行代表站1980—2016年平均干旱指数计算，莒县1980—2016年平均年干旱指数一般在1.22左右，总体趋势是由南向北递增，等值线基本呈东西走向。根据我国气候干湿分带与干旱指数的关系，莒县属于半湿润气候带，地区气候偏于干旱。

2.3.3　水文地质参数的选取

水文地质参数是平原区地下水资源量评价的重要依据，主要包括给水度(μ)、渗透系数(K)、降水入渗补给系数(α)、灌溉入渗补给系数(β)、井灌回归补给系数(β^*)、潜水蒸发系数(C)等。

本次评价在第二次全省水资源调查评价主要水文地质参数成果的基础上，并参考第二次全国水资源调查评价北方平原区主要水文地质参数成果，根据近年来试验资料及研究成果等，提出近期下垫面条件下的水文地质参数。莒县主要地质参数见表2-14~表2-18。

表 2-14　莒县平原区各种松散岩土给水度(μ)综合取值

岩性	变化范围	采用值	岩性	变化范围	采用值
黏土	0.02~0.05	0.035	细砂	0.07~0.15	0.08
亚黏土	0.03~0.06	0.045	中砂	0.09~0.20	0.14
亚砂土	0.04~0.07	0.055	粗砂	0.15~0.25	0.18
粉砂	0.05~0.11	0.070	砾石	0.20~0.35	0.25

表 2-15　莒县平原区潜水蒸发系数(C)取值

包气带岩性	年均浅层地下水埋深/m						
	0.5~1.0	1.0~1.5	1.5~2.0	2.0~2.5	2.5~3.0	3.0~3.5	3.5~4.0
亚砂土	0.72~0.43	0.43~0.26	0.26~0.15	0.15~0.07	0.07~0.02	0.02~0	
粉细砂	0.45~0.29	0.29~0.16	0.16~0.07	0.07~0.02	0.02~0		
亚黏土	0.37~0.23	0.23~0.14	0.14~0.08	0.08~0.04	0.04~0.02	0.02~0.004	0.004~0

表 2-16　莒县平原区灌溉入渗补给系数(β)综合取值

灌区类型	灌水定额/[m^3/(亩·次)]	年均地下水埋深	
		<4 m	≥4 m
引河、湖、库灌溉		0.20~0.25	
井灌	<50	0.11~0.15	0.05~0.10
	≥50	0.16~0.20	0.10~0.15

表 2-17　莒县平原区各种松散岩土渗透系数(K)取值

岩性	黏土、亚黏土	亚砂土	粉砂	细砂	中砂	粗砂	砂石、砂砾石
K/(m/d)	0.1~0.5	0.3~1	1~5	3~15	8~25	20~50	≥50

表 2-18　莒县平原区降水入渗补给系数(α)综合取值

岩性	年降水量/mm	不同地下水埋深(m)的 α 值											
		1	1.5	2	2.5	3	3.5	4	4.5	5	5.5	6	6.5
粉细砂	300~400	0.09	0.13	0.18	0.21	0.20	0.18	0.17	0.15	0.14	0.13	0.13	0.13
	400~500	0.10	0.15	0.20	0.23	0.24	0.22	0.20	0.18	0.16	0.16	0.15	0.15
	500~600	0.11	0.17	0.21	0.25	0.26	0.25	0.23	0.21	0.19	0.18	0.17	0.17
	600~700	0.12	0.19	0.24	0.27	0.28	0.27	0.26	0.24	0.22	0.20	0.19	0.19
	700~800	0.13	0.20	0.25	0.29	0.30	0.29	0.28	0.26	0.24	0.22	0.21	0.20
	>800	0.15	0.21	0.26	0.30	0.31	0.31	0.29	0.27	0.25	0.23	0.22	0.21
亚砂土	300~400	0.09	0.13	0.17	0.20	0.19	0.18	0.16	0.15	0.13	0.13	0.12	0.12
	400~500	0.10	0.15	0.19	0.22	0.22	0.20	0.18	0.17	0.15	0.15	0.14	0.14
	500~600	0.11	0.16	0.21	0.24	0.25	0.24	0.22	0.20	0.18	0.17	0.16	0.16
	600~700	0.12	0.18	0.23	0.26	0.27	0.27	0.25	0.23	0.21	0.19	0.19	0.18
	700~800	0.14	0.20	0.24	0.28	0.29	0.29	0.26	0.25	0.23	0.21	0.20	0.19
	>800	0.14	0.21	0.25	0.29	0.30	0.30	0.28	0.26	0.24	0.22	0.21	0.20
亚砂亚黏互层	300~400	0.08	0.12	0.15	0.17	0.17	0.15	0.14	0.13	0.12	0.12	0.11	0.11
	400~500	0.09	0.13	0.17	0.20	0.20	0.19	0.17	0.16	0.15	0.14	0.13	0.12
	500~600	0.10	0.15	0.19	0.22	0.23	0.22	0.20	0.18	0.17	0.16	0.15	0.15
	600~700	0.11	0.16	0.20	0.23	0.24	0.23	0.22	0.20	0.19	0.18	0.17	0.16
	700~800	0.13	0.18	0.22	0.25	0.26	0.25	0.23	0.21	0.20	0.19	0.18	0.17
	>800	0.13	0.18	0.23	0.25	0.27	0.26	0.23	0.21	0.19	0.18	0.17	0.17

续表 2-18

岩性	年降水量/mm	不同地下水埋深(m)的 α 值											
		1	1.5	2	2.5	3	3.5	4	4.5	5	5.5	6	6.5
亚黏土	300~400	0.06	0.11	0.15	0.16	0.15	0.14	0.12	0.11	0.10	0.09	0.08	0.08
	400~500	0.07	0.12	0.16	0.18	0.18	0.16	0.15	0.13	0.12	0.11	0.11	0.10
	500~600	0.08	0.13	0.18	0.20	0.20	0.19	0.17	0.15	0.14	0.13	0.12	0.12
	600~700	0.09	0.14	0.19	0.22	0.22	0.21	0.19	0.17	0.16	0.15	0.14	0.13
	700~800	0.10	0.16	0.21	0.24	0.24	0.22	0.21	0.19	0.17	0.16	0.15	0.14
	>800	0.10	0.17	0.22	0.25	0.25	0.24	0.22	0.20	0.18	0.17	0.16	0.15
黏土	300~400	0.06	0.09	0.12	0.14	0.14	0.12	0.11	0.09	0.08	0.07	0.07	0.07
	400~500	0.07	0.10	0.14	0.16	0.16	0.14	0.12	0.11	0.10	0.09	0.08	0.08
	500~600	0.08	0.11	0.15	0.17	0.17	0.15	0.13	0.12	0.11	0.10	0.10	0.09
	600~700	0.08	0.12	0.16	0.19	0.19	0.17	0.15	0.14	0.13	0.12	0.11	0.10
	700~800	0.09	0.13	0.17	0.20	0.20	0.18	0.17	0.15	0.14	0.13	0.12	0.11
	>800	0.09	0.13	0.18	0.21	0.21	0.20	0.18	0.16	0.15	0.14	0.12	0.12

2.3.4 地下水资源量计算分区

本次地下水资源量的计算，评价类型区划分为三级：

(1)一级计算区(Ⅰ)。根据区域地形、地貌特征将地下水资源评价区划分为平原区和山丘区两个Ⅰ级类型区。

(2)二级计算区(Ⅱ)。根据莒县境内次级地形地貌特征和地下水的类型，Ⅰ级平原区又可以划分为一般平原区1个Ⅱ级类型区。Ⅰ级山丘区划分为一般山丘区和岩溶山区2个Ⅱ级类型区。一般山丘区是以非可溶岩基岩裂隙水为主的山丘区。岩溶山丘区是以碳酸盐岩裂隙岩溶水为主，富水区为裂隙岩溶水，流域内地表水通过岩溶通道强烈渗漏，出口地段基流量远小于地下水排泄量的区域。

(3)三级计算区(Ⅲ)。在Ⅱ级类型区划分的基础上，按区域地质构造、水文地质条件和水系流域的完整性与水文气象特征的一致性，进一步划分为若干个均衡计算区。均衡计算区是各项资源量的最小计算单元，又称Ⅲ级类型区。具体划分时，平原区根据包气带岩性、1980—2016年年均地下水埋深等值线、水文地质分区以及地表流域等划分为3个计算区。山丘区根据水文测站控制范围和岩溶分布块段、地下水系统边界等划分成15个计算区，其中一般山丘区12个，岩溶山丘区3个。莒县地下水资源量评价类型区分区见图2-26。

综上所述，全县共划分为18个Ⅲ级类型区。为便于评价成果的实际应用，将地下水资源计算成果分别按水资源分区进行汇总。莒县地下水评价分区见图2-27。按水资源分区，全县共划分为潍河区、青峰岭区间、小仕阳区间、莒县站区间、莒县站以下未控区5个汇总分区，见表2-19。

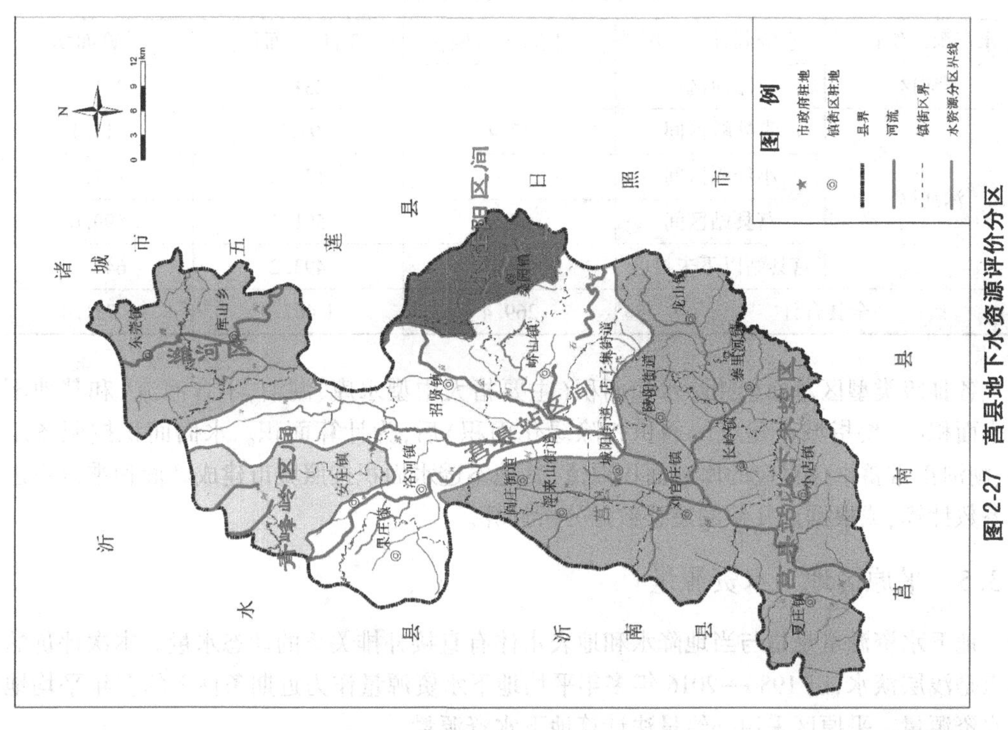

图2-27　莒县地下水资源评价分区

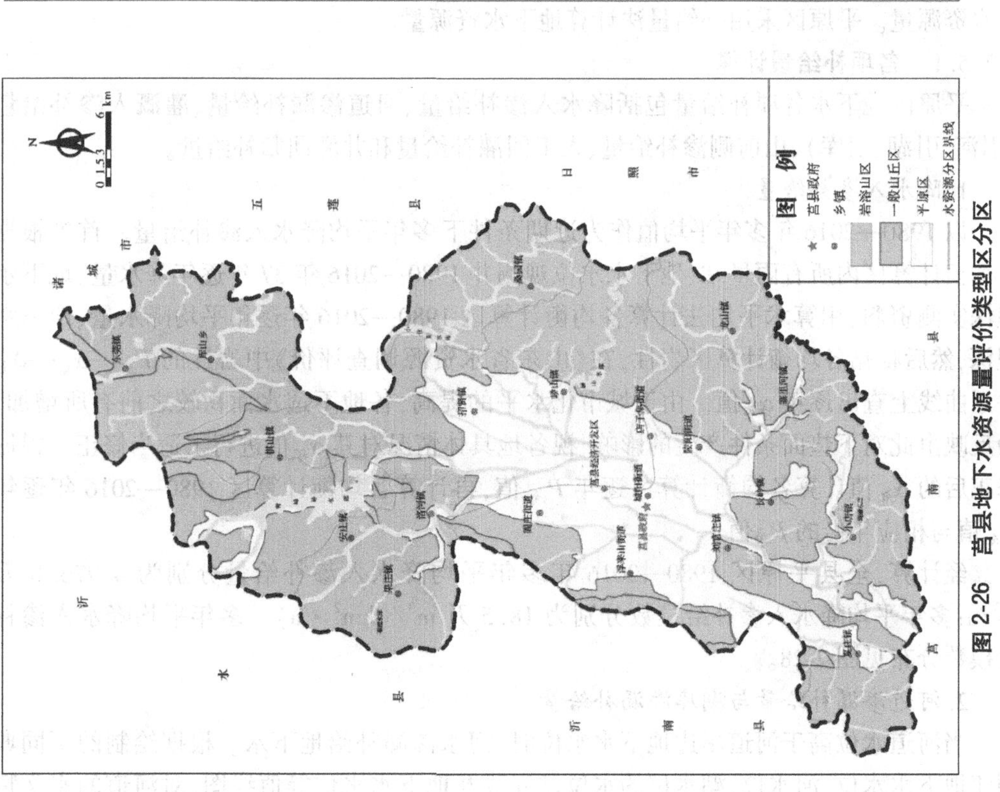

图2-26　莒县地下水资源量评价类型区分区

表 2-19　莒县地下水资源评价分区汇总　　单位:km^2

水资源四级区	水资源计算小区	平原区面积	山丘区面积	计算面积
潍河区	潍河区	—	231.6	231.6
沭河区	青峰岭区间	17.4	97.7	115.1
	小仕阳区间	—	137.8	137.8
	莒县站区间	97.9	501.7	599.6
	莒县站以下未控区	154.1	493.2	647.3
全县合计		269.4	1 462.0	1 731.4

各Ⅲ级类型区总面积扣除水面面积(主要指大中型水库、湖泊,不含河流)和其他不透水面积(主要指城市建成区面积扣除绿化面积)后,为计算面积。水面面积按照各水库、湖泊正常蓄水位对应的库区面积取值;其他不透水面积按照城市建成区面积乘以不透水系数计算,或根据近几年的遥感数据分析计算。

2.3.5　平原区地下水资源量

地下水资源量是指与当地降水和地表水体有直接补排关系的动态水量。本次评价的重点是浅层淡水,以 1980—2016 年多年平均地下水资源量作为近期条件下的多年平均地下水资源量。平原区采用补给量法计算地下水资源量。

2.3.5.1　各项补给量计算

平原区地下水各项补给量包括降水入渗补给量、河道渗漏补给量、灌溉入渗补给量(引河、引湖、引库)、山前侧渗补给量、人工回灌补给量和井灌回归补给量。

1. 降水入渗补给量

以 1980—2016 年多年平均值作为近期条件下多年平均降水入渗补给量。首先根据各均衡计算区内所有雨量站、地下水水位观测井 1980—2016 年 37 年逐年降水量、地下水埋深实测资料,用算术平均法计算各均衡计算区 1980—2016 年逐年平均降水量、地下水埋深,然后根据各均衡计算区岩性,在《山东省水资源调查评价》中岩性的 $P_{年}$—$\alpha_{年}$—$\Delta_{年}$ 关系曲线上查出逐年 $\alpha_{年}$ 值。由于城市化水平的提高,各地不透水面积较之前有所增加,为反映由此对下垫面条件产生的影响,视各地具体情况对其 $\alpha_{年}$ 值进行了适当修正。根据修正后的 $\alpha_{年}$ 值计算各均衡计算区逐年 $P_{r年}$ 值,再计算各均衡计算区 1980—2016 年逐年 $P_{r年}$ 值与相应年份的 $P_{年}$ 值。

经计算,全县平原区 1980—2016 年多年平均降水入渗补给量分别为 4 976.8 万 m^3/a;多年平均降水入渗补给模数分别为 18.5 万 $m^3/(km^2 \cdot a)$。多年平均降水入渗补给模数分布见图 2-28。

2. 河道渗漏补给量与湖库渗漏补给量

当河道水位高于河道岸边地下水水位时,河水渗漏补给地下水。根据绘制的不同典型年地下水水位、河水位、湖水位的水位过程线及地下水水位等值线图,对河道的水文特性、与地下水的补排关系进行分析,确定各条河流补给地下水的时间与河段。经分析,莒

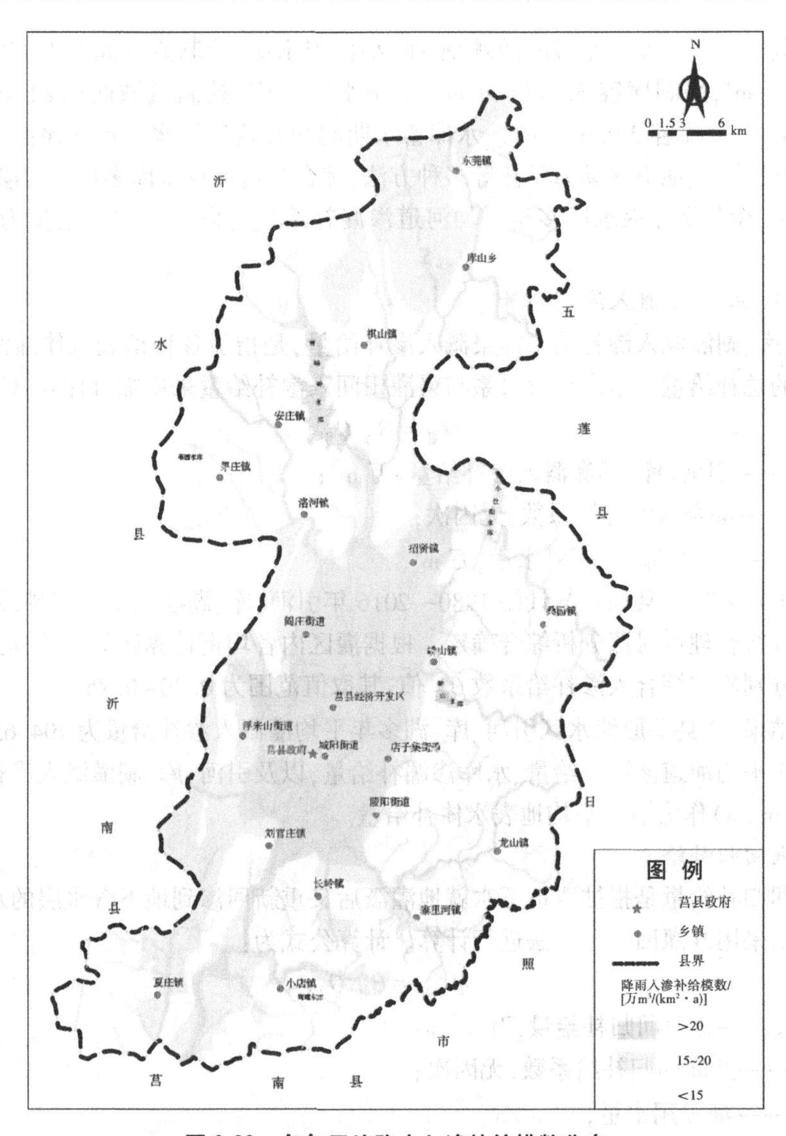

图 2-28　多年平均降水入渗补给模数分布

县有潍河、沭河等河流的部分河段河水补给地下水。

由于莒县缺少适于分析计算河道补给量的上、下游水文控制断面，本次莒县河道补给地下水量采用地下水动力学法进行计算。计算公式为：

$$Q_{河补} = 10^{-4}K \cdot M \cdot I \cdot L \cdot t \tag{2-1}$$

式中　$Q_{河补}$——河道渗漏补给量，万 m^3/a；

K——渗透系数，m/d；

M——含水层厚度，m；

I——地下水水力坡度，无因次；

L——河流长度，m；

t——河水补给地下水的时间，d。

莒县共有大型水库2座,即青峰岭水库、小仕阳水库,控制流域面积1 051 km^2,总库容53 734万 m^3,兴利库容33 736万 m^3;中型水库1座,控制流域面积81 km^2,总库容4 738万 m^3,兴利库容2 936万 m^3。水库蓄水期间均补给地下水。本次评价采用水量平衡法、分项计算法、地下水动力学法等多种方法,综合分析计算水库多年平均渗漏补给量。

经计算,全县平原淡水区多年平均河道渗漏补给量与湖库渗漏补给量为197.74万 m^3/a。

3. 引河、库、湖灌溉入渗补给量

引河、库、湖灌溉入渗补给量即渠溉入渗补给量,是指引各种地表水体灌溉后入渗补给地下水的总补给量。本次评价渠系与渠灌田间入渗补给量采用综合计算,计算公式为:

$$Q_{灌} = \beta_{综} Q_{引} \tag{2-2}$$

式中 $Q_{灌}$——引河、库、湖灌溉入渗补给量,万 m^3;

$\beta_{综}$——综合入渗补给系数,无因次;

$Q_{引}$——引河、库、湖灌溉水量,万 m^3。

灌溉水量采用全县调查统计的1980—2016年引河、库、湖灌溉水量资料,并参照其他有关资料进行合理性对照分析综合确定。根据灌区内各均衡计算区的岩性、地下水埋深、灌水定额分别确定综合入渗补给系数 $\beta_{综}$ 值,其取值范围为0.20~0.25。

计算结果:全县平原淡水区引河、库、湖多年平均灌溉入渗补给量为704.65万 m^3/a。

以多年平均河道渗漏补给量、水库渗漏补给量,以及引河、库、湖灌溉入渗补给量之和(902.4万 m^3/a)作为多年平均地表水体补给量。

4. 井灌回归补给量

井灌回归补给量是指抽取地下水就地灌溉后又重新回渗到地下含水层的水量。井灌回归补给量采用井灌回归系数法进行计算。计算公式为:

$$Q_{井灌} = \beta_{井} Q_{井} \tag{2-3}$$

式中 $Q_{井灌}$——井灌回归补给量,万 m^3/a;

$\beta_{井}$——井灌回归补给系数,无因次;

$Q_{井}$——灌溉用水量,万 m^3/a。

根据全县调查统计的1980—2016年逐年地下水开采量资料,与以往莒县采用的地下水开采量资料对照分析,进行合理性检查,确定本次评价采用的逐年地下水开采量,并统计出全县平原区农业灌溉用水量。根据各均衡计算区的岩性、地下水埋深 Δ、灌水定额分别确定井灌回归补给系数 $\beta_{井}$ 值,用上述公式计算井灌回归补给量。

井灌回归补给系数取值范围为:

灌水定额≥50 m^3/亩次时

$$\begin{cases} \Delta < 4\ m, \beta_{井} 取 0.16 \sim 0.20 \\ \Delta \geq 4\ m, \beta_{井} 取 0.10 \sim 0.15 \end{cases}$$

灌水定额<50 m^3/亩次时

$$\begin{cases} \Delta < 4\ m, \beta_{井} 取 0.11 \sim 0.15 \\ \Delta \geq 4\ m, \beta_{井} 取 0.05 \sim 0.10 \end{cases}$$

计算结果,全县平原淡水区多年平均井灌回归补给量为 207.43 万 m^3/a。

5. 山前侧向补给量

山前侧向补给量是指发生在山丘区与平原区的交界面上,山丘区地下水以地下潜流的形式补给平原区浅层地下水的水量。用达西公式计算:

$$Q_{山前侧} = 10^{-4} \times K \cdot M \cdot I \cdot L \cdot t \tag{2-4}$$

式中 $Q_{山前侧}$——山前侧向补给量,万 m^3/a;

K——渗透系数,m/d;

M——含水层厚度,m;

I——水力坡度,无因次;

L——侧向补给断面的长度,m;

t——侧向补给的时间,d。

计算中所需参数 M:根据钻井柱状图或断面剖面图及地下水埋深确定,取断面加权平均值;K:首先按不同岩性确定各层的 K 值,再以含水层厚度为权重进行加权平均;L:在断面剖面图中实际量算;I:由各年水位观测资料求得(尽量选取与山前侧渗剖面线垂直的对井,不垂直的根据剖面走向与地下水流向间的夹角进行换算)。

经分析计算,全县平原淡水区多年平均山前侧向补给量为 540.47 万 m^3/a。

6. 平原区地下水总补给量和地下水资源量

均衡计算区内近期条件下多年(1980—2016 年)平均各项补给量之和为多年平均地下水总补给量,多年平均总补给量扣除井灌回归补给量为近期条件下多年平均地下水资源量。

计算结果:全县平原区多年平均地下水总补给量为 6 627.1 万 m^3/a,多年平均总补给模数为 24.6 万 $m^3/(km^2 \cdot a)$;扣除井灌回归补给量 207.4 万 m^3/a,多年平均地下水资源量为 6 419.7 万 m^3/a,多年平均地下水资源模数为 23.8 万 $m^3/(km^2 \cdot a)$。

2.3.5.2　平原区地下水排泄量计算

1. 潜水蒸发量

潜水蒸发量是指潜水在毛细作用下,通过包气带岩土向上运动造成的蒸发量(包括棵间蒸发量和被植物根系吸收造成的叶面散发量两部分)。本次地下水资源评价采用潜水蒸发系数法分析计算潜水蒸发量。计算公式为:

$$E = 10^{-1} \times C \cdot E_0 \cdot F \tag{2-5}$$

式中 E——潜水蒸发量,万 m^3;

C——潜水蒸发系数;

E_0——水面蒸发量(采用 E_{601} 型蒸发皿的观测值或换算成 E_{601} 型蒸发皿的蒸发量);

F——计算区面积,km^2。

根据多年平均地下水埋深、分布面积及岩性,选取潜水蒸发系数,计算潜水蒸发量。

计算结果:全县平原区多年平均潜水蒸发量为 2 594.7 万 m^3/a。

2. 侧向流出量

地下潜流形式流出评价计算区的水量称为侧向流出量,用地下水动力学法分析计算。莒县排泄量主要分布在莒县未控区靠近莒南县部位。经计算,全县多年平均侧向流出量为 1 711.35 万 m^3/a。

3. 地下水实际开采量

采用莒县各计算区 1980—2016 年期间的多年平均地下水实际开采量调查统计成果作为各相应计算区的多年平均地下水实际开采量。

浅层地下水实际开采量是莒县平原区主要排泄项。根据近期条件下的多年平均浅层地下水实际开采量，按照各均衡计算区内的面积、水文地质条件、开采强度、水源地所在位置等因素综合考虑进行合理分配。

统计结果：莒县平原淡水区浅层地下水多年平均实际开采量为 2 331.86 万 m^3/a。

4. 地下水总排泄量

均衡计算区内各项地下水排泄量之和为该区的多年平均地下水总排泄量。

计算结果：莒县平原淡水区浅层地下水多年平均总排泄量为 6 637.92 万 m^3/a。其中，地下水实际开采量为 2 331.86 万 m^3/a，占总排泄量的 35.1%；潜水蒸发量为 2 594.7 万 m^3/a，占总排泄量的 39.1%；其他排泄量之和占总排泄量的 25.8%。

2.3.5.3 平原区地下水蓄变量

平原区浅层地下水蓄变量是指均衡计算区计算时段始、末地下水储存量的增减量。计算公式：

$$\Delta W = 10^2 \times (h_2 - h_1)\mu \cdot F/t \tag{2-6}$$

式中 ΔW——年浅层地下水蓄变量，万 m^3；

h_1、h_2——计算时段始、末地下水水位，m，h_1、h_2 分别采用 1980 年、2016 年各均衡计算区年平均地下水水位值；

μ——地下水水位变幅带给水度；

F——均衡计算区面积，km^2；

t——计算时段长度，年，取 37 年。

经计算，全县平原区浅层地下水多年平均蓄变量为-389.4 万 m^3。

2.3.5.4 平原区地下水均衡分析

水均衡是指均衡计算区内，多年平均地下水总补给量与总排泄量的均衡关系，即 $Q_{总补} = Q_{总排}$。但在受人类活动影响和均衡期间代表多年的年数并非足够多的情况下，水均衡还与均衡期间浅层地下水蓄变量（ΔW）有关。为了检查计算成果的合理性，需要按水资源分区逐一对三者进行水均衡分析。三者的水均衡公式为：

$$Q_{总补} - Q_{总排} \pm \Delta W = X \tag{2-7}$$

$$X/Q_{总补} = \delta$$

式中 $Q_{总补}$——地下水总补给量，万 m^3；

$Q_{总排}$——地下水总排泄量，万 m^3；

ΔW——地下水蓄变量，万 m^3；

X——绝对均衡差，万 m^3；

δ——相对均衡差。

经计算，全县平原区浅层地下水多年平均平衡差为-6%。莒县平原区地下水资源量平衡计算结果见表 2-20。

表 2-20 莒县平原区多年(1980—2016年)平均浅层地下水资源量(矿化度 $M \leq 2$ g/L,按水资源分区)

单位:面积/km^2,水量/(万 m^3/a),模数/[万 m^3/(km^2·a)]

所在水资源分区		面积	补给量									排泄量							蓄变量
			降水入渗补给量	降水入渗补给模数	山前侧向补给量	地表水体补给量	井灌回归补给量	地下水总补给量	地下水总补给量模数	地下水资源量	地下水资源量模数	实际开采量		潜水蒸发量	河道排泄量		侧向流出量	地下水总排泄量	
												合计	其中:开采净消耗量		合计	其中:降水入渗补给量形成的			
一级区	二级区	F	(1)	(2)=(1)/F	(3)	(4)	(5)	(6)=(1)+(3)+(4)+(5)	(7)=(6)/F	(8)=(6)-(5)	(9)=(8)/F	(10)	(11)=(10)-(5)	(12)	(13)	(14)	(15)	(16)=(10)+(12)+(13)+(15)	(17)
潍河区	潍河区																		
沭河区	青峰岭区间	17.4	129.3	7.5	12.0	178.1	4.0	370.2	21.3	366.1	21.1	64.6	60.6	166.8				231.4	-23.1
	小仕阳区间																		
	莒县站区间	97.9	1 883.4	19.2	311.7	428.0	156.9	2 826.8	28.9	2 669.9	27.3	987.0	830.1	1 147.1				2 134.1	-145.6
	莒县站以下未控区	154.1	2 964.1	19.2	216.8	296.3	46.5	3 430.1	22.3	3 383.7	22.0	1 280.3	1 233.7	1 280.8			1 711.4	4 272.4	-220.7
全县合计		269.4	4 976.8	18.5	540.5	902.4	207.4	6 627.1	24.6	6 419.7	23.8	2 331.9	2 124.4	2 594.7			1 711.4	6 637.9	-389.4

2.3.6 山丘区地下水资源量

2.3.6.1 山丘区地下水资源量评价

莒县山丘区按地形地貌、地质构造、岩性等特征，结合地层岩性、水文地质条件、地下水类型，划分为一般山丘区和岩溶山丘区。一般山丘区指由太古界变质岩、各地质年代形成的岩浆岩和非可溶性的沉积岩构成的山地或丘陵，地下水类型以基岩裂隙水为主，缺少具备集中开采条件的大规模富水区；岩溶山丘区指以奥陶系、寒武系可溶性石灰岩为主构成的山地、丘陵，地下水类型以岩溶水为主，在地下水排泄区往往形成可供集中开采的大规模富水区。山丘区共分 15 个均衡计算区，其中一般山丘区 12 个，岩溶山丘区 3 个。总面积 1 462.0 km^2，一般山丘区 1 294.8 km^2，岩溶山丘区 167.2 km^2。

一般山丘区采用排泄量法计算地下水资源量；岩溶山丘区采用降水综合入渗系数法计算地下水资源量，用排泄量法校核。本次评价 1980—2016 年近期下垫面条件下逐年入渗补给量(地下水资源量)，以 1980—2016 年系列的平均值作为多年平均山丘区地下水资源量。

山丘区各项排泄量包括河川基流量、山前侧向流出量(包括出山口河床潜流量)、浅层地下水实际开采量、潜水蒸发量。

2.3.6.2 一般山丘区地下水资源量

一般山丘区河谷深切，河道坡降大，有利于径流的水平排泄；地下水含水层主要为风化裂隙、构造裂隙及成岩裂隙，富水性差，但具有细水长流的特点，补给和排泄机制比较简单；地下水与地表水分水岭基本一致且闭合，各流域间几乎无水量交换，因此可用多年平均地下水总排泄量代表多年平均总补给量。总排泄量扣除开采回归量即为山丘区浅层地下水资源量，在天然情况下，山丘区地下水唯一补给源是当地降水，地下水资源量亦即山丘区降水入渗补给量。

1. 河川基流量

河川基流量是指河川径流量中由地下水渗透补给河水的部分，是河川径流的组成部分。在天然状态下，河川基流量是山丘区地下水的主要排泄量，可根据水文站监测径流资料进行分割，其中无降水期间的枯季河道径流量全部属于基流。

(1)单站 1980—2016 年逐年河川基流量计算。

首先绘制选用水文站实测逐日河川径流量过程线，在各单站河川基流分割中，洪水过程为单峰型的，直接分割；洪水过程为连续峰型的，首先分割成单峰，然后进行基流切割，不易分割的连续洪峰可作为一次洪水处理。

河川基流量分割均采用直线斜割法：在实测河川径流量过程线上，自洪峰起涨点至径流退水段转折点(又称拐点)处，以直线相连，直线以下部分即为河川基流量。

退水段转折点本次采用消退流量比值法，退水曲线方程为：

$$Q_t = Q_0 e^{-jt} \tag{2-8}$$

式中 Q_0——退水段中任意起算流量；

j——消退系数；

t——任意时间。

在退水曲线上，连续两点流量的比值，即有：

$$\frac{Q_n}{Q_{n-1}} = e^{-j(t_n - t_{n-1})} = e^{-j\Delta t} \tag{2-9}$$

当取 Δt 为定值时，因地下水消退系数 j 为常数，故有：

$$\frac{Q_{n+1}}{Q_n} = \frac{Q_n}{Q_{n-1}} = \frac{Q_{n-1}}{Q_{n-2}} = \cdots = e^{-j\Delta t} = 常数 \tag{2-10}$$

在分割计算时，当比值接近常数，再继续计算比值变小时，此点即为退水转折点。

(2)计算分区 1980—2016 年河川基流量系列的计算。

计算分区内有选用水文站的区域，首先计算各选用水文站控制流域 1980—2016 年逐年的河川基流模数，公式为：

$$M^j_{0基i} = \frac{R^j_{g站i}}{f_{站i}} \tag{2-11}$$

式中　$M^j_{0基i}$ ——j 年选用 i 水文站（计算区内可有多个水文站）的河川基流模数，万 m^3/km^2；

$R^j_{g站i}$ ——i 水文站在 j 年的河川基流量，万 m^3/a；

$f_{站i}$ ——i 水文站的控制面积，km^2。

各计算分区 1980—2016 年的河川基流量系列，按照面积加权的原则计算，即

$$R_{gj} = \sum M^j_{0基i} \cdot F_i \tag{2-12}$$

式中　R_{gj} ——计算分区 j 年的河川基流量，万 m^3/a；

$M^j_{0基i}$ ——计算分区选用水文站 i 控制区域在 j 年的河川基流模数，万 m^3/km^2；

F_i ——计算分区内选用水文站 i 控制区域的面积，km^2。

经计算，一般山丘区 1980—2016 年多年平均河川基流量为 7 223.4 万 m^3/a，基流模数为 5.6 万 $m^3/(km \cdot a)$。

2. 山前侧向流出量

山前侧向流出量是指山丘区地下水以地下潜流形式排入平原区的地下水水量。计算方法及计算量与平原区山前侧渗补给量相同，1980—2016 年逐年进行计算，全县多年平均山前侧向流出量为 540.47 万 m^3/a。

3. 潜水蒸发量

山丘区潜水蒸发量是指发生在山丘区内小型山间河谷平原浅层地下水的蒸发量。根据岩性分布图和各年地下水埋深，查算潜水蒸发系数，量算不同岩性极限埋深内的面积，对各评价计算区 1980—2016 年山丘区潜水蒸发量逐年进行计算，计算公式为：

$$E = 10^{-1} \times E_0 \cdot C \cdot F \tag{2-13}$$

式中　E——年潜水蒸发量，万 m^3/a；

E_0——年水面蒸发量，mm；

C——年潜水蒸发系数，无因次；

F——计算面积，km^2。

潜水蒸发系数 C 采用本次分析成果，水面蒸发量 E_0 采用地表水成果（均为 E_{601} 蒸发器的蒸发量）。

一般山丘区 1980—2016 年多年平均潜水蒸发量为 1 334.71 万 m^3/a。

4.地下水实际开采量及开采净消耗量

山丘区浅层地下水实际开采量是指发生在山丘区内的小型山间河谷平原的浅层地下水实际开采量。山丘区地下水实际开采量包括工业、城镇生活、农业灌溉、农村生活用水。为便于计算地下水实际开采净消耗量,分别按农业灌溉、工业、城镇生活、农村生活汇总,并采用不同的净消耗系数利用下式计算:

$$Q_{净耗}=\beta_{农灌}Q_{农灌}+\beta_{工}Q_{工}+\beta_{农生}Q_{农生} \tag{2-14}$$

式中 $Q_{净耗}$——浅层地下水实际开采净消耗量,万 m^3/a;

$Q_{农灌}$、$Q_{工}$、$Q_{农生}$——农业灌溉和工业城镇生活、农村生活的浅层地下水实际开采量,万 m^3/a;

$\beta_{农灌}$、$\beta_{工}$、$\beta_{农生}$——农业灌溉净消耗系数(等于 1-井灌回归系数,井灌回归系数求算同平原区)、工业城镇生活净消耗系数、农村生活净消耗系数。

净消耗系数根据本次调查资料及近十来年水资源公报调查数据综合分析确定。农业灌溉净消耗系数为 0.85~0.95,工业城镇生活净消耗系数为 0.34~0.47,农村生活净消耗系数为 0.77~0.93。

莒县一般山丘区 1980—2016 年多年平均地下水实际开采量为 4 387.78 万 m^3/a,多年平均地下水实际开采净消耗量为 3 048.62 万 m^3/a。

5.一般山丘区地下水总排泄量及地下水资源量

山丘区 1980—2016 年逐年河川基流量、山前侧向流出量、浅层地下水实际开采量、潜水蒸发量之和即为一般山丘区 1980—2016 年逐年总排泄量。全县一般山丘区 1980—2016 年多年平均总排泄量为 13 486.3 万 m^3/a,多年平均浅层地下水资源量(降水入渗补给量)为 12 147.2 万 m^3/a。

2.3.6.3 岩溶山丘区多年平均地下水资源量

本次评价划分岩溶山丘区主要分布沿浮来山—白芬子断裂西盘,从北至南呈条带状分布着碳酸盐岩地层。岩溶山丘区地下水补给、径流、排泄比较复杂,受岩溶发育程度和岩溶水系边界条件影响较大。在岩溶发育地段,渗透能力强,不仅接受当地大气降水的垂直补给及上游基岩侧向补给,还可得到地表水体的渗漏补给,地表水、地下水转化比较频繁。同时,岩溶山丘区地下水排泄区地表水与地下水分水线一般不闭合,与外流域有水量交换。据此,本次采用补给量法,即以降水综合入渗系数法计算岩溶山丘区地下水资源量。

岩溶山区降水综合入渗系数法,计算公式如下:

$$W_{岩}=P\cdot\alpha\cdot F \tag{2-15}$$

式中,P、F 为各均衡计算区面平均降水量和计算面积。降水综合入渗系数 α 考虑自然、水文地质条件综合分析确定,各均衡计算区内奥陶系灰岩 α 为 0.30~0.32,寒武系灰岩 α 为 0.18~0.30,非灰岩区 α 为 0.06~0.10。利用公式逐年计算,岩溶山丘区 1980—2016 年多年平均地下水资源量为 1 708.2 万 m^3/a。

2.3.6.4 山丘区多年平均地下水资源量

1980—2016 年一般山丘区、岩溶山丘区多年平均地下水资源量相加即为全县山丘区多年平均地下水资源量,经计算为 13 855.4 万 m^3/a,地下水资源模数为 9.5 万

$m^3/(km^2 \cdot a)$。其中，一般山丘区多年平均地下水资源量为 12 147.2 万 m^3/a，地下水资源模数为 9.4 万 $m^3/(km^2 \cdot a)$；岩溶山丘区多年平均地下水资源量为 1 708.2 万 m^3/a，地下水资源模数为 10.2 万 $m^3/(km^2 \cdot a)$。

莒县山丘区多年平均地下水资源量成果汇总见表 2-21。

2.3.7　全县地下水资源量评价

2.3.7.1　地下水资源总量计算

由平原区分析单元和山丘区分析单元构成的汇总单元，其地下水资源量采用平原区与山丘区的地下水资源量相加，再扣除两者间重复计算量的方法计算，即

$$Q_{分区} = Q_{平原区} + Q_{山丘区} - Q_{重复} \tag{2-16}$$

式中　$Q_{分区}$、$Q_{平原区}$、$Q_{山丘区}$——汇总单元、平原区、山丘区的多年平均地下水资源量，万 m^3；

$Q_{重复}$——平原区与山丘区间多年平均地下水重复计算量，万 m^3。

山前侧向补给量作为排泄量计入山丘区的地下水资源量（山前侧向流出量部分），又作为补给量计入平原区的地下水资源量，对汇总单元而言是重复计算量；平原区的地表水体补给量有部分来自山丘区的河川基流，而河川基流量已经计入山丘区的地下水资源量中，因此由山丘区河川基流形成的平原区地表水体补给量也是重复计算量，即

$$Q_{重复} = Q_{侧补} + Q_{基补} \tag{2-17}$$

式中　$Q_{重复}$——平原区与山丘区间多年平均地下水重复计算量，万 m^3；

$Q_{侧补}$——平原区多年平均山前侧向补给量，万 m^3；

$Q_{基补}$——由山丘区河川基流形成的平原区多年平均地表水体补给量，万 m^3。

评价结果：全县多年平均地下水资源量为 19 321.7 万 m^3/a，其中山丘区为 13 855.4 万 m^3/a，平原区为 6 419.7 万 m^3/a，重复计算量为 953.4 万 m^3/a，多年平均地下水资源模数为 11.2 万 $m^3/(km^2 \cdot a)$。按水资源分区，莒县站以下未控区多年平均地下水资源模数最大为 14.1 万 $m^3/(km^2 \cdot a)$，其次为莒县站区间 10.8 $m^3/(km^2 \cdot a)$，小仕阳区间最小为 5.7 万 $m^3/(km^2 \cdot a)$。莒县多年平均地下水资源量成果汇总见表 2-22。

2.3.7.2　地下水资源时空分布特征

1. 地下水资源地域分布特征

地下水资源的地域分布受地形、地貌、水文气象、水文地质条件及人类活动等多种因素影响。地下水资源量模数总体趋势是平原区大于山丘区，降水量大的区域大于降水量小的区域。全县多年平均地下水资源量模数为 11.2 万 $m^3/(km^2 \cdot a)$，其中潍河区为 7.4 万 $m^3/(km^2 \cdot a)$，沭河区为 11.7 万 $m^3/(km^2 \cdot a)$。

（1）山丘区地下水一般为基岩裂隙水、岩溶水，地下水主要补给来源为大气降水，山丘区地下水资源量即为降水入渗补给量。全县多年平均山丘区地下水资源量模数为 9.5 万 $m^3/(km^2 \cdot a)$。在莒县潍河区和沭河区中石灰岩广泛分布的地段，地下水资源模数一般为 9.2 万～12.4 万 $m^3/(km^2 \cdot a)$，其他以变质岩、岩浆岩和碎屑岩为主的一般山区，岩石坚硬，地下水赋存于风化裂隙和构造裂隙中，储存条件较差，地下水资源模数一般在 6 万～10 万 $m^3/(km^2 \cdot a)$。

表 2-21　莒县山丘区多年(1980—2016 年)平均浅层地下水资源量(矿化度 $M \leq 2$ g/L,按水资源分区)

单位:面积/km²,水量/(万 m³/a),模数/[万 m³/(km²·a)]

所在水资源分区		面积	一般山区							岩溶山区地下水资源量(降水入渗补给量)	地下水资源量(降水入渗补给量)	地下水资源量模数
一级区	二级区	F	天然河川基流量(降水入渗补给量形成的河道排泄量)	实际开采量		潜水蒸发量	山前侧向流出量	总排泄量	一般山区地下水资源量(降水入渗补给量)			
				合计	其中:开采净消耗量							
			(1)	(2)	(3)	(4)	(5)	(6)=(1)+(2)+(4)+(5)	(7)=(1)+(3)+(4)+(5)	(8)	(9)=(7)+(8)	(10)=(9)/F
潍河区	潍河区	231.6	203.7	695.1	454.4	200.6	0	1 099.4	858.7	856.1	1 714.8	7.4
沭河区	青峰岭区间	97.7	473.1	430.3	302.3	127.4	12.0	1 042.8	914.8	90.9	1 005.7	10.3
	小仕阳区间	137.8	520.4	184.4	129.6	139.0	0	843.8	789.0		789.0	5.7
	莒县站区间	501.6	2 916.7	972.0	682.9	382.8	311.7	4 583.2	4 294.0	74.8	4 368.8	8.7
	莒县站以下未控区	493.2	3 109.4	2 106.0	1 479.4	484.9	216.8	5 917.1	5 290.6	686.5	5 977.1	12.1
	沭河区合计	1 230.3	7 019.6	3 692.7	2 594.2	1 134.1	540.5	12 386.9	11 288.4	852.2	12 140.6	9.9
全县合计		1 461.9	7 223.4	4 387.8	3 048.6	1 334.7	540.5	13 486.3	12 147.1	1 708.3	13 855.4	9.5

表 2-22　莒县多年（1980—2016 年）平均浅层地下水资源量（矿化度 $M \leq 2$ g/L，按水资源分区）

单位：面积/km^2，水量/万 m^3

所在水资源分区			山丘区				平原区										计算分区地下水资源量
一级区	二级区	其中：计算面积	计算面积	地下水资源量（降水入渗补给量）		其中：河川基流量（降水入渗补给量形成的河道排泄量）	计算面积	降水入渗补给量	山前侧向补给量	地表水体补给量				地下水资源量		降水入渗补给量形成的河道排泄量	
				合计	其中：$M \leq$ 1 g/L					跨水资源Ⅰ级区调水形成的地表水体补给量	本水资源Ⅰ级区地表水体补给量		合计	合计	其中：$M \leq$ 1 g/L		
											合计	其中：山丘区河川基流形成的					
潍河区	潍河区	231.6	231.6	1 714.8		1 059.8											1 714.8
沭河区	青峰岭区间	115.1	97.7	1 005.6		564.0	17.3	129.3	12.0		178.1	81.5	178.1	319.3			1 231.5
	小仕阳区间	137.8	137.8	789.0		520.4											789.0
	莒县站区间	599.6	501.6	4 368.8		2 991.5	97.9	1 883.5	311.7		428.0	195.9	428.0	2 623.2			6 484.4
	莒县站以下未控区	647.3	493.3	5 977.2		3 795.9	154.2	2 964.2	216.8		296.3	135.5	296.3	3 477.2			9 101.9
	沭河区合计	1 499.8	1 230.4	12 140.6		7 871.8	269.4	4 976.8	540.5		902.4	412.9	902.4	6 419.7			17 606.8
全县合计		1 731.4	1 462.0	13 855.4		8 931.6	269.4	4 976.8	540.5		902.4	412.9	902.4	6 419.7			19 321.6

(2)平原区地下水主要为第四系松散岩类孔隙水,补给来源主要为大气降水和地表水体,其次为山前侧向补给和井灌回归补给量。地下水资源的分布不仅与大气降水、水文地质条件有关,而且受人类活动影响明显。全县平原区多年平均地下水资源量模数为23.8 万 $m^3/(km^2 \cdot a)$。

2. 地下水资源的年际年内变化

莒县年内地下水动态随降水量和开采量的季节性变化呈周期性变化。一般每年的11 月至翌年 2 月,气温低,降水量、蒸发量、开采量都较少,地下水水位是一年中相对稳定的时期,除部分山前平原及河谷平原区接受侧向径流补给呈缓慢上升趋势外,其他地区总体处于稳定状态;3—5 月为主要的农灌期,这期间降水量少,潜水蒸发增大,农业开采量大增,地下水水位均呈大幅度下降趋势,一般 6 月上旬出现年内最低水位;6—9 月进入雨季,降水量占全年的 70%~80%,由于得到充沛的降水入渗补给,地下水水位普遍大幅度回升,至 9 月底或 10 月初达到年内最高水位,此后则缓慢下降并渐趋平稳。整个年内的地下水水位动态呈现平稳—下降—上升—平稳的周期性变化。莒县地下水资源的补给主要来源于大气降水,降水入渗补给量占地下水资源量的近 90%,因此地下水资源量与降水量的变化密切相关,地下水资源量的年际变化幅度比降水量的年际变化幅度大,山丘区地下水资源量的年际变化幅度大于平原区。降水入渗补给量的年际变化基本代表地下水资源量的年际变化。极值比(最大值与最小值之比)为 15.96,年际变化幅度很大,相比之下,天然径流量受降水影响更加明显。

2.3.8 评价成果合理性分析

根据各分区和计算面积(F),分别计算降水入渗补给系数(P_r/P)、产水系数(W/P)和产水模数(W/F),结合降水量和下垫面因素的地带性规律,分析这些系数、模数的地区分布情况,检查地下水资源总量计算成果的合理性。

受降水及流域下垫面因素影响,各水资源分区之间的产流系数、降水入渗补给量系数、产水系数、产水模数等差别较大。莒县降水量总体分布是由南向北递减,从总的分区统计参数来看,潍河区多年平均降水量为 706.0 mm,径流系数为 0.34,降水入渗系数为 0.13,产水系数为 0.41,产水模数为 28.85 万 $m^3/(km^2 \cdot a)$;沭河区多年平均降水量为 789.2 mm,径流系数为 0.32,降水入渗系数为 0.16,产水系数为 0.40,产水模数为 31.28 万 $m^3/(km^2 \cdot a)$;沭河区降水量最大,降水入渗系数偏大,主要是由于沭河区平原区面积较大,降水入渗补给量较大等。从地区分布规律来看,莒县水资源分区的降水量、降水入渗补给量、水资源总量的地区分布符合各流域的地带性分布规律,说明本次水资源总量评价成果总体上是合理的。与《日照市水资源综合规划》及《莒县水资源评价》成果进行水量对比,结果如表 2-23 所示。

表 2-23　与以往成果对比

对比项目	综合规划		莒县水资源评价		本次调查评价	
	时间系列	成果	时间系列	成果	时间系列	成果
平均降水量/mm	1956—2000 年	791.9	1956—1990 年	792.7	1956—2016 年	771.0
计算面积/km^2	1956—2000 年	1 952	1956—1990 年	1 952	1956—2016 年	1 731.4
地下水资源量/万 m^3	1956—2000 年	22 547	1956—1990 年	22 216	1980—2016 年	19 321.7

根据表 2-23，可以看出本次调查评价结果对照综合规划、莒县水资源评价成果，各对照项目平均降水量、地下水资源量均有所减小，主要原因有：全县从 1956 到 2016 年降水量总体上呈减少趋势，多年平均地下水资源量与以往成果相近，在考虑计算面积有所减少外，本次地下水评价平原区计算面积有所增加，随着近些年的降水量减少，地表水资源量相应减少，同时考虑人类活动改变了流域下垫面条件，导致入渗、径流、蒸发等水平衡要素发生了一定的变化，从而造成地表水体补给量因下垫面变化而衰减，因此地下水资源减小幅度不大。

2.3.9　地下水资源可开采量

由于受自然因素和地下水开采条件的限制，地下水的补给量是不可能全部被开发利用的。因此，需要评价确定可合理开采利用的地下水资源量，即地下水可开采量。

地下水可开采量是指在可预见的时期内，通过经济合理、技术可行的措施，在不引起环境恶化的条件下，从含水层中获取的最大水量。地下水可开采量的评价范围为目前已经开采和有开采前景的地区。多年平均地下水总补给量是多年平均地下水可开采量的上限值。地下水可开采量采用实际开采量调查法、可开采系数法等计算方法分析确定。

2.3.9.1　地下水可开采量计算方法

地下水可开采量计算方法适用于对含水层水文地质条件研究比较深入，掌握比较丰富的浅层地下水含水层的岩性组成、厚度、渗透性能及单井涌水量、单井影响半径，并积累了较长系列开采量统计与地下水水位动态资料的地区。地下水可开采量计算公式如下：

$$Q_{可采} = \rho Q_{总补} \tag{2-18}$$

式中　$Q_{可采}$——浅层地下水可开采量，万 m^3/a；

ρ——可开采系数，无因次；

$Q_{总补}$——浅层地下水总补给量，万 m^3/a。

结合地下水动态资料、含水层类型和开采条件、地下水富水程度、调蓄能力、实际开采状况及已出现的生态环境问题等综合分析确定可开采系数 ρ。根据有关规划和区域实际，山前平原区可开采系数 ρ 取 0.75~0.80，岩溶山丘区可开采系数 ρ 取 0.75~0.85，一般山丘区可开采系数 ρ 取 0.60~0.70。

2.3.9.2　分区地下水可开采量

分区地下水可开采量为平原区和山丘区地下水可开采量之和扣除两者之间的重复计

算量。莒县平原区多年平均地下水可开采量为 4 749 万 m^3/a,山丘区多年平均地下水可开采量为 8 640 万 m^3/a,其中:山丘区与平原区可开采量间重复计算量为 681 万 m^3/a,则全县多年平均地下水可开采量为 12 708.0 m^3/a,占总补给量的 62%;莒县多年平均地下水可开采模数为 7.3 万 $m^3/(km^2 \cdot a)$,其中:平原区可开采模数为 17.6 万 $m^3/(km^2 \cdot a)$,山丘区可开采模数为 5.9 万 $m^3/(km^2 \cdot a)$。水资源分区中,莒县站以下未控区多年平均地下水开采模数最大,为 8.8 万 $m^3/(km^2 \cdot a)$,其次为莒县站区间,开采模数为 7.3 万 $m^3/(km^2 \cdot a)$,其余为 3.6 万~7.1 万 $m^3/(km^2 \cdot a)$。莒县地下水可开采模数见图 2-29,莒县多年平均地下水可开采量成果汇总见表 2-24。

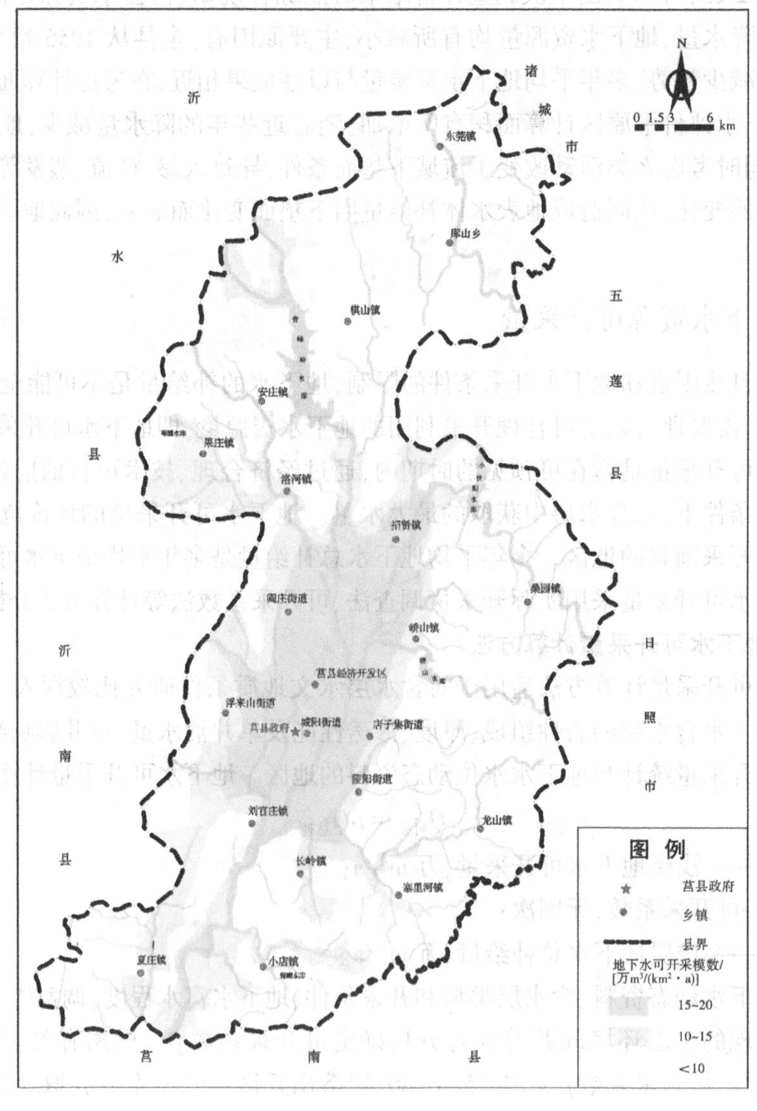

图 2-29　莒县地下水可开采模数

表 2-24　莒县多年平均地下水可开采量成果汇总

汇总分区		平原区				山丘区				合计	
一级区	二级区	计算面积	地下水总补给量	可开采量	可开采量模数	计算面积	地下水总补给量	可开采量	可开采量模数	可开采量	其中:山丘区与平原区可开采量间重复计算量
		F_1	(1)	(2)	(3)=(2)/F_1	F_2	(4)	(5)	(6)=(5)/F_2	(7)=(2)+(5)-(8)	(8)
潍河区	潍河区					231.6	1 714.8	1 325.4	5.7	1 325.4	
沭河区	青峰岭区间	17.3	370.2	265.3	15.3	97.7	1 005.6	591.3	6.1	818.5	38.0
	小仕阳区间			0		137.8	789.0	491.3	3.6	491.3	
	莒县站区间	97.9	2 826.9	2 025.7	20.7	501.6	4 368.8	2 622.8	5.2	4 358.1	290.5
	莒县站以下未控区	154.2	3 430.0	2 458.0	16.0	493.3	5 977.2	3 609.2	7.3	5 714.7	352.5
	沭河区合计	269.4	6 627.1	4 749.0	17.6	1 230.4	12 140.6	7 314.6	5.9	11 382.6	681.0
全县合计		269.4	6 627.1	4 749.0	17.6	1 462.0	13 855.4	8 640.0	5.9	12 708.0	681.0

2.4 地下水水权分配

2.4.1 区域地下水可分配水权量确定

区域地下水可分配水权量主要受区域地下水可开采量和区域地下水用水总量控制的双重制约，当两者量值确定后取其最小值作为区域地下水可分配水权量，可表达为：

$$V = \min(Q_1, Q_2) \tag{2-19}$$

式中 V——区域地下水可分配水权量总量，万 m^3；

Q_1——区域地下水可开采量，万 m^3；

Q_2——区域地下水用水总量控制指标，万 m^3。

区域地下水可开采量一般根据水资源调查评价成果综合给定，区域地下水用水总量控制指标可直接引用不同规划期内区域最严格水资源管理制度中确定的地下水用水总量控制指标，当区域地下水用水总量控制指标尚未确定时，应根据区域地下水开发利用实际以及未来时期水资源供需平衡分析成果综合确定。

2.4.2 地下水水权分配指标体系构建

水权分配指标体系是进行水权分配的基础，一般情况下，一套科学合理的水权分配指标体系应满足系统性、可比性、通用性、简洁性等要求，即指标的选取应具有关键共性、客观全面及可辨识度。查阅有关文献，目前区域地下水水权分配指标体系构建尚未有可直接借鉴的研究成果，为此，本次根据地下水水权分配特点以及指标体系构建基本原则，在对初始水权分配影响因素分析的基础上，参考已有流域或区域初始水权分配指标体系，从资源禀赋、开发利用、社会因素、生态环境等 4 个方面选取 9 个敏感性指标，建立地下水水权分配指标体系（见表 2-25）。

表 2-25 地下水水权分配指标体系

序号	准则层	指标层	单位	指标含义	说明
1	资源禀赋	地下水可开采量	万 m^3	单位面积上多年平均可被开采的地下水资源量	越大越优
2		地下水开采难度	/	地下水开采难易程度	越小越优
3	开发利用	地下水供水比例	%	区域内地下水供水量占总供水量的百分比	越大越优
4		地下水取水工程开采能力	万 m^3/d	区域现状地下水取水工程日供水能力	越大越优
5		综合节水指数	/	区域内实际地下水取水量与按照技术规范标准计算的取水量的比值	越小越优

续表 2-25

序号	准则层	指标层	单位	指标含义	说明
6	社会因素	井灌区面积	亩	区域内取用地下水灌溉的农田面积	越大越优
7		农村人口数	人	区域内农村居住人口数	越大越优
8	生态环境	地下水埋深	m	地表平面与地下水水位平面的距离	越小越优
9		地下水水质状态	/	地下水水质评价描述等级	越小越优

注：其中对于地下水开采难度、地下水水质状态定性指标，用数字 1~5 来定量赋值。

2.4.3　地下水水权分配模型构建

设有待评价 n 个样本组成的集合：$\{x_1, x_2, \cdots, x_n\}$，用 m 个指标特征值向量 $(x_{1j}, x_{2j}, \cdots, x_{mj})$ 对样本进行评价，则有指标特征值矩阵

$$X = \begin{bmatrix} x_{11} & x_{12} & \cdots & x_{1n} \\ x_{21} & x_{22} & \cdots & x_{2n} \\ \vdots & \vdots & & \vdots \\ x_{m1} & x_{m2} & \cdots & x_{mn} \end{bmatrix} = (x_{ij}) \tag{2-20}$$

式中　x_{ij}——样本 j 指标 i 的特征值，$i=1,2,\cdots,m; j=1,2,\cdots,n$。

由于 m 个指标特征值物理量纲不同，需要对指标特征量进行规格化，即要将指标特征值 x_{ij} 变换为对评价样本关于模糊概念 A 的指标相对隶属度 r_{ij}。在模糊评价中通常有两类指标：

(1) 越大越优效益型指标，即指标特征值越大，聚类类别排序越前，其规格化公式为

$$r_{ij} = \frac{x_{ij}}{\max x_{ij}} \tag{2-21}$$

式中　$\max x_{ij}$——样本 j 指标 i 的最大特征值。

(2) 越小越优成本型指标，即指标特征值越小，聚类类别排序越前，其规格化公式为

$$r_{ij} = 1 - \frac{x_{ij}}{\max x_{ij}} \tag{2-22}$$

则指标特征值矩阵变换为指标对模糊概念 A 的相对隶属度矩阵，即指标特征值规格化矩阵 R

$$R = \begin{bmatrix} r_{11} & r_{12} & \cdots & r_{1n} \\ r_{21} & r_{22} & \cdots & r_{2n} \\ \vdots & \vdots & & \vdots \\ r_{m1} & r_{m2} & \cdots & r_{mn} \end{bmatrix} = (r_{ij}), 0 \leqslant r_{ij} \leqslant 1 \tag{2-23}$$

采用陈守煜教授提出的可变模糊评价模型，计算样本 j 对于最优级的地下水水权分配的综合隶属度：

$$u_j = \left\{1 + \left[\frac{\sum_{i=1}^{m}[w_i \mid r_{ij} - 1 \mid]^p}{\sum_{i=1}^{m}(w_i r_{ij})^p}\right]^{\frac{\alpha}{p}}\right\}^{-1} \tag{2-24}$$

式中　u_j——第 j 样本(地区)的地下水权分配的综合隶属度,$j=1,2,\cdots,n$;

w_i——第 i 因素指标的权重,$i=1,2,\cdots,m$,且 $\sum_{i=1}^{m} w_i = 1$;

α、p——可变模糊参数,建议取值 1 或 2。

综合隶属度u_j 越大,说明该样本 j 分配的地下水水权量越大,方便计算分配比例,需对地下水水权分配的综合隶属度u_j 进行归一化处理,然后乘以区域内可分配地下水水权总量V_0,可得出各地区地下水水权分配量,计算公式为:

$$V_j = V_0 \frac{u_j}{\sum_{j=1}^{n} u_j} \tag{2-25}$$

式中　V_0——区域地下水可分配水权总量;

V_j——第 j 地区获得的地下水水权量。

2.4.4　地下水水权指标权重计算

采用层次分析方法计算指标权重。

2.4.4.1　层次分析方法的基本思想和特点

(1)层次分析法的基本思想:先按问题的要求建立起一个描述系统功能或特征的系统递阶层次结构,给出判断标度(或评价标准),对每一层的系统要素(如目标、准则、指标)进行两两比较,建立判断矩阵。通过判断矩阵特征向量的计算,得出该层要素对上一层要素的权重。在此基础上,计算出各层要素对于总体目标的综合权重,从而得出不同方案的综合评价值,为选择最优方案提供依据。

(2)AHP 的特点:分析思路清晰,可将分析人员的思维过程系统化、数学化和模型化;分析时所需要的数据量不多,但要求对问题所包含的要素及其相关关系非常清楚、明确;这种方法适用于多准则、多目标的复杂问题的评价、分析,广泛用于经济发展比较、科学技术成果评价、资源规划分析、人员素质测评等。

2.4.4.2　层次分析法评价的步骤

步骤 1:构建层次结构模型。

步骤 2:建立判断矩阵。

从最上层要素开始,依次以最上层要素为依据,对下一层与之相关的元素,即层间有连线的元素,进行两两对比,并按其重要程度评定等级。记 a_{ij} 为元素 i 比元素 j 的重要性等级,表 2-26 列出了 9 个重要性等级及其赋值。

表 2-26　重要性等级及其赋值

序号	重要性等级	a_{ij} 赋值
1	元素 i、j 同样重要	1
2	元素 i 比元素 j 稍重要	3
3	元素 i 比元素 j 明显重要	5
4	元素 i 比元素 j 强烈重要	7
5	元素 i 比元素 j 极端重要	9
6	元素 i 比元素 j 稍不重要	1/3
7	元素 i 比元素 j 明显不重要	1/5
8	元素 i 比元素 j 强烈不重要	1/7
9	元素 i 比元素 j 极端不重要	1/9

注：$a_{ij}=\{2,4,6,8,1/2,1/4,1/6,1/8\}$ 表示重要性等级介于 $a_{ij}=\{1,3,5,7,9,1/3,1/5,1/7,1/9\}$ 相应值之间时的赋值。

按两两比较结果构成的矩阵 $A=[a_{ij}]$，称为判断矩阵。

步骤 3：层次单排序。

在得到判断矩阵后，接下去应计算判断矩阵的特征向量 W 和最大特征值 $\lambda_{\max}$，这就是层次单排序要完成的工作。矩阵的特征值及对应的特征向量的计算方法有方根法、和积法、幂法等多种近似算法，一般采用方根法。设有 $n\times n$ 矩阵 $A=[a_{ij}]$，用方根法求矩阵的最大特征值及其对应特征向量的步骤如下：

（1）计算判断矩阵 A 中每一行元素的乘积 M_i

$$M_i=\prod_{j=1}^{n}a_{ij}\quad(i=1,2,\cdots,n)\tag{2-26}$$

（2）计算 M_i 的 n 次方根 $\overline{W}_i$

$$\overline{W}_i=\sqrt[n]{M_i}\quad(i=1,2,\cdots,n)\tag{2-27}$$

（3）对向量 $\overline{W}=[\overline{W}_1,\overline{W}_2,\cdots,\overline{W}_n]^{\mathrm{T}}$ 进行归一化处理，得到特征向量 $W=[W_1,W_2,\cdots,W_n]^{\mathrm{T}}$。

其中

$$W_i=\frac{\overline{W}_i}{\sum_{j=1}^{n}\overline{W}_j}\quad(i=1,2,\cdots,n)\tag{2-28}$$

向量 W 即为所求的特征向量。

（4）计算判断矩阵的最大特征值 $\lambda_{\max}$

$$\lambda_{\max} = \sum_{i=1}^{n} \frac{(AW)_i}{nW_i} \tag{2-29}$$

步骤4:层次总排序。

层次单排序给出了相对于上一层次某要素、本层次各要素的相对重要性排序值。而我们最终需要的是最低层各要素(方案层)相对于最高层(目标层)的相对重要性排序权值,这样我们就可得到综合评价结果,即综合各方案在各评价准则下的优劣排序权值所得到的最终结果。其中,综合权值排序最高的就是最优方案。所以,层次总排序的目的就是计算最低层次所有要素相对于最高层(总目标层)的相对重要性排序权值。

层次总排序是由上而下进行的。其计算过程如下:

在递阶层次结构模型中,最高层为 A 层;第二层为 B 层,B 层有 m 个要素 $B_1,B_2,\cdots,B_m$,它们关于最高层 A 层的相对重要性排序权值分别为 $b_1,b_2,\cdots,b_m$;B 层的下一层为 C 层,设 C 层有 n 个要素 $C_1,C_2,\cdots,C_n$,它们关于 B 层中任一要素 B_i 的相对重要性排序权值分别为$c_1^i,c_2^i,\cdots,c_j^i,\cdots,c_n^i$(如果 C 层中某要素 C_k 与要素 B_i 无关,则该项权值 c_k^i 为零),则 C 层中各要素对于最高层的综合相对重要性排序权值 $c_1,c_2,\cdots,c_j,\cdots,c_n$ 为:

$$C_j = \sum_{i=1}^{m} b_i c_j^i \quad (j = 1,2,\cdots,n) \tag{2-30}$$

即某一层次对于总目标的综合重要性排序权值是以上一层的综合重要性排序权值为权重的层次单排序权值的加权和。

如果 C 层下还有 D 层,D 层有 p 个要素 $D_1,D_2,\cdots,D_p$,则 D 层的层次总排序权值(D 层对于最高层 A 层的综合相对重要性排序值)为:

$$d_t = \sum_{j=1}^{n} c_j d_t^j \quad (t = 1,2,\cdots,p) \tag{2-31}$$

式中 c_j——上一层次(C 层)要素 C_j($j=1,2,\cdots,n$)的层次总排序权值;

d_t^j——本层次(D 层)要素 D_t($t=1,2,\cdots,p$)对于上一层次的要素 C_j 的层次单排序权值。

依次往下递推,最终可求出最低层即方案层对于总目标的总排序权值。其中,总排序权值最高的方案就是最优方案。

步骤5:层次单排序的一致性检验。

层次分析法是将分析者的思维过程数学化的一种方法。但是在一般的系统评价中,由于涉及的因素多且广,对有些因素评价者不可能给出精确的比较判断,就可能会产生判断的不一致性。这种判断的不一致性可以由判断矩阵的特征根的变化反映出来。因此,引入判断矩阵最大特征根的概念,来进行判断矩阵一致性的检验:

根据矩阵理论可知,如果 $\lambda_1,\lambda_2,\cdots,\lambda_n$ 满足

$$MX = \lambda X \tag{2-32}$$

则 $\lambda_1,\lambda_2,\cdots,\lambda_n$ 就是矩阵 M 的特征根,当矩阵 M 具有完全一致性时,$\lambda_1=\lambda_{\max}=n$,其余特征根均为零;而当矩阵 M 不具备完全一致性时,则有:

$$\lambda_1 = \lambda_{\max} > n$$

其余特征根 $\lambda_1,\lambda_2,\cdots,\lambda_n$ 有如下关系:

$$\sum_{i=2}^{n}\lambda_i = n - \lambda_{max} \quad 或 \quad \lambda_{max} - n = -\sum_{i=2}^{n}\lambda_i \tag{2-33}$$

当矩阵 M 具有满意一致性时，λ_{max} 稍大于 n，而其余特征根也接近于零。

所以，当判断矩阵不能保证完全一致性时，相应的判断矩阵的特征根也将发生变化，这就可以用判断矩阵特征根的变化来检查判断矩阵的一致性程度，即用

$$CI = \frac{\lambda_{max} - n}{n - 1} \tag{2-34}$$

检查系统评价者判断思维的一致性。当 $\lambda_{max}=n$，$CI=0$ 时，为完全一致；CI 的值越大，判断矩阵的完全一致性越差。当判断矩阵的维数 n 越大时，判断的一致性就越差，故应放宽对高阶判断矩阵一致性的要求。于是，引入判断矩阵的平均随机一致性指标 RI 值：

$$CR = \frac{CI}{RI} \tag{2-35}$$

即用更为合理的平均随机性指标 CR 进行判断矩阵一致性的检验。对于 1~9 阶判断矩阵，其 RI 值如表 2-27 所示。

表 2-27　判断矩阵的 *RI* 值

维数	1	2	3	4	5	6	7	8	9
RI	0	0	0.58	0.96	1.12	1.24	1.32	1.41	1.45

一般来说，只要 $CR<0.1$，就认为判断矩阵的一致性可以接受，否则要重新进行两两比较。

步骤 6：层次总排序的一致性检验。

层次单排序一致性检验是对各个判断矩阵进行一致性检验，而层次总排序一致性检验则是对各个层次所有的判断矩阵进行相对于最高层的一致性检验。

层次总排序是从上而下进行的。设某评价系统的递阶层次结构有多层，第一层为 A 层；第二层为 B 层，由 m 个要素组成；第三层为 C 层，由 n 个要素组成；第四层为 D 层，等等，则其层次总排序的一致性检验步骤如下：

(1)进行层次单排序一致性检验，计算各个判断矩阵的层次单排序权值。

(2)由于第一层只有一个要素，所以第二层只有一个判断矩阵 A_B，于是第二层的层次单排序的一致性检验就是其层次总排序的一致性检验。

(3)第三层(C 层)的层次总排序的一致性检验方法是：用下式计算第三层的随机一致性比率 CR：

$$CR = \frac{\sum_{i=1}^{m}(b_i CI_i)}{\sum_{i=1}^{m}(b_i RI_i)} \tag{2-36}$$

式中　b_i——第二层(B 层)中某要素 B_i 的层次总排序权值，$i=1,2,\cdots,m$；

CI_i——以 B_i 为准则，由 C 层相关要素相比较而组成的判断矩阵 B_{i-C} 的一致性指

标，$i=1,2,\cdots,m$；

RI_i——以 B_i 为准则，由 C 层相关要素相比较而组成的判断矩阵 B_{i-C} 的平均随机一致性指标，$i=1,2,\cdots,m$。

当 $CR<0.1$ 时，第三层的层次总排序具有满意的一致性；否则，应加以修正。

(4)用相同方法计算第四层的随机一致性比率。

可见，某一层的层次总排序的随机一致性比率 CR，应等于以上一层次要素的层次总排序权值为权重的、本层次单排序的 CI 值的加权和，除以上一层次要素的层次总排序权值为权重的、本层次单排序的 RI 值的加权和得到的商。

2.4.5 研究区地下水水权分配

2.4.5.1 研究区可分配水权量

依据区域水资源评价结果，研究区多年平均地下水可开采量为 12 708.0 万 m^3，目前研究区尚未制定未来一段时期地下水用水总量控制指标，本次参考《日照市水利局关于分解 2020 年度水资源管理控制目标的函》(日水发〔2017〕13 号)文件中确定的莒县 2020 年度地下水用水总量控制目标为 9 200 万 m^3，同时结合现行地下水管理制度要求，原则上不再新增地下水指标，由此综合确定研究区地下水可分配水权总量为 9 200 万 m^3。

2.4.5.2 研究区指标属性值

结合研究区实际，通过调查统计分析，确定研究区各分区的指标属性值，其中地下水开采难度和地下水水质状态定性指标采用 1~5 的数字进行赋值，见表 2-28。采用指标相对隶属度公式计算各个指标相对隶属度，见表 2-29。

2.4.5.3 水权分配权重计算

依据专家有效调查问卷，构建研究区地下水水权分配准则层和指标层各项指标的判断矩阵，并进行统计分析和一致性检验。研究区各镇(街)水权分配指标的权重值见表 2-30。

2.4.5.4 水权分配结果分析

根据水权分配指标权重和各镇(街)指标相对隶属度计算研究区各镇(街)综合相对隶属度，因可变模糊评价模型中可变模糊参数可以组成 4 种组合，为更加合理地取得评价结果，本次取 4 种组合的平均值，见表 2-31，不同组合的综合隶属度比较分析见图 2-30。

对研究区各镇(街)综合相对隶属度进行归一化处理，乘以研究区地下水可分配水权总量，即可得出研究区各镇(街)分配的地下水权量。分配结果见表 2-31。

由表 2-31 可知，研究区南部区域地下水资源量比较丰富，分配的水权量相对较大，山丘区区域分配水权量相对较小，这是符合研究区实际的，分配结果比较合理。

表 2-28　研究区各镇(街)指标的属性值一览表

指标层	城阳街道	店子集街道	闫庄街道	浮来山街道	刘官庄镇	夏庄镇	小店镇	长岭镇	寨里河镇	龙山镇
地下水可开采量	1 052	649	573	693	963	1 332	978	393	328	398
地下水开采难度	1	2	2	2	2	3	3	5	5	5
地下水供水比例	25	30	39	32	38	34	46	42	45	25
地下水取水工程开采能力	9.12	6.14	9.74	2.97	13.21	13.32	9.51	9.93	5.04	0.24
综合节水指数	0.8	1.1	1.4	1.05	1.1	1.3	2.1	2.3	2.1	1.8
井灌区面积	1.45	1.37	0.88	0.74	2.61	4.2	1.66	1.82	0.82	0.27
农村人口数	6 204	15 410	17 227	10 755	45 847	40 820	50 848	32 724	31 214	38 885
地下水埋深	5.3	4.6	3.5	4.7	5.1	5.8	4.8	4	3.5	5.4
地下水水质状态	3	4	4	4	4	2	3	3	4	4
指标层	陵阳街镇	峤山镇	桑园镇	招贤镇	东莞镇	库山乡	棋山镇	安庄镇	果庄镇	洛河镇
地下水可开采量	469	574	405	979	720	488	817	298	267	331
地下水开采难度	2	3	5	3	3	4	4	4	4	3
地下水供水比例	37	43	32	41	35	44	45	43	41	31
地下水取水工程开采能力	11.61	9.26	3.02	8.2	1.34	3.31	6.91	1.63	1.78	0.36
综合节水指数	0.99	1.5	2.1	1.3	2.2	1.8	1.7	2.2	2.3	1.3
井灌区面积	1.54	1.19	0.17	1.54	0.3	0.71	1.92	0.61	0.57	0.59
农村人口数	13 315	49 412	44 482	45 500	28 539	30 148	73 067	29 828	23 992	32 823
地下水埋深	5.5	6.1	3.5	3.8	5.5	3.2	3.9	4.5	5.3	5.6
地下水水质状态	3	4	4	4	4	4	3	3	4	4

表 2-29 研究区各镇(街)指标相对隶属度一览表

指标层	城阳街道	店子集街道	闫庄街道	浮来山街道	刘官庄镇	夏庄镇	小店镇	长岭镇	寨里河镇	龙山镇
地下水可开采量	0.790	0.487	0.430	0.521	0.723	1.000	0.734	0.295	0.247	0.299
地下水开采难度	0.800	0.600	0.600	0.600	0.600	0.400	0.400	0	0	0
地下水供水比例	0.543	0.652	0.848	0.696	0.826	0.739	1.000	0.913	0.978	0.543
地下水取水工程开采能力	0.685	0.461	0.731	0.223	0.992	1.000	0.714	0.745	0.378	0.018
综合节水指数	0.652	0.522	0.391	0.543	0.522	0.435	0.087	0	0.087	0.217
井灌区面积	0.345	0.326	0.210	0.176	0.621	1.000	0.395	0.433	0.195	0.064
农村人口数	0.085	0.211	0.236	0.147	0.627	0.559	0.696	0.448	0.427	0.532
地下水埋深	0.131	0.246	0.426	0.230	0.164	0.049	0.213	0.344	0.426	0.115
地下水水质状态	0.250	0	0	0	0	0.500	0.250	0.250	0	0
指标层	陵阳街镇	峤山镇	桑园镇	招贤镇	东莞镇	库山乡	棋山镇	安庄镇	果庄镇	洛河镇
地下水可开采量	0.352	0.431	0.304	0.735	0.541	0.367	0.614	0.224	0.200	0.249
地下水开采难度	0.600	0.400	0	0.400	0.400	0.200	0.200	0.200	0.200	0.400
地下水供水比例	0.804	0.935	0.696	0.891	0.761	0.957	0.978	0.935	0.891	0.674
地下水取水工程开采能力	0.872	0.695	0.227	0.616	0.101	0.248	0.519	0.122	0.134	0.027
综合节水指数	0.570	0.348	0.087	0.435	0.043	0.217	0.261	0.043	0	0.435
井灌区面积	0.367	0.283	0.040	0.367	0.071	0.169	0.457	0.145	0.136	0.140
农村人口数	0.182	0.676	0.609	0.623	0.391	0.413	1.000	0.408	0.328	0.449
地下水埋深	0.098	0	0.426	0.377	0.098	0.475	0.361	0.262	0.131	0.082
地下水水质状态	0.250	0	0	0	0	0	0.250	0.250	0	0

表 2-30　研究区各镇(街)水权分配指标的权重值

准则层	层次权重	指标层	层内权重	最终权重
资源禀赋	0.228	地下水可开采量	0.66	0.150
		地下水开采难度	0.34	0.078
开发利用	0.356	地下水供水比例	0.45	0.160
		地下水取水工程开采能力	0.22	0.078
		综合节水指数	0.33	0.117
社会因素	0.251	井灌区面积	0.69	0.173
		农村人口数	0.31	0.078
生态环境	0.165	地下水埋深	0.55	0.091
		地下水水质现状	0.45	0.074

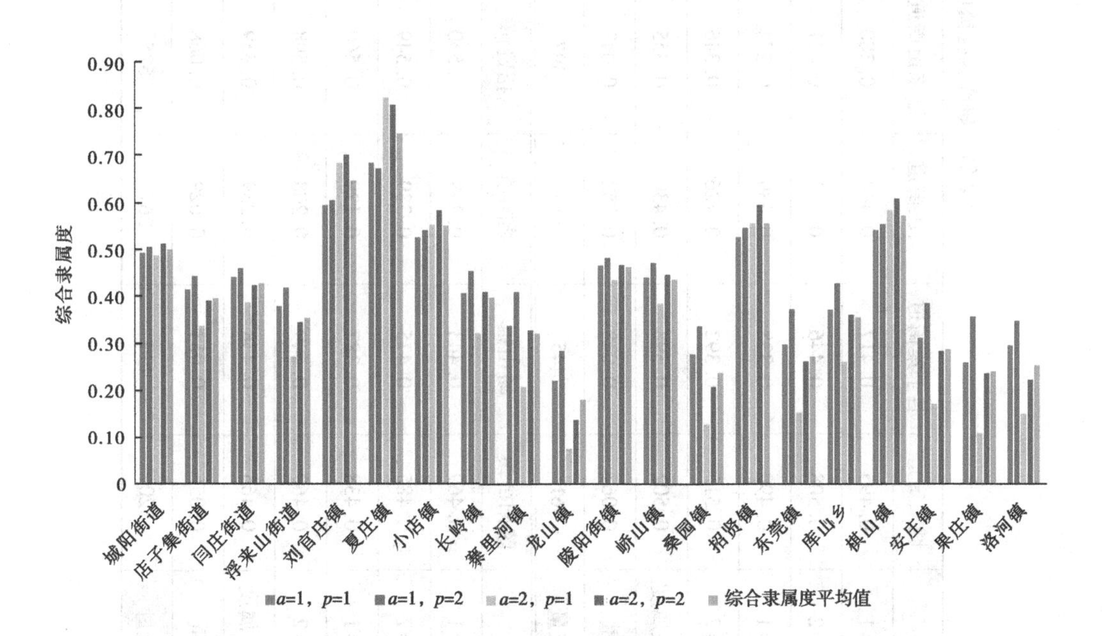

图 2-30　不同组合的综合隶属度

表 2-31　研究区各镇(街)地下水权分配结果

项目	城阳街道	店子集街道	闫庄街道	浮来山街道	刘官庄镇	夏庄镇	小店镇	长岭镇	寨里河镇	龙山镇
$\alpha=1,p=1$	0.495	0.417	0.444	0.380	0.598	0.688	0.528	0.409	0.339	0.222
$\alpha=1,p=2$	0.508	0.446	0.463	0.421	0.608	0.676	0.544	0.456	0.412	0.285
$\alpha=2,p=1$	0.490	0.338	0.389	0.274	0.689	0.829	0.556	0.323	0.209	0.075
$\alpha=2,p=2$	0.515	0.392	0.426	0.346	0.707	0.813	0.587	0.412	0.330	0.138
平均综合隶属度	0.502	0.398	0.430	0.355	0.650	0.751	0.554	0.400	0.322	0.180
分配权重	0.061	0.048	0.052	0.043	0.079	0.091	0.067	0.049	0.039	0.022
分配水权量	561	445	481	397	727	839	619	447	360	201
项目	陵阳街镇	峤山镇	桑园镇	招贤镇	东莞镇	库山乡	棋山镇	安庄镇	果庄镇	洛河镇
$\alpha=1,p=1$	0.469	0.443	0.278	0.530	0.299	0.373	0.544	0.313	0.260	0.296
$\alpha=1,p=2$	0.485	0.475	0.339	0.549	0.374	0.430	0.557	0.387	0.358	0.349
$\alpha=2,p=1$	0.438	0.387	0.129	0.560	0.154	0.262	0.588	0.172	0.110	0.151
$\alpha=2,p=2$	0.469	0.449	0.208	0.598	0.263	0.363	0.612	0.285	0.237	0.223
平均综合隶属度	0.465	0.438	0.239	0.559	0.272	0.357	0.575	0.289	0.241	0.255
分配权重	0.056	0.053	0.029	0.068	0.033	0.043	0.070	0.035	0.029	0.031
分配水权量	520	490	267	625	304	399	642	323	270	285

第 3 章　地下水系统安全综合评价

地下水是水资源的重要组成部分,事关人们生产生活和生态环境保护,当前地下水系统健康安全问题已引起行政主管部门和生产部门越来越多的关注。本章围绕地下水水质评价、地下水脆弱性评价以及地下水系统健康评价等三个方面,研究探讨可变模糊理论、云理论以及信息熵权等综合评价方法,分别以莒县、肥城盆地作为实例,进行地下水综合评价方法应用和评价分析。

3.1　地下水水质评价

目前地下水水质评价主要依据现行地下水质量标准,其评价方法主要有综合评价指数法、模糊综合评价等,针对评价指标分级情况下,提出多级可变模糊模式识别模型进行典型研究区地下水水质评价实例应用分析。

3.1.1　研究区数据

以莒县境内的地下水水质监测数据为研究对象,在空间上选取 26 个地下水水质监测样本,同时选取差异性较大的氯化物、硫酸盐、总硬度、氨氮、硝酸盐、溶解性总固体、COD_{Mn} 等 7 个重要指标作为地下水水质评价指标集。研究区地下水水质评价指标实测值如表 3-1 所示。

表 3-1　研究区地下水水质评价指标实测值　　单位:mg/L

样本	氯化物	硫酸盐	总硬度	氨氮	硝酸盐	溶解性总固体	COD_{Mn}
1	47.9	96.2	255.1	0.05	1.55	412	0.90
2	59.7	126.0	394.4	0.11	11.80	594	0.96
3	57.6	68.0	337.2	0.06	33.90	520	0.81
4	72.1	78.6	354.1	0.12	13.80	561	0.84
5	81.2	124.0	328.1	0.05	17.60	666	0.78
6	91.1	388.0	576.9	0.05	2.30	803	1.29
7	22.6	118.0	387.9	0.08	9.71	503	0.80
8	159.0	335.0	610.7	0.10	29.70	986	1.28
9	74.7	204.0	449.6	0.10	15.00	713	1.16
10	50.7	74.8	279.5	0.10	19.90	445	0.78

续表 3-1

样本	氯化物	硫酸盐	总硬度	氨氮	硝酸盐	溶解性总固体	COD_{Mn}
11	63.4	254.0	414.8	0.01	4.35	621	1.05
12	51.6	106.0	237.7	0.01	2.85	544	0.78
13	20.0	52.6	173.1	0.22	5.28	293	0.90
14	85.7	167.0	469.4	1.18	30.70	681	1.32
15	34.2	86.4	272.5	0.15	22.40	459	0.87
16	33.3	92.3	351.6	0.10	28.80	536	0.87
17	56.1	210.0	395.8	0.10	27.90	722	0.77
18	56.0	151.0	383.4	0.10	23.60	595	0.72
19	158.0	226.0	513.2	0.10	34.70	735	1.26
20	59.9	273.0	493.3	0.14	1.10	600	1.11
21	256.0	149.0	781.8	0.90	142.00	1 098	1.41
22	36.4	65.5	211.8	0.28	19.50	319	0.66
23	57.8	159.0	384.9	0.19	37.60	542	0.90
24	56.9	229.0	421.7	0.78	67.40	612	0.99
25	96.5	136.0	348.1	0.17	44.20	521	1.23
26	45.8	71.0	236.7	0.10	16.70	477	0.84

3.1.2 分级可变模糊模式识别模型

3.1.2.1 构建指标标准特征值矩阵

将地下水水质评价依据 m 个指标按 n 个级别的指标标准特征值进行识别，则有 $m \times n$ 阶指标标准特征值矩阵：

$$Y = \begin{bmatrix} y_{11} & y_{12} & \cdots & y_{1n} \\ y_{21} & y_{22} & \cdots & y_{2n} \\ \vdots & \vdots & & \vdots \\ y_{m1} & y_{m2} & \cdots & y_{mn} \end{bmatrix} = [y_{ih}] \tag{3-1}$$

式中 y_{ih}——级别 h 指标 i 的标准特征值，$i=1,2,\cdots,m$；$h=1,2,\cdots,n$。

m 项指标有两种不同的指标类型：Ⅰ类指标标准特征值 y_{ih} 随级别 h 的增大而减小；Ⅱ类指标标准特征值 y_{ih} 随级别 h 的增大而增大。

3.1.2.2 构建相对隶属度矩阵

对于Ⅰ类、Ⅱ类指标，均可确定等于指标的 n 级标准特征值对水质最优级的相对隶属

度为 0,等于指标的 1 级标准特征值对极难污染的相对隶属度为 1。对以上两类指标,其特征值介于 1 级与 n 级标准特征值之间者,对水质最优级的相对隶属度可按线性变化确定,则级别 h 指标 i 标准特征值 y_{ih} 对水质最优级的相对隶属度函数公式为:

$$s_{ih}=\begin{cases}0, & y_{ih}=y_{i,n}\\ \dfrac{y_{ih}-y_{i,n}}{y_{i,1}-y_{i,n}}, & y_{i,1}>y_{ih}>y_{i,n}\ \text{或}\ y_{i,1}<y_{ih}<y_{i,n}\\ 1, & y_{ih}=y_{i,1}\end{cases} \tag{3-2}$$

式中　s_{ih}——级别 h 指标 i 的标准特征值对最优级的相对隶属度;

$y_{i,1}$、$y_{i,n}$——指标 i 的 1 级、n 级标准值。

用相对隶属度函数式(3-2)把指标标准特征值矩阵式(3-1)变换为对最优级的指标标准特征值的相对隶属度矩阵:

$$S=\begin{bmatrix}s_{11} & s_{12} & \cdots & s_{1n}\\ s_{21} & s_{22} & \cdots & s_{2n}\\ \vdots & \vdots & & \vdots\\ s_{m1} & s_{m2} & \cdots & s_{mn}\end{bmatrix}=[s_{ih}] \tag{3-3}$$

3.1.2.3　构建各评价单元评价指标的特征值矩阵

确定地下水水质评价的各评价单元特征值矩阵:

$$X=\begin{bmatrix}x_{11} & x_{12} & \cdots & x_{1k}\\ x_{21} & x_{22} & \cdots & x_{2k}\\ \vdots & \vdots & & \vdots\\ x_{m1} & x_{m2} & \cdots & x_{mk}\end{bmatrix}=[x_{ij}] \tag{3-4}$$

式中　x_{ij}——样本 j 指标 i 的特征值,$i=1,2,\cdots,m$;$j=1,2,\cdots,k$,k 为样本数。

3.1.2.4　构建各评价单元评价指标对水质最优级的相对隶属度矩阵

对于Ⅰ类、Ⅱ类指标对水质最优级的相对隶属度公式为:

$$r_{ij}=\begin{cases}0, & x_{ij}\leqslant y_{i,n}\\ \dfrac{x_{ij}-y_{i,n}}{y_{i,1}-y_{i,n}}, & y_{i,1}>x_{ij}>y_{i,n}\ \text{或}\ y_{i,1}<x_{ij}<y_{i,n}\\ 1, & x_{ij}\geqslant y_{i,1}\ \text{或}\ x_{ij}\leqslant y_{i,1}\end{cases} \tag{3-5}$$

式中　r_{ij}——样本 j 指标 i 的特征值对水质最优级的相对隶属度。

应用式(3-4),将矩阵 X 转化为指标相对隶属度矩阵:

$$R=\begin{bmatrix}r_{11} & r_{12} & \cdots & r_{1k}\\ r_{21} & r_{22} & \cdots & r_{2k}\\ \vdots & \vdots & & \vdots\\ r_{m1} & r_{m2} & \cdots & r_{mk}\end{bmatrix}=(r_{ij})_{m\times k} \tag{3-6}$$

由矩阵 R 知样本 j 的 m 个指标相对隶属度:

$$r_j=(r_{1j},r_{2j},\cdots,r_{mj})^{\mathrm{T}} \tag{3-7}$$

将r_j中指标$1,2,\cdots,m$的相对隶属度$r_{1j},r_{2j},\cdots,r_{mj}$分别与矩阵$S$中的第$1,2,\cdots,m$行的行向量逐一进行比较,可得$r_j$落入矩阵$S$的级别下限$a_j$与级别上限$b_j$。

3.1.2.5 构建评价单元归属于各个级别的最优相对隶属度矩阵

样本j与级别h之间的差异用下式表示为:

$$d_{hj}=\{\sum_{i=1}^{m}[w_i\,|\,r_{ij}-s_{ih}\,|\,]^p\}^{\frac{1}{p}}\quad h=a_j,\cdots,b_j \tag{3-8}$$

式中 w_i——第i个指标的权重;

p——可变距离参数,通常可取为海明距离$p=1$,欧式距离$p=2$。

为了更完善地描述样本j与级别h之间的差异,计入以样本j归属于级别h的相对隶属度u_{hj}为权重,可得评价地下水水质的完整形式为:

$$u_{hj}=\begin{cases}0, & h<a_j\ \text{或}\ h>b_j\\ \left(d_{hj}^{\alpha}\sum\limits_{h=a_j}^{b_j}d_{hj}^{-\alpha}\right)^{-1}, & d_{hj}\neq 0,a_j\leqslant h\leqslant b_j\\ 1, & d_{hj}=0\ \text{或}\ r_{ij}=s_{ih}\end{cases} \tag{3-9}$$

式中 α——可变优化准则参数,$\alpha=1$、2,分别为最小一、二乘方准则。

应用式(3-9)可解得样本集归属于各个级别的最优相对隶属度矩阵:

$$U^*=\begin{bmatrix}u_{11}^* & u_{12}^* & \cdots & u_{1k}^*\\ u_{21}^* & u_{22}^* & \cdots & u_{2k}^*\\ \vdots & \vdots & & \vdots\\ u_{n1}^* & u_{n2}^* & \cdots & u_{nk}^*\end{bmatrix}=(u_{hj}^*)_{n\times k} \tag{3-10}$$

式中 $h=1,2,\cdots,n;j=1,2,\cdots,k$。

3.1.2.6 评价级别特征值计算

评价结果应用级别特征值H的向量式:

$$H=(1,2,\cdots,n)_{1\times n}(u_{hj}^*)_{n\times k}=(H_1,H_2,\cdots,H_k)_{1\times k} \tag{3-11}$$

H给出了样本集关于地下水水质优等程度的定量评价信息,H越大,地下水水质越差。H最小对应的样本地下水水质最优。

3.1.2.7 级别判断准则

为了更细致地应用级别(或类别)特征值进行判断或者评定,给出判断准则公式:

$$\begin{cases}1\leqslant H\leqslant 1.5,\text{归属于 1 级}\\ h-0.5<H\leqslant h+0.5,\text{归属于}\ h\ \text{级}\\ n-0.5<H\leqslant n,\text{归属于}\ n\ \text{级}\end{cases} \tag{3-12}$$

将样本级别特征值与级别判断准则进行比较,可得出地下水水质评价结果。

3.1.3 评价结果分析

地下水水质评价指标标准采用《地下水质量标准》(GB/T 14848—2017),参照地下水水质分级标准,建立地下水水质评价指标标准特征值。由式(3-3)计算指标标准相对隶属度矩阵S,如表3-2所示。

表3-2 地下水水质评价指标标准的相对隶属度矩阵 S

指标	1级	2级	3级	4级	5级
氯化物	1	0.667	0.333	0.167	0
硫酸盐	1	0.667	0.333	0.167	0
总硬度	1	0.700	0.400	0.200	0
氨氮	1	0.946	0.676	0.338	0
硝酸盐	1	0.893	0.357	0.179	0
溶解性总固体	1	0.882	0.588	0.294	0
COD_{Mn}	1	0.889	0.778	0.389	0

根据研究区26个样本地下水水质实测数据,计算每个样本的评价指标的相对隶属度矩阵,如表3-3所示。

表3-3 评价指标的相对隶属度矩阵

序号	氯化物	硫酸盐	总硬度	氨氮	硝酸盐	溶解性总固体	COD_{Mn}
1	1.000	0.846	0.790	0.980	1.000	0.934	1.000
2	0.968	0.747	0.511	0.939	0.650	0.827	1.000
3	0.975	0.940	0.626	0.973	0	0.871	1.000
4	0.926	0.905	0.592	0.932	0.579	0.846	1.000
5	0.896	0.753	0.644	0.980	0.443	0.785	1.000
6	0.863	0	0.146	0.980	0.989	0.704	0.968
7	1.000	0.773	0.524	0.959	0.725	0.881	1.000
8	0.637	0.050	0.079	0.946	0.011	0.596	0.969
9	0.918	0.487	0.401	0.946	0.536	0.757	0.983
10	0.998	0.917	0.741	0.946	0.361	0.915	1.000
11	0.955	0.320	0.470	1.000	0.916	0.811	0.994
12	0.995	0.813	0.825	1.000	0.970	0.856	1.000
13	1.000	0.991	0.954	0.865	0.883	1.000	1.000
14	0.881	0.610	0.361	0.216	0	0.776	0.964
15	1.000	0.879	0.755	0.912	0.271	0.906	1.000
16	1.000	0.859	0.597	0.946	0.043	0.861	1.000

续表 3-3

序号	氯化物	硫酸盐	总硬度	氨氮	硝酸盐	溶解性总固体	COD_{Mn}
17	0.980	0.467	0.508	0.946	0.075	0.752	1.000
18	0.980	0.663	0.533	0.946	0.229	0.826	1.000
19	0.640	0.413	0.274	0.946	0	0.744	0.971
20	0.967	0.257	0.313	0.919	1.000	0.824	0.988
21	0.313	0.670	0	0.405	0	0.531	0.954
22	1.000	0.948	0.876	0.824	0.375	0.989	1.000
23	0.974	0.637	0.530	0.885	0	0.858	1.000
24	0.977	0.403	0.457	0.486	0	0.816	1.000
25	0.845	0.713	0.604	0.899	0	0.870	0.974
26	1.000	0.930	0.827	0.946	0.475	0.896	1.000

评价指标权重采用污染因子分担率法进行计算分析，$w=(0.071,0.153,0.199,0.071,0.337,0.122,0.047)$，在计算可变模糊模式识别模型时，欧式距离 $p=2$，可变优化准则参数 $\alpha=2$，计算 26 个样本集归属于各个级别的最优相对隶属度矩阵，根据级别特征值以及评价级别判断准则最终给出评价结果等级，研究区地下水水质模糊模式识别模型评价结果见表 3-4，地下水水质评价等级空间分布见图 3-1。

表 3-4 研究区地下水水质模糊识别评价结果

样本点	对各级别相对隶属度					级别特征值 H	评价级别
	1 级	2 级	3 级	4 级	5 级		
1	0.559	0.441	0	0	0	1.441	1 级
2	0.188	0.541	0.271	0	0	2.083	2 级
3	0.085	0.109	0.351	0.283	0.171	3.346	3 级
4	0.218	0.447	0.335	0	0	2.116	2 级
5	0.143	0.255	0.602	0	0	2.459	2 级
6	0.189	0.418	0.193	0.122	0.078	2.482	2 级
7	0.186	0.669	0.145	0	0	1.958	2 级
8	0.025	0.037	0.202	0.448	0.289	3.939	4 级
9	0.099	0.234	0.667	0	0	2.568	3 级

续表 3-4

样本点	对各级别相对隶属度					级别特征值 H	评价级别
	1 级	2 级	3 级	4 级	5 级		
10	0.152	0.219	0.444	0.185	0	2.663	3 级
11	0.163	0.690	0.097	0.050	0	2.035	2 级
12	0.484	0.496	0.020	0	0	1.536	2 级
13	0.754	0.224	0.022	0	0	1.268	1 级
14	0.044	0.062	0.311	0.375	0.208	3.641	4 级
15	0.128	0.177	0.476	0.220	0	2.788	3 级
16	0.078	0.103	0.376	0.284	0.159	3.343	3 级
17	0.047	0.067	0.412	0.327	0.148	3.462	3~4 级
18	0.064	0.098	0.593	0.245	0	3.019	3 级
19	0.034	0.050	0.299	0.410	0.207	3.704	4 级
20	0.211	0.578	0.134	0.078	0	2.078	2 级
21	0.032	0.046	0.220	0.410	0.291	3.881	4 级
22	0.192	0.252	0.381	0.175	0	2.539	3 级
23	0.060	0.082	0.362	0.320	0.177	3.472	3~4 级
24	0.043	0.061	0.329	0.371	0.195	3.613	4 级
25	0.067	0.090	0.366	0.306	0.172	3.426	3 级
26	0.251	0.363	0.387	0	0	2.136	2 级

由表 3-4 可知，研究区内 26 个样本地下水水质评定的等级在 1~4 级，无 5 级，多数在 3 级以上。总体来看，研究区地下水水质并不乐观，存在一定程度的污染。由表 3-4 可知，地下水水质等级在 3~4 级区域分布面积最大，尤其在中部和北部水质污染程度较大，其地下水水质相对较差，该区域属于人口密集的城镇地区和工业园区，受到人类活动影响较大；地下水水质良好区域分布面积最小，以局部地区和零星分布为主，多数位于研究区南部地区。建议地下水水质较差区应开展地下水生态环境综合治理工作，以改善目前的地下水水质状况，其他地区持续做好地下水生态保护工作，预防地下水质量降低。

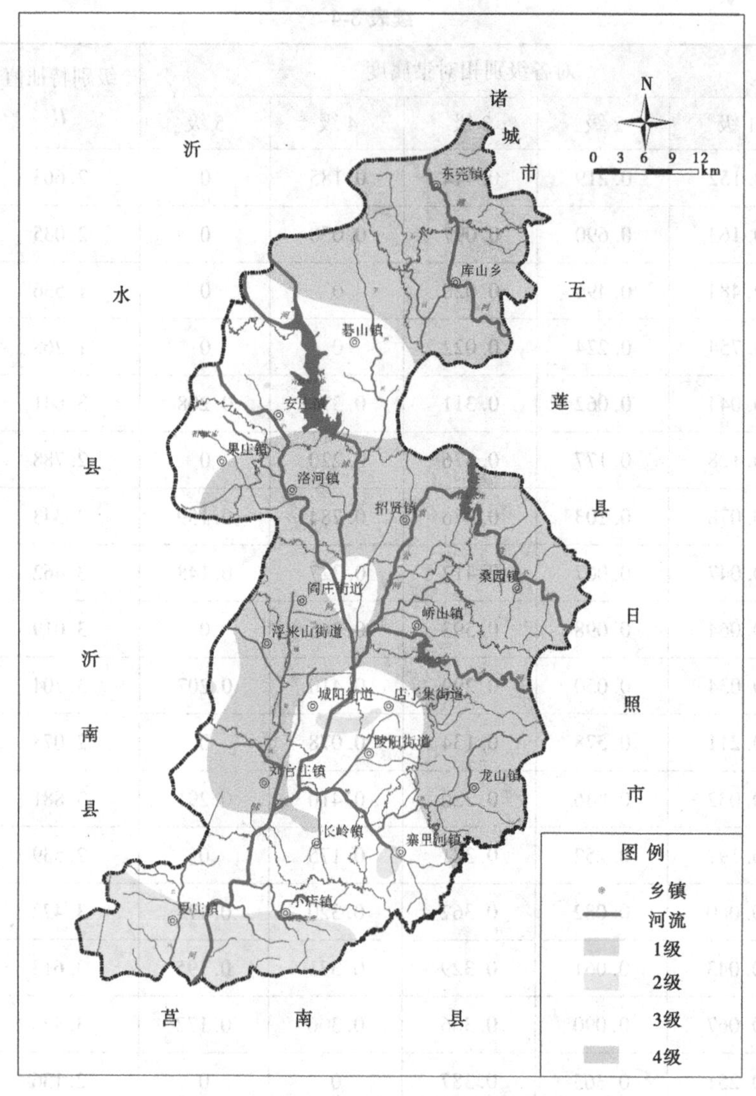

图 3-1　地下水水质评价等级空间分布

3.2　地下水脆弱性评价

基于 DRASTIC 指标体系框架，统筹考虑地下水脆弱性特征建立完善的地下水脆弱性指标体系，结合 GIS 技术进行空间评级单元划分，采用组合权重法和可变模糊综合评价模型进行研究区地下水脆弱性评价分析。

3.2.1　评价指标体系构建

3.2.1.1　地下水脆弱性评价因素分析

地下水系统是一个开放复杂的系统，受到地下水系统内部和外部等多种因素共同作用，其脆弱性程度有所不同，其中重要内部因素包括区域地形地貌特征、地质条件以及含

水层水文地质条件,同时涉及地下水污染物运移有关的自然内部因子;外部因素条件主要包括可能引起地下水环境污染的各种人类行为因子。国内外学者将其地下水系统内部因素归为地下水固有脆弱性因子,外部因素归为地下水特殊脆弱性因子。目前,地下水脆弱性评价主要是水文地质条件等重要内部因素,如应用最为广泛的 DRASTIC 方法考虑的都是反映水文地质条件的 7 个参数:地下水埋深、含水层净补给、含水层岩性、土壤类型、地形坡度、非饱和带影响及含水层导水系数,对于某些评价因素难以获得或者对实际情况影响较小的情况,也可适当地加以取舍。但随着人类活动影响逐渐加大,如土地利用变化、外部污染源等特殊脆弱性外部因素对区域地下水本底脆弱性影响也同步增强,已经成为不可忽略的重要部分,地下水脆弱性评价应该从两种脆弱性因素进行综合考虑。地下水脆弱性主要考虑的因素见表 3-5。

表 3-5　地下水脆弱性评价主要考虑的因素

参数	内部因素(固有脆弱性)							外部影响因素(特殊脆弱性)
	主要因素				次要因素			
	土壤	包气带	含水层	补给量	地形	下伏地层	与地表水、海水联系	
主要参数	成分、结构、厚度、有机质含量、黏土矿物含量、透水性	厚度、岩性、水运移时间	岩性、有效孔隙度、导水系数、流向、地下水年龄与驻留时间	净补给量、年降水量	地面坡度变化	透水性、结构与构造、补给-排泄潜力	入出河流、岸边补给潜力、滨海地区咸淡水界面	土地利用(荒地、农用地、工业用地、定居地等)、人口密度、污染负荷(污染物性质与类型、污染类型与排放)、污染物在包气带中的运移时间、土壤、包气带稀释与净化能力
次要参数	阴离子交换容量、解吸与吸附能力、硫酸盐含量、体积密度、容水量、植物根系持水量	风化程度、透水性	容水量、不透水性	蒸发、蒸腾、空气湿度	植物覆盖程度			污染物在含水层中的驻留时间、人工补给量、灌溉层、排水量、污染物运移性质

3.2.1.2　地下水脆弱性评价指标体系

从地下水脆弱性评价影响因素考虑,具体评价应用时无法兼顾全部因素指标,只能结合区域实际情况,因地制宜、科学合理选取合适的地下水脆弱性评价指标体系。评价指标选取的基本原则有:①可操作性原则。对于评价因素中数据难以获得的、可操作性较差的指标不选(如土壤的成分、有机质含量、黏土矿物含量)。②敏感性原则。指标过多容易造成指标之间相互关联或包容(如含水层的水动力传导系数与含水层岩性密切有关),同时会影响主要指标的作用,尽量找出影响地下水脆弱性的主要因素(敏感因子),择优选择敏感性指标。③系统性原则。根据研究目的、区域条件、人类活动、污染源等进行全面系统分析,建立一套客观易操作的系统性指标体系进行地下水脆弱性评价。根据以上原则,制定地下水评价指标体系,如表3-6所示。

表3-6 地下水脆弱性评价指标

序号	指标	单位	定性/定量	脆弱性程度刻画
1	地下水埋深	m	定量	越大脆弱性越低
2	含水层净补给量	mm	定量	越大脆弱性越低
3	含水层介质类型	/	定性	赋值(1~10)
4	土壤介质类型	/	定性	赋值(1~10)
5	地形坡度	%	定量	越大脆弱性越低
6	渗流区介质类型	/	定性	赋值(1~10)
7	含水层水力传导系数	m/d	定量	越大脆弱性越高
8	土地利用类型	/	定性	赋值(1~10)
9	地下水水质	/	定性	赋值(1~10)

3.2.1.3 评级指标的意义及说明

1.地下水埋深(D)

地下水埋深是指地面至潜水位的埋藏深度,该指标主要反映了地表污染物从地表通过包气带到达地下水的距离,涉及地表污染物到达含水层之前所经历的各种水文地球化学过程。地下水埋深越大,污染物与包气带介质接触的时间就越长,污染物经历的各种反应(物理吸附、化学反应、生物降解等)越充分,污染物衰减越显著,地下水脆弱性越低;反之则相反。

2.含水层净补给量(R)

含水层净补给量是指在特定时间内通过包气带进入含水层的水量,通常以年净补给量表示。含水层补给量主要由大气降水入渗量、渠系河流入渗量、灌溉入渗量等部分组成,大气降水是地下水的主要补给来源,在资料不是很丰富的地区,进行地下水脆弱性评价时可只考虑降水入渗量。含水层净补给量对地下水脆弱性具有双重影响。补给水是淋滤、传输污染物的主要载体,入渗水越多,由补给水带给浅层地下水的污染物越多,地下水脆弱性越高。同时,补给水量足够大而引起污染物稀释时,污染可能性降低,地下水脆弱性变低。在孔隙水、裂隙水的脆弱性评价中,认为净补给量对污染物的稀释作用远小于其作为污染物载体对地下水脆弱性的影响,故在进行地下水脆弱性评价时,认为净补给量越大,污染物进入地下水中的可能性越高,地下水脆弱性越高;反之则相反。

3. 含水层介质类型(A)

含水层介质与含水层的抗污染能力密切相关,不同介质类型直接影响污染物的渗透和衰减过程程度。含水层介质的颗粒越大,裂隙越发育,污染物与含水层的接触渗透能力越大,污染物的衰减能力越低,地下水的脆弱性就越高,防污性能越差;反之,则脆弱性越低,防污性能越强。

4. 土壤介质类型(S)

土壤介质是指包气带顶部具有生物活动特征的部分,通常为平均厚度 2 m 或小于 2 m 的地表风化层,主要反映渗入地下水的补给量和污染物垂直进入包气带的能力。土壤颗粒大小、土壤间隙大小、黏土矿物含量、有机质含量、含水量对地下水脆弱性有很大的影响。土壤颗粒越小,黏土矿物含量越多,有机质含量越高,含水量越高,地下水脆弱性越低;反之则相反。

5. 地形坡度(T)

地形坡度指地表的倾斜程度,用百分比法表示,即两点的高程差与其水平距离的百分比。地形坡度是影响地表径流的主要因素,反映下垫面条件对地表径流影响的大小,地形坡度越大,地表径流速度越大,地表水体携带污染物能力越强,越易随地表径流迁移,污染物越不容易渗透到地下水,地下水脆弱性越低;反之则相反。

6. 渗流区介质类型(I)

通常孔隙水渗流区介质类型是指包气带介质类型,决定着土壤层和含水层之间岩土介质对污染物的衰减特性,它控制着渗透途径和渗流长度,并影响污染物衰减和与介质的接触时间。包气带岩性是影响污染物向含水层迁移和积累的主要因素,岩性颗粒越细、黏粒颗粒含量越高,其渗透性越差,吸附净化能力越强,地下水脆弱性越低;反之则相反。黏性土层对地下水有较强的保护作用,与其他介质相比,更容易对污染物进行截滞、转化或积累,黏性土层厚度越大,污染物到达含水层的时间越长,污染物接受吸附、降解的机会就越大,地下水脆弱性越低;反之则相反。

7. 含水层水力传导系数(C)

含水层水力传导系数是反映含水层介质的渗透性和水力传输性能的重要水文地质参数,在一定水力梯度下,含水层水力传导系数越大,污染物在含水层内的迁移速度越快,污染物在迁移转化过程中来不及降解,导致地下水污染发生概率增加,地下水脆弱性越高;反之则相反。

8. 土地利用类型(L)

土地利用类型是直接反映下垫面条件的重要因素,决定着地表径流和污染源空间分布情况,土地利用类型、植被种类以及人类活动类型(如种植作物施肥、农药,城镇居民区污染产物等)对产生的污染源和污染负荷对地下水脆弱性具有重要的影响,当土地空间上地表径流小时,单位面积上污染物负荷越大,污染物渗透到地下水含水层的概率越大,地下水脆弱性越高;反之则相反。

9. 地下水水质(Q)

地下水水质等级是指按照《地下水质量标准》(GB/T 14848—2017)评定的地下水水质等级,该指标反映当前含水层地下水水质状况,决定着地下水可承载或者削减污染物的能力,地下水水质评定等级越大,说明地下水水质越差,承载或者削减污染物的能力越小,地下水脆弱性越高;反之则相反。

3.2.1.4 地下水脆弱性评价指标等级划分及赋值

地下水脆弱性评价指标分级标准国内外相关文献并不统一,尤其对于纳入评价体系的定性指标,其赋值也不太相同,本章在参考国内外研究成果的基础上,对于地下水埋深、含水层净补给量、地形坡度、含水层水力传导系数,以及含水层、土壤和渗流区介质类型等7个指标参考DRASTIC方法指标等级划分标准,对于土地利用类型和地下水水质评价指标,根据研究区实际情况并结合有关文献进行评价指标等级划分与赋值,对于定性指标赋值范围为1~10,地下水脆弱性最低的评分为1,最高的评分为10。其中,D、R、T、C指标每个区间或每类介质只给一个评分值,A、I、L、Q因子的每类介质赋给一个代表性分值。地下水脆弱性评价类别及其赋值见表3-7~表3-9。

表3-7 地下水埋深、含水层净补给量、地形坡度及含水层水力传导系数的分级及定额

D(地下水埋深)		R(含水层净补给量)		T(地形坡度)		C(含水层水力传导系数)	
级别/m	定额	级别/mm	定额	级别/%	定额	级别/(m/d)	定额
0~1.5	10	0~51	1	0~2	10	0~4.1	1
1.5~4.6	9	51~102	3	2~6	9	4.1~12.2	2
4.6~9.1	7	102~178	6	6~12	5	12.2~28.5	4
9.1~15.2	5	178~254	8	12~18	3	28.5~40.7	6
15.2~22.9	3	>254	9	>18	1	40.7~81.5	8
22.9~30.5	2					>81.5	10
>30.5	1						

表3-8 含水层、土壤和渗流区介质类型的分类及定额

A(含水层介质类型)		S(土壤介质类型)		T(渗流区介质类型)	
分类	定额	分类	定额	分类	定额
块状页岩	2	薄层或裸露、砾	10	承压层	1
变质岩/火成岩	3	砂	9	粉砂/黏土	3
风化变质岩/火成岩	4	泥炭	8	变质岩/火成岩	4
冰碛物	5	胀缩或凝聚性黏土	7	灰岩	6
层状砂岩、灰岩及页岩序列	6	砂质亚黏土	6	砂岩	6
块状砂岩	6	亚黏土	5	层状灰岩、砂岩、页岩	6
层状灰岩	6	粉砂质亚黏土	4	含较多粉砂和黏土的砂砾	6
砂砾石	8	黏土质亚黏土	3	沙砾	8
玄武岩	9	垃圾	2	玄武岩	9
岩溶灰岩	10	非胀缩或非凝聚性黏土	1	岩溶灰岩	10

表3-9　土地利用类型、地下水水质分级及定额

L(土地利用类型)			Q(地下水水质)		
分类	分级	定额	分类	分级	定额
未利用地	1	1	Ⅰ类	2	2
林地	2	2	Ⅱ类	4	4
草地	4	4	Ⅲ类	6	6
水域	6	6	Ⅳ类	8	8
建设用地	8	8	Ⅴ类	10	10
耕地	10	10			

按照10个级别9项指标的标准特征值见表3-10。

表3-10　地下水脆弱性评价指标的标准特征值

序号	指标	级别									
		1	2	3	4	5	6	7	8	9	10
1	地下水埋深	30.5	26.7	22.9	15.2	12.1	9.1	6.8	4.6	1.5	0
2	含水层净补给量	0	51	71.5	91.8	117.2	147.6	178	216	235	245
3	含水层介质类型	10	9	8	7	6	5	4	3	2	1
4	土壤介质类型	10	9	8	7	6	5	4	3	2	1
5	地形坡度	18	17	15	13	11	9	7	4	2	0
6	渗流区介质类型	10	9	8	7	6	5	4	3	2	1
7	含水层水力传导系数	0	4.1	11.2	20.3	28.5	34.6	40.7	61.1	71.5	81.5
8	土地利用类型	1	2	3	4	5	6	7	8	9	10
9	地下水水质	1	2	3	4	5	6	7	8	9	10

3.2.2　地下水脆弱性评价模型

国内外学者根据研究区的特点提出了许多不同的评价方法，概括起来有水文叠置指数法、数学模拟法、参数统计法以及多属性评价方法等，不同方法有各自的侧重点，如DRASTIC方法主要应用在对孔隙水脆弱性评价，泛欧洲法(COP)主要用在岩溶水脆弱性评价等。本章采用改进评价指标 DRASTIC-LQ 的可变模糊模式识别模型方法。可变模糊模式识别模型方法见 3.1.2 节,本节不再赘述。

3.2.3 评价指标组合权重计算

在地下水脆弱性评价中,权重是评价的关键,本书采用主观权重和客观权重相结合的综合权重法。

3.2.3.1 主观权重法(W')

参考 DRASTIC 权重设置方式,给每一个评价指标进行赋值,赋值范围为 1~5,作为评价指标的相对权重,以反映评价指标的相对重要程度。对地下水脆弱性影响最大的参数的权重赋值为 5,影响程度最小的参数权重赋值为 1。在实际应用时,对该主观权重应进行权重归一化处理,便于与客观权重进行组合计算。地下水脆弱性评价指标权重赋值见表 3-11。

表 3-11 DRASTIC-LQ 评价指标权重赋值

评价参数	权重		归一化权重	
	正常	农药	正常	农药
D 地下水埋深	5	5	0.185	0.152
R 含水层净补给量	4	4	0.148	0.121
A 含水层介质类型	3	3	0.111	0.091
S 土壤介质类型	2	5	0.074	0.152
T 地形坡度	1	3	0.037	0.091
I 渗流区介质类型	5	4	0.185	0.121
C 含水层水力传导系数	3	2	0.111	0.061
L 土地利用类型	2	3	0.074	0.091
Q 地下水水质	2	4	0.074	0.121

3.2.3.2 客观权重法(W'')

客观权重计算采用熵权法,该方法的核心思想是评价指标之间的差异程度越大越重要,则相应权重也越大。许多研究结果表明:熵权法的确能够减弱指标权重的人为干扰,使评价结果更符合实际,但当不同指标的熵值差异不大时,则相应指标权重区分不开。为此,采用改进的熵权法来计算评价指标的客观权重 W'',计算方法为:

$$W'' = (w''_i)_{1\times m} \tag{3-13}$$

式中

$$w''_i = \begin{cases} \dfrac{\sum_{i=1}^{m} H_i + 1 - 2H_i}{\sum_{i=1}^{m} \left(\sum_{i=1}^{m} H_i + 1 - 2H_i \right)} & \text{当全部} H_i \neq 1, i = 1,2,\cdots,m \text{ 时} \\ \dfrac{1 - H_i}{m - \sum_{i=1}^{m} H_i} & \text{当任意} H_i = 1, i = 1,2,\cdots,m \text{ 时} \end{cases}$$

且满足 $\sum_{i=1}^{m} w''_i = 1, H_i = -\frac{1}{\ln n}\left(\sum_{j=1}^{n} f_{ij} \ln f_{ij}\right)(i = 1,2,\cdots,m; j = 1,2,\cdots,n)$，为保证 $\ln f_{ij}$ 有意义，对其进行修正，计算公式为 $f_{ij} = \dfrac{1 + r_{ij}}{\sum_{j=1}^{n}(1 + r_{ij})}$。

3.2.3.3　**组合权重法(W)**

将主观权重和熵权法计算的熵权进行耦合，计算得到最终的组合权重 W，计算公式如下：

$$w_i = \frac{w'_i \cdot w''_i}{\sum_{i=1}^{m} w'_i \cdot w''_i} \tag{3-14}$$

3.2.4　研究区地下水脆弱性评价

3.2.4.1　**评价指标属性值分布**

以莒县孔隙水为评价对象，评价指标为地下水埋深、含水层净补给量、地形坡度、含水层水力传导系数、含水层介质、土壤介质类型、渗流区介质类型、土地利用类型以及地下水水质指标。其中，土地利用类型见图 2-5，地下水水质评价等级分布见图 3-1，其他评价指标见图 3-2~图 3-8。

3.2.4.2　**评价指标空间叠加**

研究区指标属性值呈现空间分布，应利用 ArcGIS 软件进行评价指标叠加分析，最终形成若干个单元评价分区，见图 3-9。

3.2.4.3　**评价指标组合权重**

依据 ArcGIS 评价分区，采用改进熵权法计算评价指标客观权重，与表 3-11 中正常情况下主观权重耦合计算评价指标的组合权重。

3.2.4.4　**评价结果分析**

将组合权重代入可变模糊模式识别模型，对研究区所有评价分区逐一计算，并利用 ArcGIS 软件对评价分区相同等级进行合并重分类，为更好地描述评价分区空间地下水脆弱性，将计算得到的等级特征值划分为五级，即 1~2.5 划定为低脆弱性，2.5~4.5 划定为较低脆弱性，4.5~6.5 划定为中等脆弱性，6.5~8.5 划定为较高脆弱性，8.5~10 划定为高脆弱性。研究区地下水脆弱性评价结果见表 3-12、图 3-10。

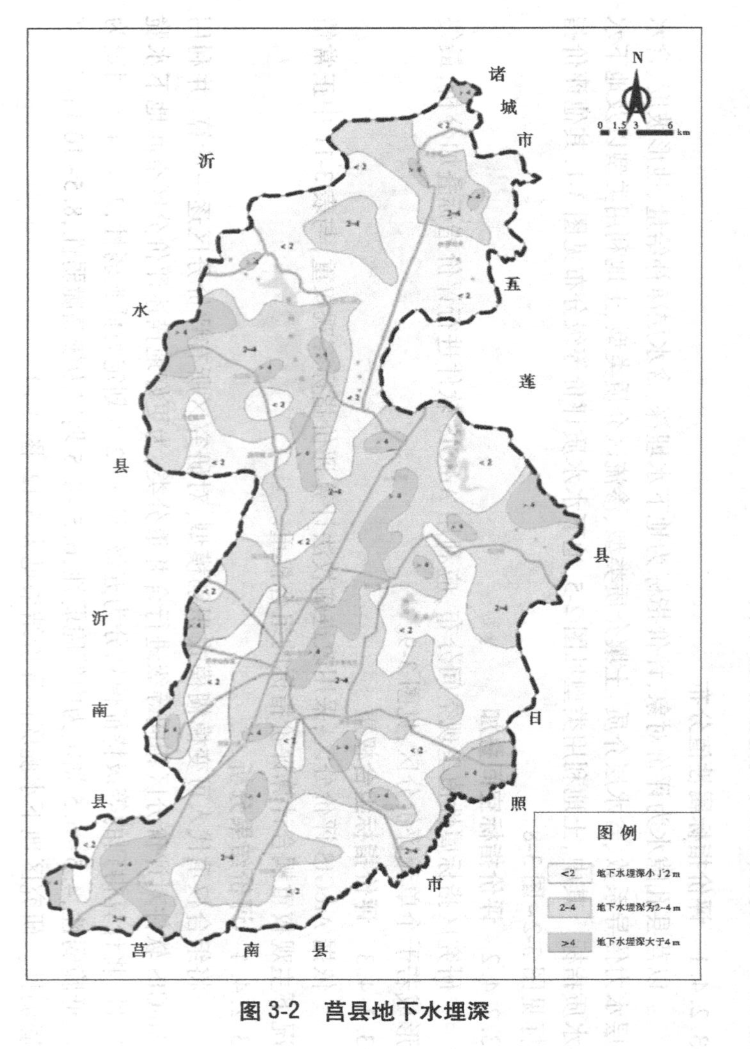

图 3-2　莒县地下水埋深

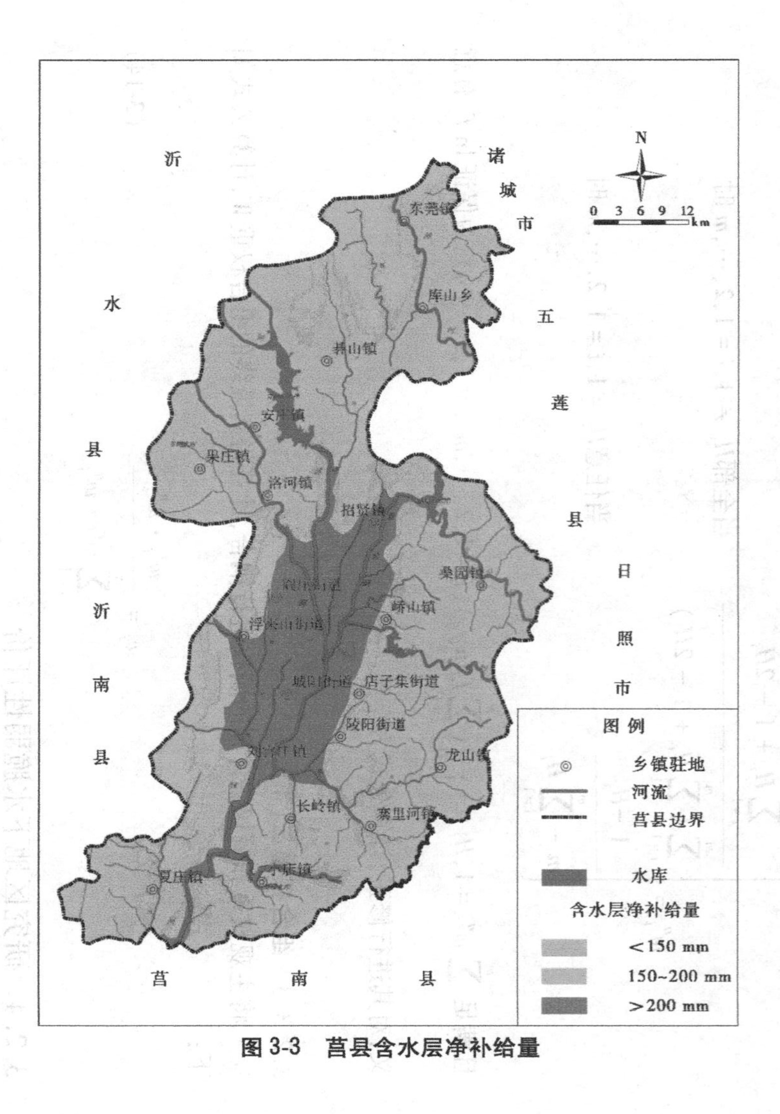

图 3-3　莒县含水层净补给量

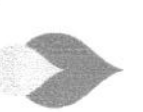

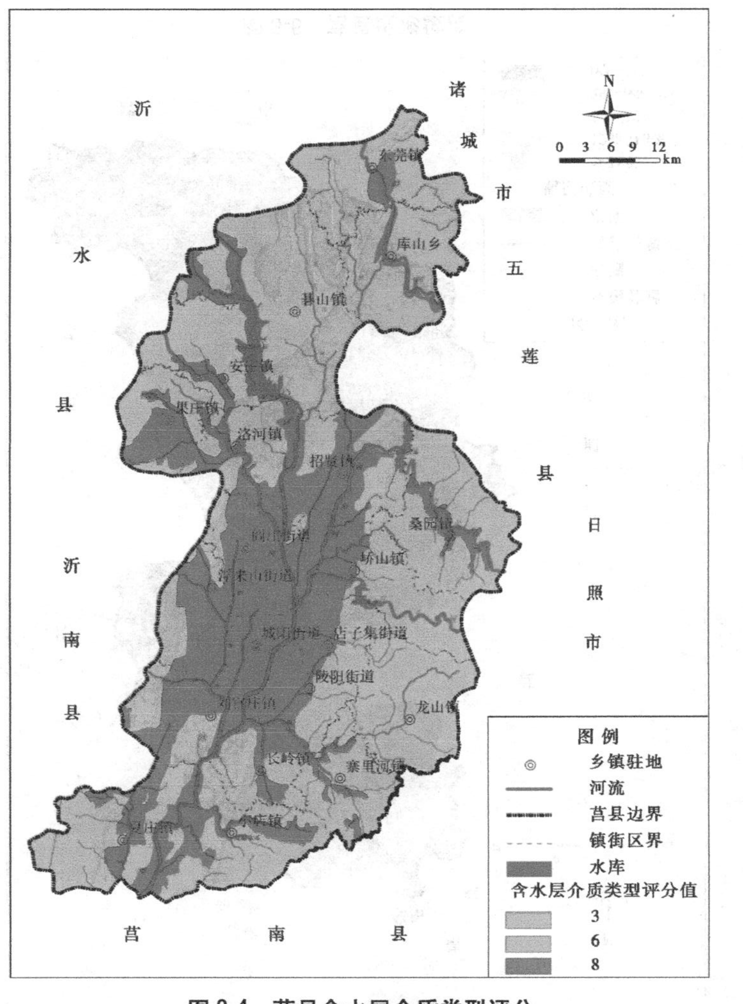

图 3-4　莒县含水层介质类型评分

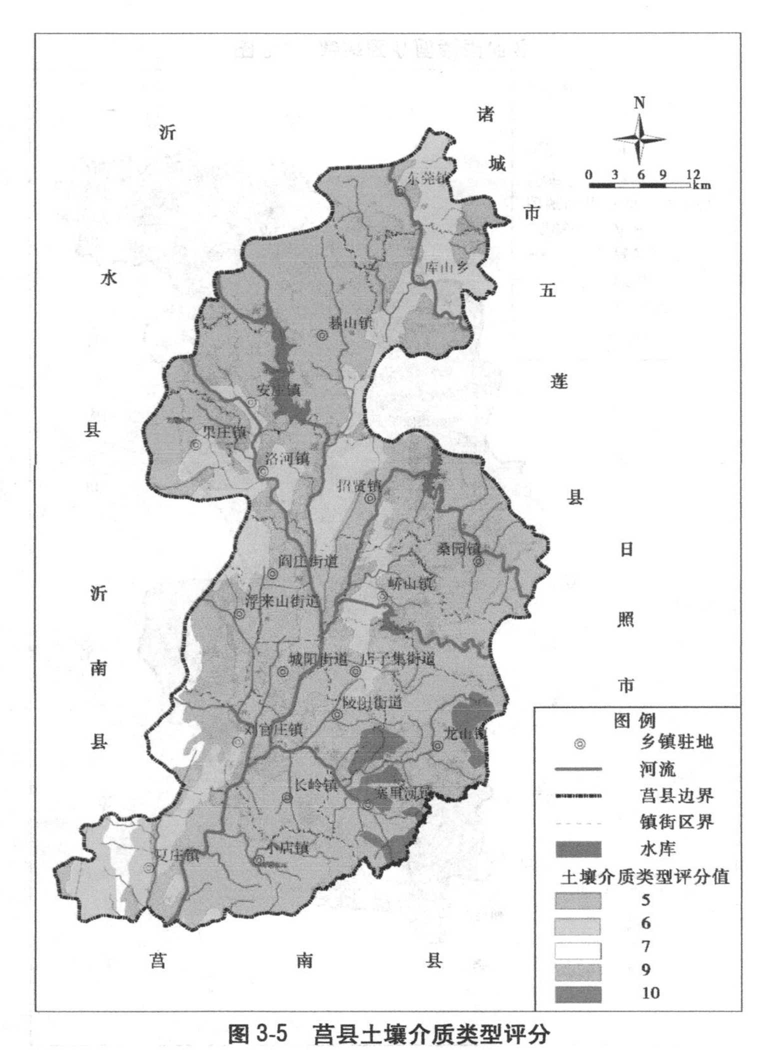

图 3-5　莒县土壤介质类型评分

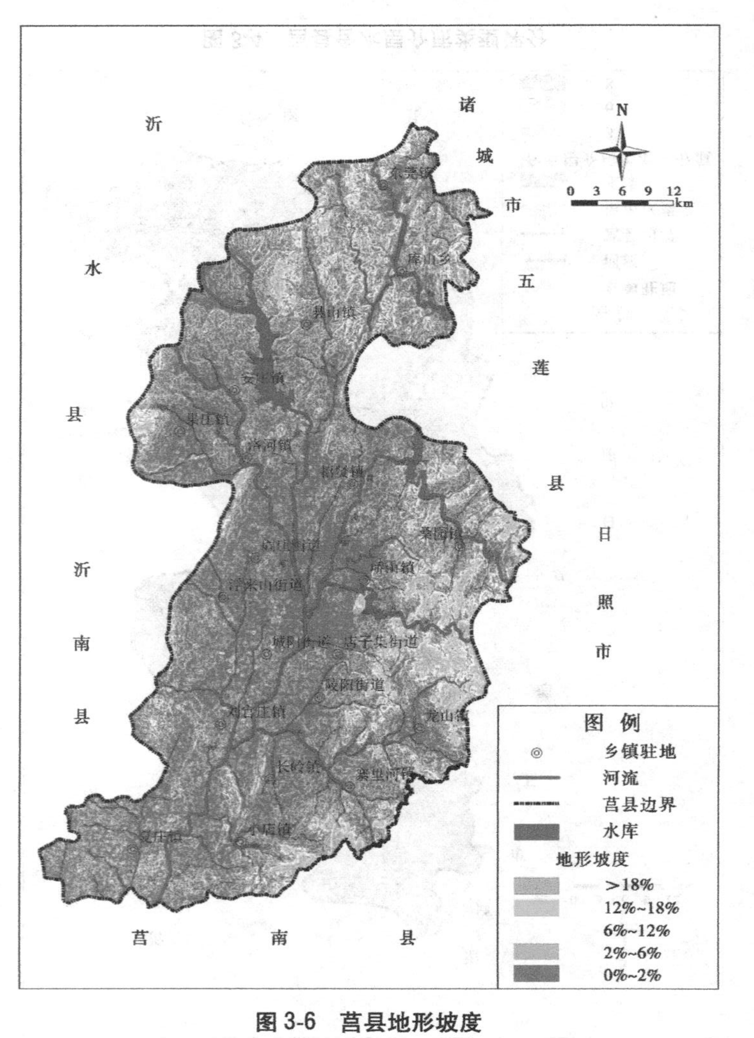

图 3-6　莒县地形坡度

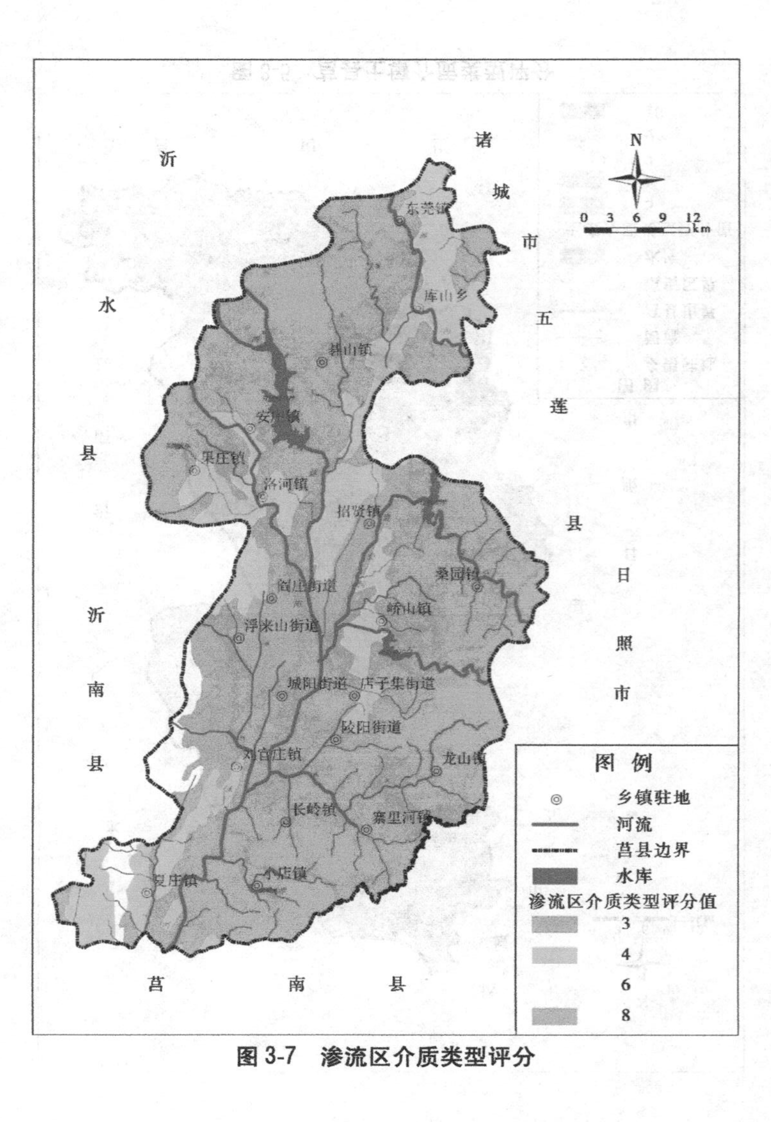

图 3-7　渗流区介质类型评分

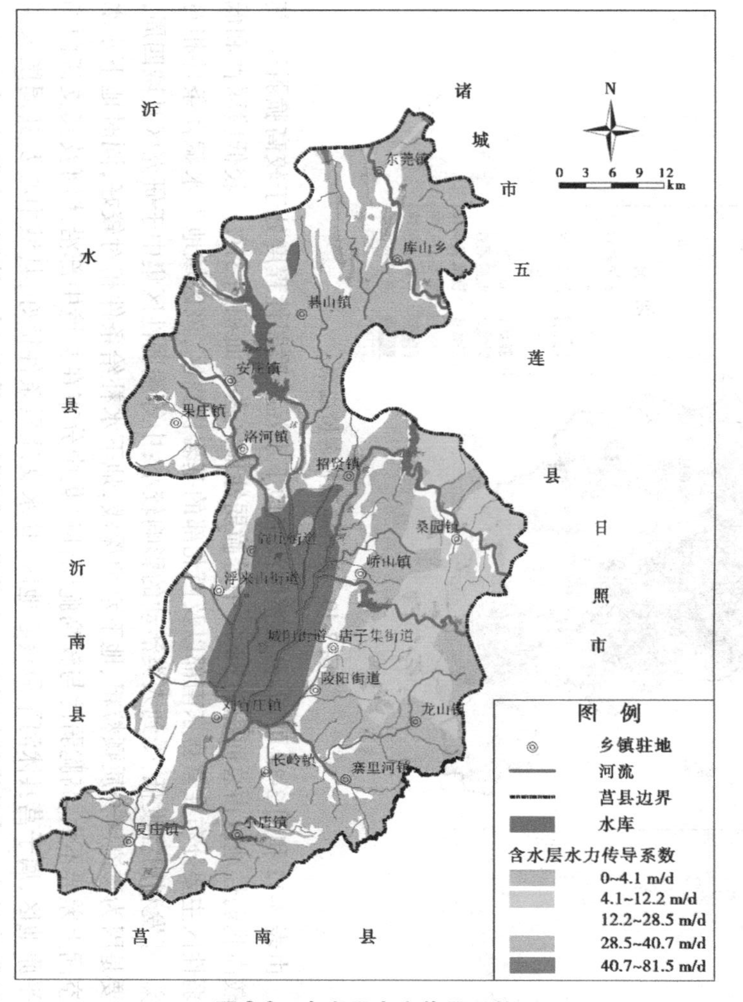

图 3-8　含水层水力传导系数

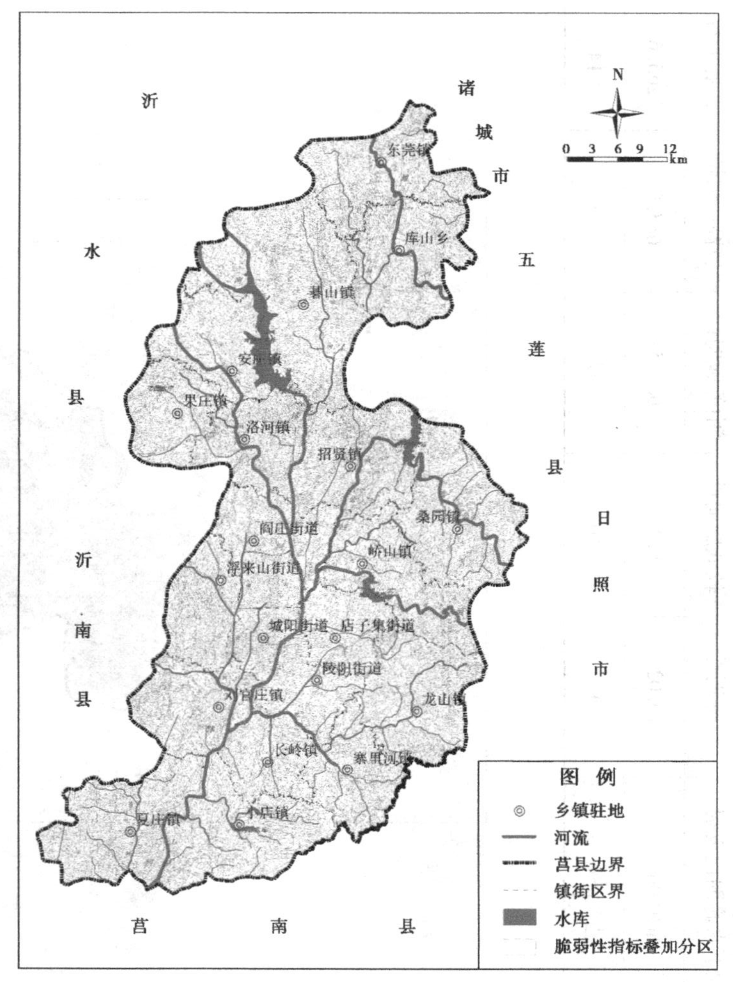

图 3-9　研究区评价分区

表 3-12　不同脆弱性分区面积及占比

地下水脆弱性级别	低脆弱性	较低脆弱性	中等脆弱性	较高脆弱性	高脆弱性
面积/km^2	10.02	190.2	668.51	683.95	265.62
占比/%	1	10	37	38	14

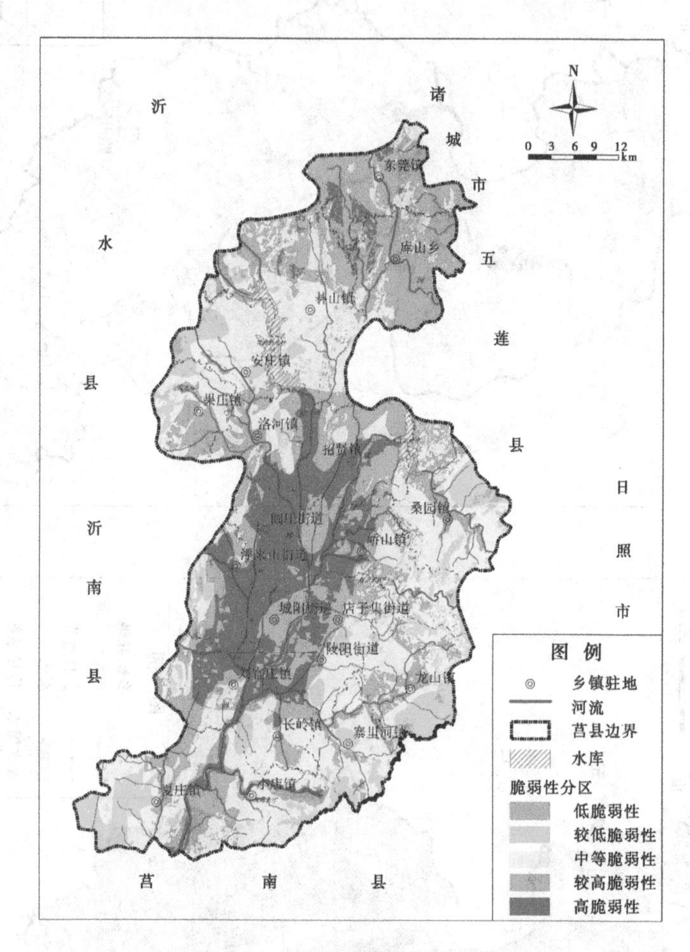

图 3-10　莒县脆弱性评价成果

由表 3-12 和图 3-10 可知，莒县整体浅层地下水污染脆弱性程度处于较高脆弱性，其中较高脆弱性地区占总面积的 38%，中等脆弱性地区占总面积的 37%。较低脆弱性和低脆弱性区主要分布在莒县东南部以及西北部的基岩裸露区，该区域地下水赋存条件相对较差，开发利用程度低，受到人类活动的影响较小；中等脆弱性区集中于研究区县城四周，主要是因为渗流区介质颗粒粗、地下水埋深浅，地下水补给条件相对较好，同时地下水水质空间上差异不大；高脆弱性与较高脆弱性区集中分布在县境中部沿沭河及其支流两侧的平原地区，属于莒县沭河平原核心地区，其水文地质条件很好，县城中心及其周围人类活动影响较大。莒县沿沭河两岸分布着几个重要的水源地，属于傍河型水源地，水源地所

在位置刚好处于地下水高脆弱性区域，地下水极易受到污染，由此应加强沭河两岸地下水生态环境保护工作，这对于研究区地下水可持续利用具有重要的意义。

3.3 地下水系统健康评价

3.3.1 研究区概况

肥城盆地岩溶地下水系统比较复杂，其地下水系统单元具有相对独立性，结合前期项目研究基础、水文地质条件等因素，选取肥城盆地作为典型研究区。

3.3.1.1 地理位置与行政区划

肥城盆地位于鲁中南山区、泰山西麓，是以肥城市北部平原及其周边山体为主体形成的独立地质构造单元，其北部、东南部、西部均以山体分水岭为边界，南部以康汇河入大汶河为出口，区域面积 1 263.49 km^2。本次研究，考虑到地质构造对岩溶地下水力联系的影响，分析范围将东南部边界适当扩大至石灰岩与变质岩山体分界线，扩大之后的区域面积达到 1 408.82 km^2。行政区划上，研究范围主要隶属于肥城市，包括新城街道、老城街道、潮泉镇、仪阳镇、王瓜店街道、湖屯镇、石横镇、桃园镇、王庄镇、安临站镇、孙伯镇，管辖面积为 882.4 km^2，占总面积的 62.6%。此外，还涉及岱岳区的道朗镇和夏张镇，面积 109.0 km^2；平阴县的孔村镇和孝直镇，面积 183.2 km^2；东平县的大羊镇和接山镇，面积 234.2 km^2。肥城盆地及分析范围地理位置见图 3-11，行政区划如图 3-12 所示。

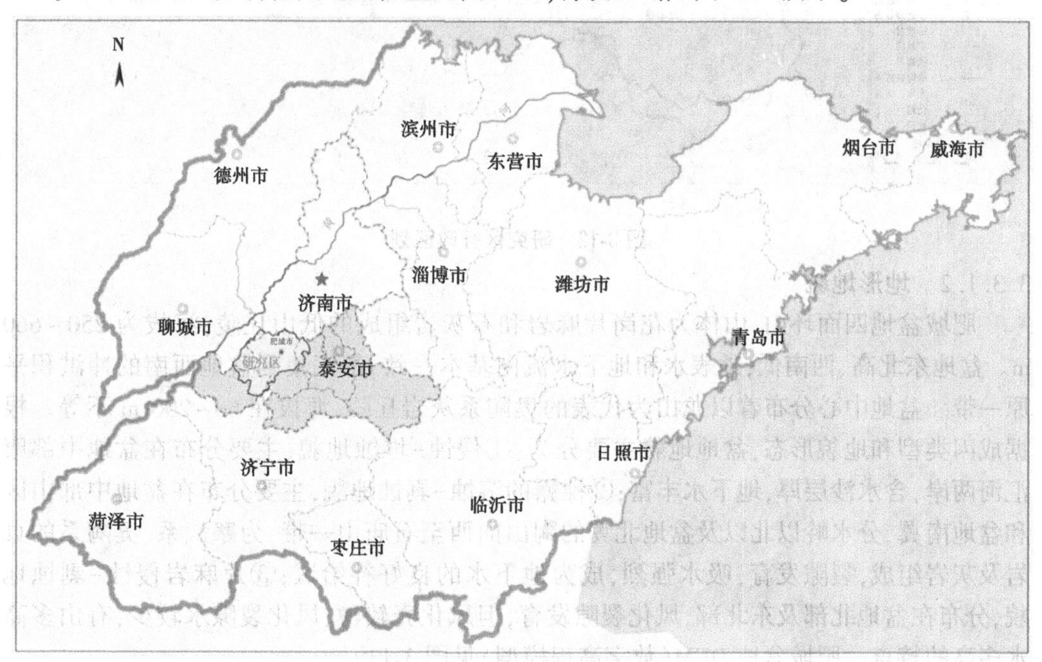

图 3-11 研究区地理位置

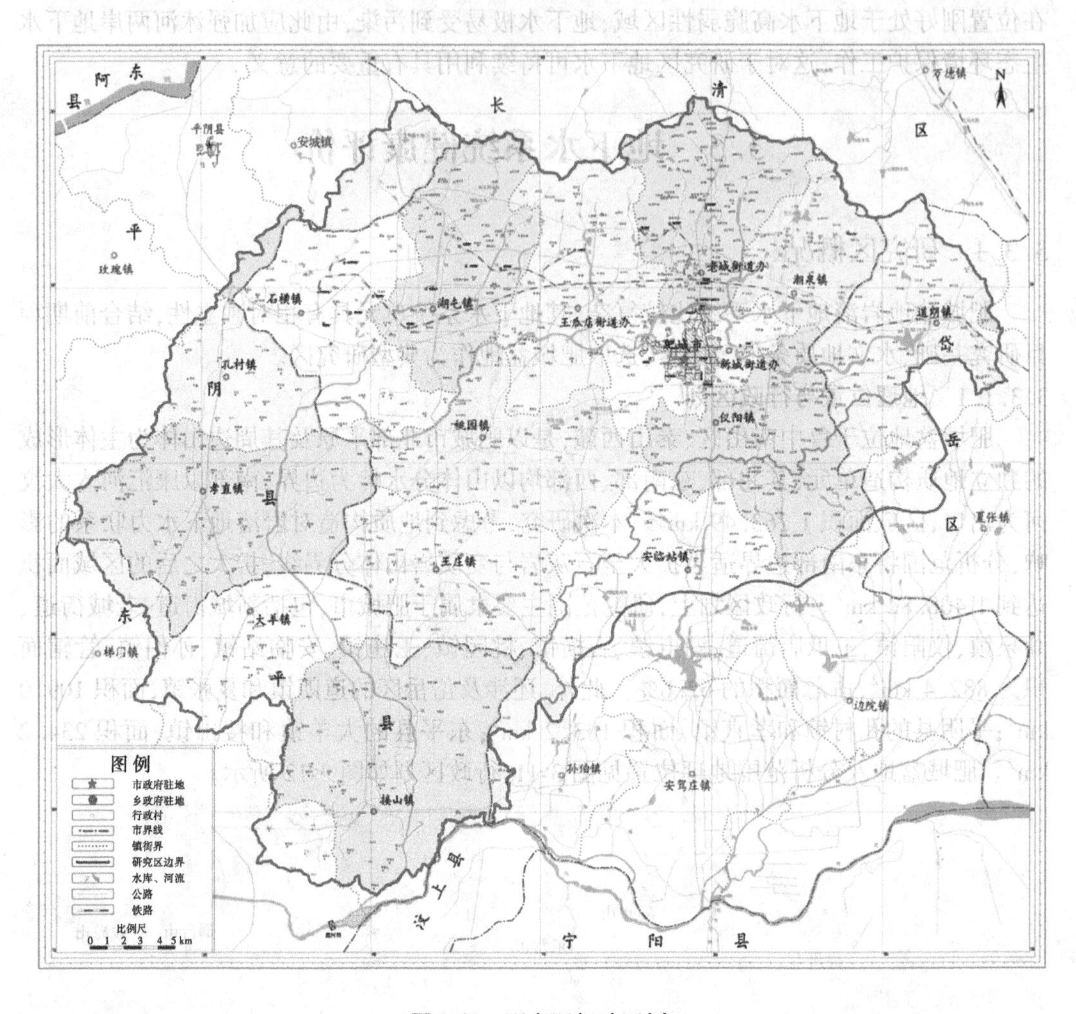

图 3-12　研究区行政区划

3.3.1.2　地形地貌

肥城盆地四面环山,山体为花岗片麻岩和石灰岩组成的低山丘陵,海拔为 250~660 m。盆地东北高、西南低,地表水和地下水流向基本一致,都汇集到盆地西南的冲洪积平原一带。盆地中心分布着以龙山为代表的奥陶系灰岩丘陵,海拔在 60~200 m 不等。根据成因类型和地貌形态,盆地地貌主要分为:①侵蚀-堆蚀地貌,主要分布在盆地中部康汇河两岸,含水沙层厚,地下水丰富;②裸露的溶蚀-剥蚀地貌,主要分布在盆地中部山区和盆地南翼,分水岭以北以及盆地北翼的陶山向西至石庙山一带,为寒武系、奥陶系的页岩及灰岩组成,裂隙发育,吸水强烈,成为地下水的良好补给区;③片麻岩侵蚀-剥蚀地貌,分布在盆地北部及东北部,风化裂隙发育,但风化壳较薄,风化裂隙水较少,有山多高水多高的特点。肥城盆地 DEM(数字高程模型)见图 3-13。

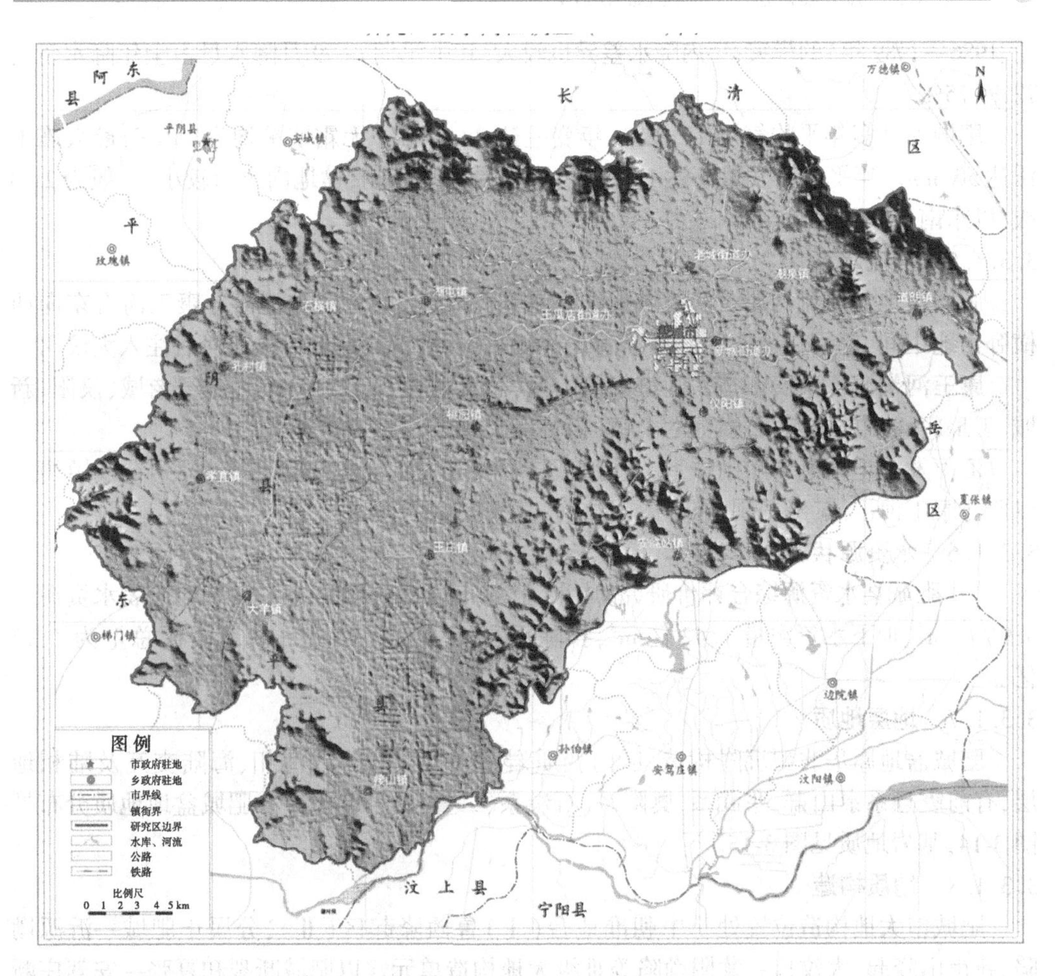

图 3-13　肥城盆地 DEM

3.3.1.3　**土壤植被**

肥城盆地土壤主要为褐土和棕壤,前者是由寒武奥陶系石灰岩风化沉积物等母质形成,后者是受当地气候及长时间落叶阔叶林的影响而逐渐演化而来的,在花岗岩、片麻岩成土母质上发育的粗骨性棕壤、普通棕壤和酸性棕壤,主要分布于北部变质岩山区。

区内植被覆盖度差异较大,部分地区林木分布良好,覆盖率达 20% 以上,多生长黑松、油松、柞岚、刺槐等乔木,也少见有人工侧柏。盆地低缓坡地及平原均辟为农田,以种植小麦、玉米、蔬菜等为主,有少量经济作物分布。在桃园镇及仪阳镇一带盛产肥城桃,在省内外享有盛誉。

3.3.1.4　**水文气象**

肥城盆地属北温带大陆性季风气候区,四季分明,但春冬两季少雨多风、夏秋两季高温炎热且降水集中,形成春秋两旱夹一涝的自然规律。肥城盆地多年平均降水量 633 mm(1956—2000 年),降水较为丰富但年际变化大且时空分布不均。年最小降水量发生在 1988 年,为 362.4 mm;最大降水量发生在 1964 年,为 1 082.7 mm,两者相差近 3 倍。年际间往往形成旱涝交替或旱涝相间的现象,如历史上曾发生过 2 次连续 4 年(1956—1968

年、1986—1989 年)的旱灾;年内降水差异也较大,其中汛期 6—9 月降水量占全年降水量的 72%~75%。

肥城盆地多年平均气温 12.9 ℃,年变差达 28.9 ℃。无霜期平均为 190 d,最大冻土深达 50 mm。年平均蒸发量高达 1 224.5 mm。受地形影响,盆地内风力较小,一般为 2~3 级,以东南风较为常见。

3.3.1.5　**河流水系**

肥城盆地各河流均属黄河流域大汶河水系,主要有康王河和汇河。康王河自东向西横卧盆地中间,汇河在盆地西部贯穿南北,两河在石横镇交汇形成康汇河后注入大汶河。

康王河发源于泰安市岱岳区道朗镇山区,总流域面积 427.7 km^2,流经老城、仪阳、新城、王瓜店、湖屯、桃园、石横等七个镇(街),是肥城市主要山洪河道之一。

汇河发源于湖屯镇陶山一带,上游 6 条支流,先后汇于湖屯镇桥头村,到石横镇衡鱼以西与康王河汇流,经平阴、东平入大汶河,总长度 42.1 km。

3.3.1.6　**水资源状况**

据《肥城县水资源综合评价研究》成果,肥城市境内肥城盆地多年平均地表水资源量 0.96 亿 m^3、地下水资源量 1.42 亿 m^3,扣除重复计算量 0.63 亿 m^3,水资源总量为 1.75 亿 m^3。

3.3.1.7　**地层地质**

肥城盆地属华北型沉降构造,区内变质岩基底上沉积了浅海相、海陆交互及陆相地层,有前震旦系泰山群、寒武系、奥陶系、石炭系、二叠系、第四系等。肥城盆地地质分布见图 3-14,基岩地质见图 3-15。

3.3.1.8　**地质构造**

肥城市大地构造位置处于中朝准地台(Ⅰ)鲁西隆起区(Ⅱ),分属于肥城—沂源坳陷、新甫山隆起、大汶口—蒙阴坳陷等Ⅲ级大地构造单元。以肥城断裂和夏张—安驾庄断裂为界,自北而南可划分出肥城凹陷、布山凸起及大汶口—汶阳凹陷等Ⅳ级构造单元。肥城盆地主要涉及肥城凹陷、布山凸起等两个Ⅳ级构造单元。

肥城凹陷主要受北东向花兰店断裂、东西向肥城断裂和北西向夏张断裂的控制。东西长 22 km、南北宽 2~5 km,面积约 105 km^2,形似半月。凹陷于其底构造线斜切,内部第四系广布。第四系之下为石炭—二叠系煤系,其地层走向近于东西,倾向北,倾角 10°~12°,呈单斜状。构造以断裂为主,纵横交错,落差大于 100 m 者达 20 余条,多为高角度正断层。断层走向主要为北东向,密集分布于凹陷(煤田)西部,其次为近东西向、近南北向及北西向等。岩浆岩极不发育。布山凸起基底由泰山群变质岩系组成,片理走向为北北西,倾向 240°~260°,倾角 70°~80°;凸起北侧为寒武-奥陶系,倾向 300°~320°,倾角 5°~8°,呈单斜状向肥城凹陷倾没。

肥城盆地内以肥城断裂及其伴生的网状断层,使得大地构造更加复杂。肥城断裂位于肥城凹陷北缘,走向近东西,北升南降,落差大于 1 000 m。其西段于石横—四棵树一线呈 NE40°方向延伸,断层倾向南东,倾角 20°~30°,南与花兰店断裂相连;东段于安子沟鱼池村一线呈 NW310°方向延伸,断层面倾向南西,倾角大于 60°,南延与南留断层相接;中间部分,于青龙山—姜家庄一线呈 NW290°延伸,并于付家庄—大石关一线转向 NE50°,

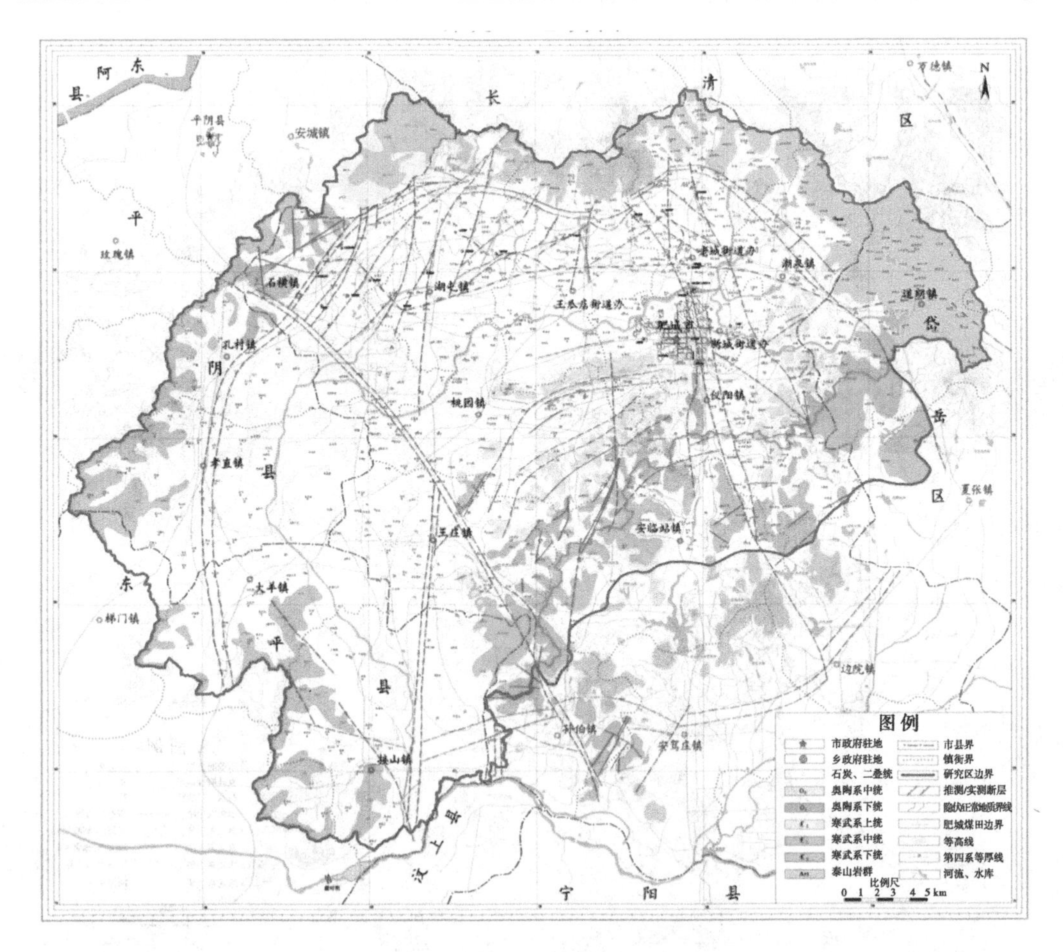

图 3-14　肥城盆地地质分布

断层面倾向南,倾角 40°~50°。可见,该断裂主要由 NE 及 NW 两级断裂交切而成,为肥城凹陷的边界控制断裂。在肥城凹陷内部,发育有与边界断裂走向近于一致的隐伏断层,多数南升北降,落差较大,且多呈同心状排列,而 NNE 向者为后期叠加断层,多数西升东降,落差较小,常切割前者并略呈放射状排列。从组合形态看,上述各组断层彼此可交切成网络状,把大地分割成大小不等的块体。

3.3.1.9　水文地质条件

1. 含水岩组

肥城盆地境内主要有第四系孔隙水含水岩组、石炭系灰岩及岩溶裂隙水含水岩组、寒武系和奥陶系岩溶裂隙水含水岩组、前震旦系泰山群花岗片麻岩裂隙水含水岩组。

(1)第四系孔隙水(潜水)含水岩组。主要分布于盆地底部,一般厚度 20~30 m,最深 50 m,东部是冲积洪积砂砾层,含水丰富,多为承压水,钻孔单位涌水量 0.3~6 L/s,水质较好;西部含水层为湖洪积砂姜层,水质尚可,但水量较小。第四系潜水水力坡度为 4‰,流向西南,主要靠大气降水和北部东北部山区的风化裂隙水补给。

(2)石炭系灰岩及岩溶裂隙水含水岩组。石炭系有 5~6 层灰岩,其中以第四层、第五

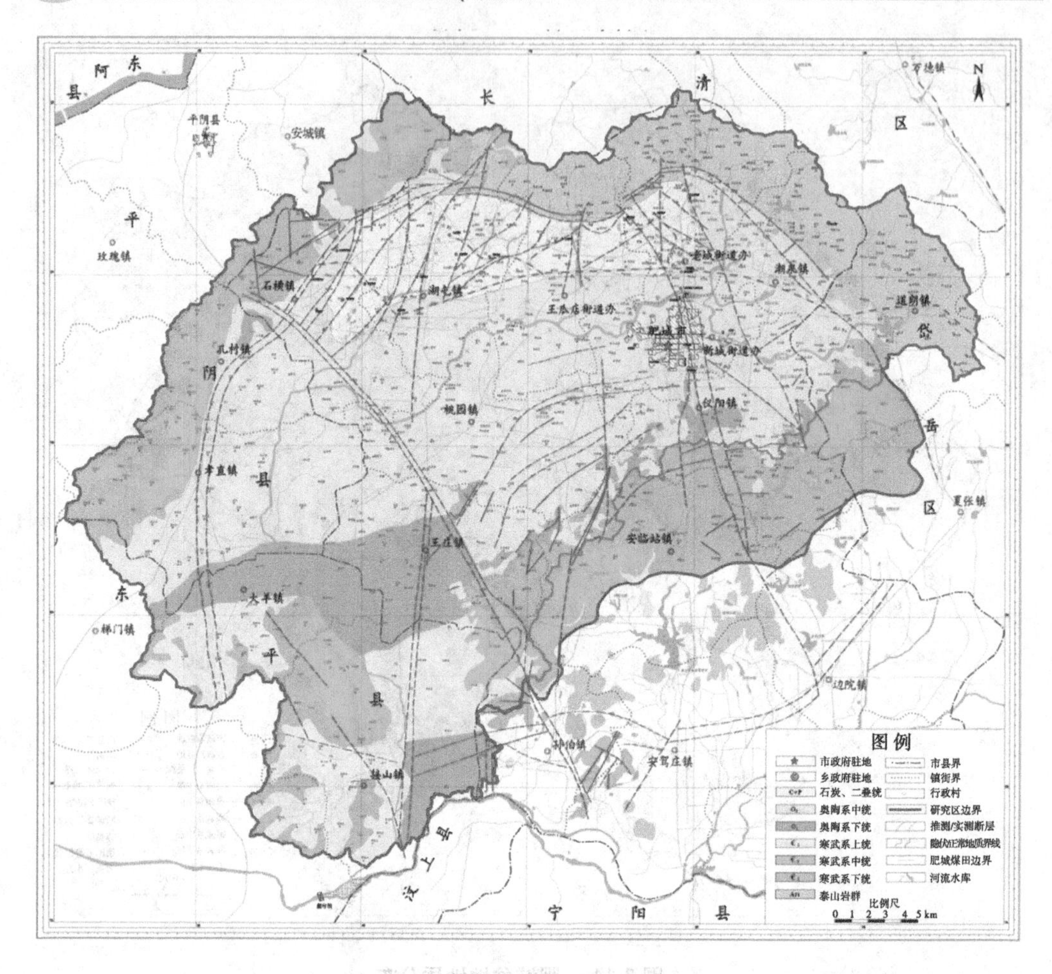

图 3-15　肥城盆地基岩地质

层较厚而稳定，厚度分别为 5 m 和 8 m 左右。由于裂隙影响，奥陶系灰岩裂隙岩溶水与第四、三灰岩裂隙岩溶水发生了水力联系，因而整个煤田矿坑排水排出量较大，排出的五灰水实际上是奥灰水，四灰、五灰水均在煤系地层之内，当前没有开采。

(3)寒武系和奥陶系岩溶裂隙水含水岩组。该岩组除在盆地东部、南部、西北部、西部的中低山、丘陵裸露分布外，其余大都隐伏在第四系之下。因而，该含水岩组可分为两个亚组，即裸露、半裸露的寒武、奥陶系岩溶裂隙亚组和隐伏的寒武、奥陶系岩溶裂隙亚组。前者为补给区，后者为径流区。

裸露半裸露的寒武、奥陶系岩溶裂隙亚组，绝大部分裸露地表，裂隙发育，方向与区内主要构造方向一致，即 NNE、NNW。地下水以垂直渗透为主，埋深大。地下水水位受季节影响很大，年均变幅 30~50 m，水量一般为 10~20 m^3/h。本组下寒武系中的馒头组，富水性能独特，一是水位高，二是水量大，主要分布在孤山、大柱子、翟杭、陆房、栖幽寺、北石沟等村庄，每处自成一个水文地质单元，水位埋深 5~20 m。主要含水岩性在馒头组的夹层灰岩中，属层间岩溶裂隙，单井涌水量 30~180 m^3/h。

隐伏的寒武系地层，主要在盆地的西南王庄镇南部，主要含水层在凤山组顶部、长山

组顶部、张夏组灰岩顶底部。第四系隐伏下的奥陶系地层是肥城盆地区域水的主要含水层，接受南部及东南部山区的补给，地下水的运移方式已由垂直渗透变为水平径流。在本岩组内地下水，水力坡度为 0.08‰，地下水水位标高 40~60 m，出水量自东向西变化为 0.512~34.123 L/s，水位埋深由东向西逐渐变浅。在西南东平县以泉的形式溢出，但因水位下降，泉已干枯。中奥陶系地层总厚 658 m，主要含水层在第一组二段灰岩、第二组四段灰岩、第三组六段灰岩。含水层主要由宽大裂隙及溶网构成，形成一个面积大、深度大、古老岩溶裂隙与新构造裂隙岩溶交叉分布的富水带。岩溶发育带，多数泥灰岩接触面，灰岩顶部及底部 20 m 之内发育，同时受构造影响，沿构造裂隙岩溶发育，构造交叉带更好，在二组三段和三组五段泥灰岩地层，尽管富水条件差，但也发育着蜂窝状洞穴。整个奥陶系地层水带在垂直空间上，也显著不同。第一带是充填、半充填带，发育在+25 m 侵蚀面之间，垂深 20~25 m，裂隙洞穴发育，但洞穴直径小，多在 0.25 mm 以下，张开裂隙多见，蜂窝洞穴少，主要特点是未充填，含水最丰富。第三带是网状裂隙蜂窝状洞穴，该带发育在-25 m 以下，厚度较大，网状裂隙小蜂窝状洞穴发育，有的方解石半充填，但含水也很丰富。

（4）前震旦系泰山群花岗片麻岩裂隙水含水岩组。在肥城盆地东北部及北部广泛出露，含水层主要是风化壳及构造裂隙，埋深一般在 15 m 以内，水位变幅 5~8 m，水量较小。

2. 地下水的补给与排泄条件

肥城盆地是一个完整的水文地质单元，具有独立的补给与排泄系统。在盆地东部及东南部广泛出露寒武系、奥陶系地层，大气降水沿构造裂隙垂直渗入补给各富水岩组，同时产状倾向盆地中心，沿层理顺向补给盆地中心隐伏的奥陶系灰岩。东北部、北部广泛出露的泰山群变质岩，风化裂隙发育，在地形上有利于大气降水的补给。因为风化裂隙的深度一般在 15 m 以内，所以它除补给第四系孔隙水外，还补给盆地内隐伏的奥陶系灰岩含水岩组。盆地奥陶系灰岩与第四系地层之间有一层稳定的厚度较大的黏土层隔离，因而第四系孔隙水与奥陶系灰岩之间没有直接水力联系。隐伏的奥陶系灰岩由于岩溶裂隙发育，互通条件很好，所以径流条件也很好。在开采能力不断扩大、地下水水位不断下降的情况下，原来以泉的方式排泄，现在已转变为以人工排泄方式为主，只有很少一部分以地下径流的方式向下游排泄。

3.3.2　评价指标体系与评价标准构建

3.3.2.1　地下水系统健康评价指标体系

地下水系统健康评价涉及众多领域，评价指标选定充分考虑主导因子，从系统性、可操作性以及敏感性构建规范化的指标体系。本书在遵循指标系统构建原则的基础上，以地下水系统健康的内涵为依据，以维持地下水系统健康为目标，综合考虑选择地下水系统资源属性、环境功能、生态功能、水效功能以及社会功能等 5 大类 11 个指标构建地下水系统健康评价指标体系，地下水系统健康评价指标体系见表 3-13。

表 3-13　地下水系统健康评价指标体系

目标层	准则层	指标层	单位	含义
地下水系统健康	资源属性	降水量	mm	多年平均降水量
		地下水资源模数	万 m^3/km^2	单位面积上地下水资源量
	环境功能	地下水水质优于Ⅲ类水质占比	%	地下水水质优于Ⅲ类水质标准面积与区域总面积的比值
		污水集中处理率	%	市级污水处理厂收集量与产污总量的比值
	生态功能	地下水水位下降量	m	多年平均地下水水位下降量
		植被覆盖率	%	植被覆盖面积与区域总面积比值
	水效功能	地下水开采系数	/	多年平均地下水供水量与多年平均地下水资源总量的比值
		人均用水定额	L/(人·d)	每人每天用水量
		灌溉水利用系数	/	灌入田间的有效水量与取水口取水量之比
		万元 GDP 用水量	m^3/万元	万元地区总产值耗水量
	社会功能	地下水保护意识	%	抽样调查每百人中有地下水保护、宣传等行为的人数占比
		地下水科研费用占比	%	用于地下水研究利用与保护的经费占总经费的比例

3.3.2.2　地下水系统健康评价指标标准分级

目前，评价指标分级尚未有统一标准，在统筹考虑评价指标实际特点的基础上，参考应用较为广泛的五级分级标准，将本次地下水健康评价指标等级划分为 1~5 级，其中评价指标的 1 级表示地下水系统健康最优，评价指标的 5 级表示地下水系统最不健康，呈现病态。地下水系统健康评价指标标准分级见表 3-14。

表 3-14　地下水系统健康评价指标标准分级

准则层	指标层	1 级（很健康）	2 级（健康）	3 级（亚健康）	4 级（不健康）	5 级（病态）
资源属性	降水量	>1 900	1 200~1 900	800~1 200	600~800	<600
	地下水资源模数	>30	20~30	10~20	5~10	<5
环境功能	地下水水质优于Ⅲ类水质占比	>90	75~90	55~75	40~55	<40
	污水集中处理率	>95	85~95	75~85	65~75	<65
生态功能	地下水水位下降量	<0	0~0.5	0.5~1	1~1.5	>1.5
	植被覆盖率	>60	45~60	30~45	20~30	<20

续表 3-14

准则层	指标层	1 级（很健康）	2 级（健康）	3 级（亚健康）	4 级（不健康）	5 级（病态）
水效功能	地下水开采系数	<20	20~30	30~45	45~60	>60
	人均用水定额	<90	90~120	120~140	140~160	>160
	灌溉水利用系数	>0.80	0.70~0.80	0.60~0.70	0.50~0.60	<0.50
	万元 GDP 用水量	<30	30~50	50~80	80~120	>120
社会功能	地下水保护意识	>95	85~95	75~85	65~75	<65
	地下水科研经费占比	>90	75~90	55~75	40~55	<40

3.3.3　可变模糊云评价模型

开展地下水系统健康评价时，涉及的评价指标和有关指标分级等概念中广泛存在随机性和模糊性，陈守煜教授提出了可变模糊集合理论，进一步发展了模糊理论，在水系统评价中得到了广泛的应用。为描述定性概念的随机性和模糊性，李德毅院士首次提出了用云模型作为不确定性知识的定性定量转换的数学模型，云模型是用语言值表示的某个定性概念与其定量表示之间的不确定性转换模型，它把模糊性与随机性这二者完全集成在一起构成定性和定量相互间的映射。经过几年的完善和发展，目前云模型已成功应用于智能控制、数据挖掘、大系统评估等领域，本次研究将云理论和可变模糊集理论结合，构建地下水系统健康评价模型。

3.3.3.1　正态云概念及数字特征

定义 1：设 U 是一个用精确数值表示定量论域 $U=\{x\}$，C 是论域 U 上的定性概念，若定量值论域 U 中的元素 x 对 C 的隶属函数 $\mu_c(x)\in[0,1]$ 是一个有稳定倾向的随机数，概念 C 的云模型是从论域 U 到区间 $[0,1]$ 的映射，有

$$\mu_c(x):U\to[0,1],\ \forall x\in U, x\to\mu_c(x) \tag{3-15}$$

则 x 是论域 U 上的分布称为云（Cloud），每个 x 称为云滴。从云的基本定义出发，论域 U 中某一个元素与它对概念 C 的隶属度之间的映射是一对多的转换，而不是传统的模糊隶属函数中的一对一的关系，通过这一关系转化可以量化分析定性概念 C 的随机性和模糊性。

定义 2：设 U 为论域，C 是论域 U 上的定性概念，若定量值 $x\in U$，且 x 是定性概念 C 的一次随机实现，若满足：$x\sim N(\mathrm{Ex},\mathrm{En}')$，其中，$\mathrm{En}'\sim N(\mathrm{En},\mathrm{He}^2)$，且对 C 的确定度满足：

$$\mu(x)=\mathrm{e}^{-\frac{(x-\mathrm{Ex})^2}{2\mathrm{En}'^2}} \tag{3-16}$$

则称在论域 U 上的分布为正态云。

正态云模型是基本的云模型，正态分布具有普适性，大量社会和自然科学中定性知识的云的期望曲线都近似服从正态分布或半正态分布。正态云的数字特征反映了定性概念和定量特性，用期望 Ex（Expected Value），熵 En（Entropy），超熵 He（Hyper Entropy）三个

数值来表征，其中：Ex 是云滴在定性语言概念论域空间上的期望，最能代表这个定性概念的值。熵 En 是定性概念不确定性度量，由定性概念的随机性和模糊性共同决定，一方面反映了定性概念云滴的离散程度；另一方面反映了在论域中定性概念亦此亦彼性的度量，反映了论域空间中可被接受的云滴取值范围。超熵 He 是熵 En 的熵，由随机性和模糊性共同决定，反映了熵 En 的不确定性程度。一维正态云模型见图 3-16。

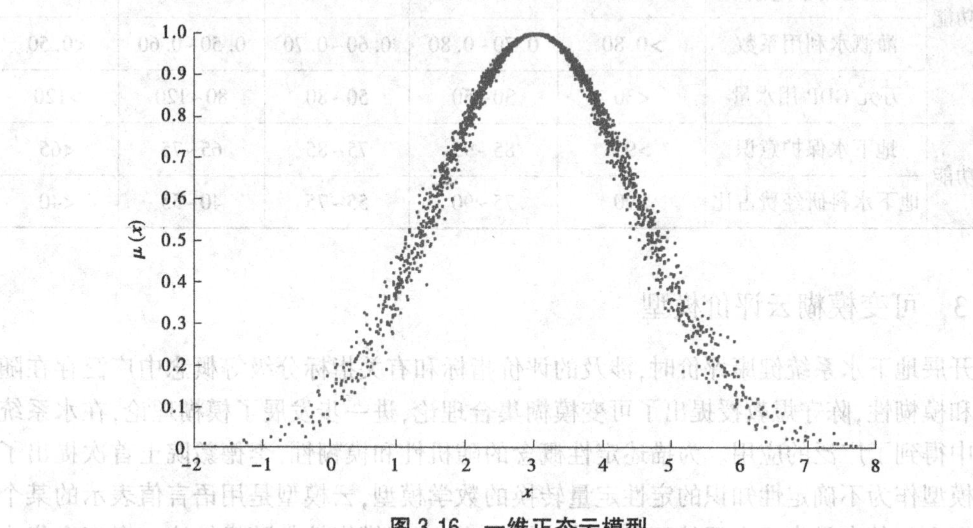

图 3-16　一维正态云模型

3.3.3.2　**正向正态云发生器**

如果在论域 U 中确定点 x，通过云发生器可以生成这个特定点 x 属于概念 C 的确定度分布，这时的云发生器称为正向云发生器。正向正态云发生器是从定性到定量的映射，它根据正态云的数字特征(Ex,En,He)产生云滴。其具体算法为：

(1)给定熵 En 和超熵 He，生成正态分布的随机数 $\mathrm{En}' \sim N(\mathrm{En},\mathrm{He}^2)$。

(2)利用特定输入值 x 和期望值 Ex 计算确定度 $\mu(x)=\exp\left[-\dfrac{(x-\mathrm{Ex})^2}{2\mathrm{En}'^2}\right]$。

确定度 $\mu(x)$ 作为定性概念的相对隶属度，不是单一值，在实际应用过程中往往需要随机模拟一定数量的云滴，取其平均值作为定性概念的隶属度。

3.3.3.3　**可变模糊云评价模型**

设有 n 个待评价样本组成的样本集合，$X=\{x_1,x_2,\cdots,x_n\}$，每个样本按照 m 个指标特征值对其进行综合评价，则有待评价样本特征值矩阵

$$X=\begin{bmatrix} x_{11} & x_{12} & \cdots & x_{1n} \\ x_{21} & x_{22} & \cdots & x_{2n} \\ \vdots & \vdots & & \vdots \\ x_{m1} & x_{m2} & \cdots & x_{mn} \end{bmatrix}=[x_{ij}] \tag{3-17}$$

式中　x_{ij} ——样本 j 指标 i 的特征值，$i=1,2,\cdots,m$；$j=1,2,\cdots,n$，n 为样本数。

依据样本中 m 个指标按 c 级别的标准特征值进行识别，则有 $m\times c$ 阶指标标准区间矩阵：

$$Y=(y_{ih})=\begin{pmatrix}[a_{11},b_{11}] & [a_{12},b_{12}] & \cdots & [a_{1(c-1)},b_{1(c-1)}] & [a_{1c},b_{1c}]\\ [a_{21},b_{21}] & [a_{22},b_{22}] & \cdots & [a_{2(c-1)},b_{2(c-1)}] & [a_{2c},b_{2c}]\\ \vdots & \vdots & & \vdots & \vdots\\ [a_{m1},b_{m1}] & [a_{m2},b_{m2}] & \cdots & [a_{m(c-1)},b_{m(c-1)}] & [a_{mc},b_{mc}]\end{pmatrix} \tag{3-18}$$

式中　y_{ih}——指标 i 级别 h 的标准区间矩阵；

a_{ih}, b_{ih}——指标 i 级别 h 的标准区间的上、下限值，$h=1,2,\cdots,c$。

对应每个指标的级别采用正态云模型表示，并需要确定正态云模型的相关参数。指标 i 对应的等级 h 这一定性概念的云模型 $\mathrm{Ex}_{i,h}$，计算公式为：

$$\mathrm{Ex}_{i,h}=\frac{a_{i,h}+b_{i,h}}{2} \tag{3-19}$$

根据对立模糊定义，对于指标分级边界值认为属于相邻两种级别的隶属度相等，则有

$$\exp\left[-\frac{(a_{i,h}-b_{i,h})^2}{8(\mathrm{En}_{i,h})^2}\right]\approx 0.5 \tag{3-20}$$

进而可计算求取正态云模型的 $\mathrm{En}_{i,h}$，计算公式为：

$$\mathrm{En}_{i,h}=\frac{|a_{i,h}-b_{i,h}|}{2.355} \tag{3-21}$$

超熵 $\mathrm{He}_{i,h}$ 表示对熵的不确定性度量，反映出云滴的凝聚程度，超熵值越大，云的厚度越大；根据 $\mathrm{En}_{i,h}$ 的大小，通过经验及试验确定其值，则有

$$\mathrm{He}_{i,h}=k \tag{3-22}$$

当超熵值趋于零时，云模型简化为单一正态分布，超熵较大时，云模型离散较大。一般情况下，$k=0.1\sim0.5$，但当 En 较大时，可以采用 $\mathrm{He}_{i,h}=0.1\mathrm{En}_{i,h}$，这样更能够体现评价指标对于级别定性概念的随机性和模糊性。

确定了每个指标对应的每个等级的云模型数字特征后，利用云发生器计算待评价样本 j 的指标 i 对各个级别的相对云隶属度矩阵

$$U_j=[\mu_c(x_{i,j})_h] \tag{3-23}$$

将指标相对云隶属度 $\mu_c(x_{i,j})_h$ 及指标权重 w_i 代入可变模糊模式识别模型，即可得到评价样本 j 对于不同级别的综合相对云隶属度 $u_{j,h}$。

$$u_{j,h}=\frac{1}{1+\left(\dfrac{d_{jg}}{d_{jb}}\right)^{\alpha}}=\frac{1}{1+\left(\dfrac{\sum\limits_{i=1}^{m}\{w_i[1-\mu_c(x_{i,j})_h]\}^p}{\sum\limits_{i=1}^{m}[w_i\mu_c(x_{i,j})_h]^p}\right)^{\alpha/p}} \tag{3-24}$$

式中　α——优化准则参数，取 1 或 2；

p——距离参数，取 1 或 2。

模糊概念在分级条件下最大隶属度原则的不适用性，应用陈守煜教授提出的相对级别（状态）特征值对样本进行评价，则待评样本的等级为

$$H_j=\sum_{h=1}^{c}h\cdot u_{j,h}\left(\sum_{j=1}^{m}u_{j,h}\right)^{-1} \tag{3-25}$$

应用3.1.2节中关于级别特征值判断准则，采用式(3-12)得出地下水系统健康评价结果。

3.3.4 研究区地下水系统健康评价

3.3.4.1 研究区评价指标属性值

通过资料调查与收集，确定研究区评价指标的属性值，见表3-15。

表3-15 研究区评价指标的属性值

指标	单位	属性值
降水量	mm	646
地下水资源模数	万 m^3/km^2	15.6
地下水水质优于Ⅲ类水质占比	%	47.8
污水集中处理率	%	96.3
地下水水位下降量	m	0.89
植被覆盖率	%	1.6
地下水开采系数	/	70.2
人均用水定额	L/(人·d)	110.5
灌溉水利用系数	/	0.65
万元GDP用水量	m^3/万元	57.3
地下水保护意识	%	86
地下水科研费用占比	%	43

3.3.4.2 评价指标相对隶属度

研究区地下水系统健康评价不同等级正态云模型参数，正态模型参数 $k=0.3$，其中对于降水量指标取 $k=0.1En$，计算评价指标云隶属度时，为进一步减少计算误差，需考虑云模型He(熵 E_n 的不确定性)，对每个指标需要重复计算3 000次后取平均值，最后得到所有评价指标隶属度矩阵。评价指标不同等级正态云模型参数见表3-16，评估指标对不同等级的相对隶属度见表3-17。以降水量指标为例，绘制不同级别云模型图，见图3-17。

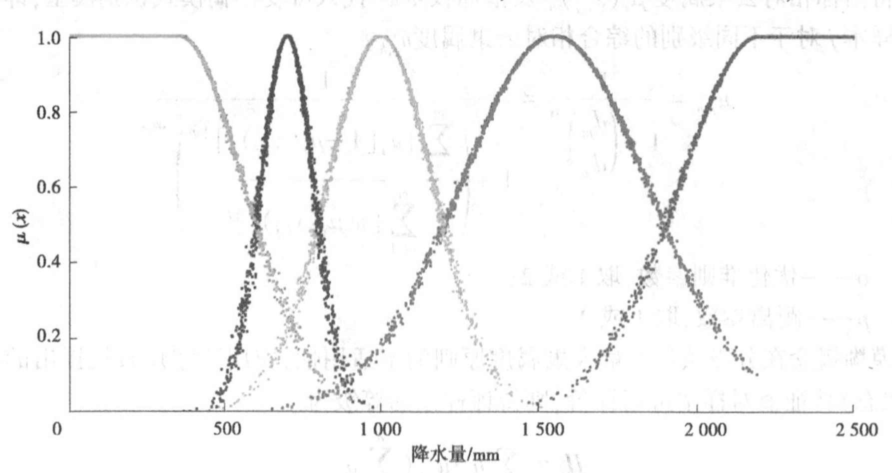

图3-17 降水量指标不同级别云模型

表 3-16　研究区地下水系统健康评价指标不同等级正态云模型参数

评价指标	1级	2级	3级	4级	5级
降水量	(2 200,254.78,25.5)	(1 500,297.24,29.7)	(1 000,169.85,17.0)	(700,84.93,8.5)	(350,212.31,21.2)
地下水资源模数	(37.5,6.37,0.3)	(25,4.25,0.3)	(15,4.25,0.3)	(7.5,2.12,0.3)	(2.5,2.12,0.3)
地下水水质Ⅲ类以上占比	(95,4.25,0.3)	(82.5,6.37,0.3)	(65,8.49,0.3)	(47.5,6.37,0.3)	(22,18.68,0.3)
污水集中处理率	(97.5,2.12,0.3)	(90,4.25,0.3)	(80,4.25,0.3)	(70,4.25,0.3)	(32.5,27.6,0.3)
地下水水位下降量	(0.05,0.04,0.3)	(0.3,0.17,0.3)	(0.75,0.21,0.3)	(1.25,0.21,0.3)	(1.65,0.13,0.3)
植被覆盖率	(70,8.49,0.3)	(52.5,6.37,0.3)	(37.5,6.37,0.3)	(25,4.25,0.3)	(10,8.49,0.3)
地下水开采系数	(10,8.49,0.3)	(25,4.25,0.3)	(37.5,6.37,0.3)	(52.5,6.37,0.3)	(70,8.49,0.3)
人均用水定额	(70,16.99,0.3)	(105,12.74,0.3)	(130,8.49,0.3)	(150,8.49,0.3)	(190,25.48,0.3)
灌溉水利用系数	(0.9,0.08,0.3)	(0.75,0.04,0.3)	(0.65,0.04,0.3)	(0.55,0.04,0.3)	(0.35,0.13,0.3)
万元 GDP 用水量	(15,12.74,0.3)	(40,8.49,0.3)	(65,12.74,0.3)	(100,16.99,0.3)	(140,16.99,0.3)
地下水保护意识	(97.5,2.12,0.3)	(90,4.25,0.3)	(80,4.25,0.3)	(70,4.25,0.3)	(57.5,6.37,0.3)
地下水科研经费占比	(95,4.25,0.3)	(82.5,6.37,0.3)	(65,8.49,0.3)	(47.5,6.37,0.3)	(22,18.68,0.3)

表 3-17　评价指标对于不同等级相对云隶属度

指标	1 级	2 级	3 级	4 级	5 级
降水量	0	0	0.114	0.817	0.378
地下水资源模数	0.003	0.086	0.990	0	0
地下水水质Ⅲ类以上占比	0	0	0.129	0.999	0.385
污水集中处理率	0.852	0.333	0	0	0
地下水水位下降量	0	0.002	0.805	0.238	0
植被覆盖率	0	0	0	0	1.000
地下水开采系数	0	0	0	0.021	1.000
人均用水定额	0.058	0.911	0.072	0	0.008
灌溉水利用系数	0	0	1.000	0	0
万元 GDP 用水量	0	0.126	0.833	0	0
地下水保护意识	0	0.642	0.369	0	0
地下水科研经费占比	0	0	0	0.779	0.532

3.3.4.3　评价指标权重计算

评价指标权重采用 AHP 层次分析法计算，依据专家有效调查问卷，构建研究区地下水系统准则层和指标层各项指标的判断矩阵，并进行统计分析和一致性检验。研究区地下水系统健康评价指标的权重值见表 3-18。

表 3-18　研究区地下水系统健康评价指标的权重值

准则层	层次权重	指标层	层内权重	最终权重
资源属性	0.211	降水量	0.53	0.112
		地下水资源模数	0.47	0.099
环境功能	0.237	地下水水质Ⅲ类以上占比	0.55	0.130
		污水集中处理率	0.45	0.107
生态功能	0.265	地下水水位下降量	0.71	0.188
		植被覆盖率	0.29	0.077
水效功能	0.154	地下水开采系数	0.28	0.043
		人均用水定额	0.24	0.037
		灌溉水利用系数	0.24	0.037
		万元 GDP 用水量	0.24	0.037
社会功能	0.133	地下水保护意识	0.50	0.067
		地下水科研经费占比	0.50	0.067

3.3.4.4 评价结果分析

将评价指标权重一并代入可变模糊云评价模型进行地下水系统健康评价，分 4 种模型参数进行计算，级别特征值平均值 H=3.432，按照级别评定准则，属于 3 级，研究区地下水系统健康评价属于亚健康。研究区地下水系统健康评价结果见表 3-19。

表 3-19 研究区地下水系统健康评价结果

<table>
<tr><th colspan="2">可变模糊参数</th><th rowspan="2">云隶属度</th><th colspan="5">级别</th><th rowspan="2">评价结果</th></tr>
<tr><th>α</th><th>p</th><th>1</th><th>2</th><th>3</th><th>4</th><th>5</th></tr>
<tr><td rowspan="2">1</td><td rowspan="2">1</td><td>归一化的$u_{j,h}$</td><td>0.080</td><td>0.108</td><td>0.322</td><td>0.275</td><td>0.214</td><td rowspan="2">3 级</td></tr>
<tr><td>H</td><td colspan="5">3.434</td></tr>
<tr><td rowspan="2">1</td><td rowspan="2">2</td><td>归一化的$u_{j,h}$</td><td>0.133</td><td>0.102</td><td>0.308</td><td>0.272</td><td>0.185</td><td rowspan="2">3 级</td></tr>
<tr><td>H</td><td colspan="5">3.276</td></tr>
<tr><td rowspan="2">2</td><td rowspan="2">1</td><td>归一化的$u_{j,h}$</td><td>0.018</td><td>0.035</td><td>0.460</td><td>0.315</td><td>0.172</td><td rowspan="2">4 级</td></tr>
<tr><td>H</td><td colspan="5">3.586</td></tr>
<tr><td rowspan="2">2</td><td rowspan="2">2</td><td>归一化的$u_{j,h}$</td><td>0.065</td><td>0.037</td><td>0.435</td><td>0.327</td><td>0.136</td><td rowspan="2">3 级</td></tr>
<tr><td>H</td><td colspan="5">3.432</td></tr>
<tr><td colspan="2">平均值</td><td>H</td><td colspan="5">3.432</td><td>3 级</td></tr>
</table>

第 4 章 地下水-地表水耦合模拟技术

地下水与地表水相互作用过程模拟是流域水循环过程演化规律识别的核心内容，本章将 SWAT 模型、MODFLOW 模型进行耦合，建立流域尺度下地下水-地表水耦合模拟模型，以肥城盆地为研究实例，评价耦合模型的适应性以及人类活动影响下研究区地下水环境演变规律。

4.1 耦合模型简介

4.1.1 SWAT 模型

SWAT(Soil and Water Assessment Tool)模型是由美国农业部农业研究所(USDA-ARS)研制开发的一个具有很强物理机制的、长时段的流域分布式水文模型，主要用于模拟预测不同土地利用及多种土地管理措施对复杂多变的大流域的水文、泥沙和化学物质的长期影响。模型能够利用 GIS 和 RS 提供的空间信息，模拟流域中多种不同的水文物理过程，是流域尺度上的动态模拟模型。在时间尺度上，模型的运行以日为时间单位，但可以进行长时间连续计算，模拟结果可以选择以年、月、日为时间单位输出。目前 SWAT 模型是国际上较为先进的流域模型体系，模型的功能和有效性已经通过多个研究项目应用得到了验证。SWAT 模型能够在全世界范围得到较为广泛的应用，一方面是由于 SWAT 能够考虑各种管理措施及气候变化对水资源的影响，具有广泛的模拟预测能力，包括气候、水文、水质、营养物、杀虫剂、侵蚀、土地利用、作物生长、洪水演算、泥沙演算等功能模块；另一个重要原因是它的源代码是公开的，用户可以直接下载最新的模型源代码和相关文档，并可以根据自己的实际需要对模型提出改进。SWAT 模型水文过程示意图如图 4-1 所示。

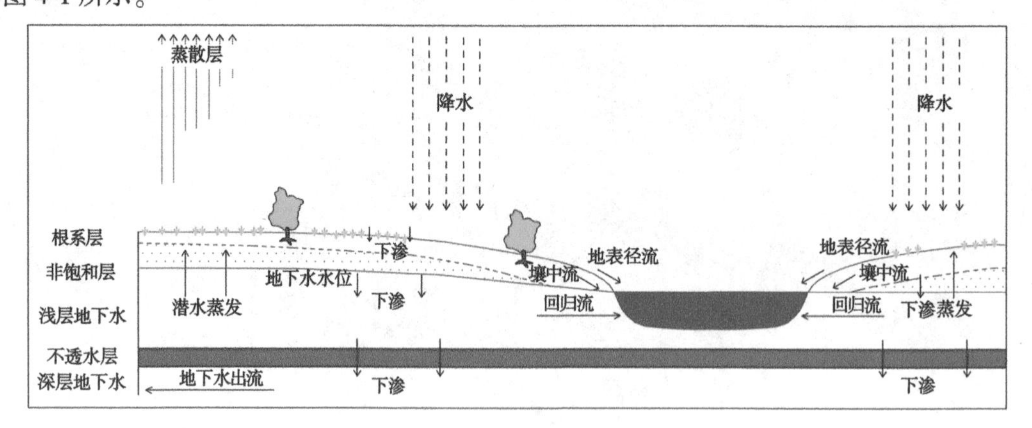

图 4-1 SWAT 模型水文过程示意图

4.1.2　MODFLOW 模型

MODFLOW 是由美国地质调查局开发的三维有限差分地下水模拟模型，自 20 世纪 80 年代问世以来，MODFLOW 已在全世界范围内的科研、生产、工业、司法、环境保护、城乡发展规划、水资源利用等许多行业和部门得到了广泛的应用，可进行地下水资源量评估、河流-地下水交互、地下水资源开采演化模拟等计算分析，功能强大，同样模型代码也是开源的，可供研究者进行改进使用。MODFLOW 模型水文过程示意图如图 4-2 所示。

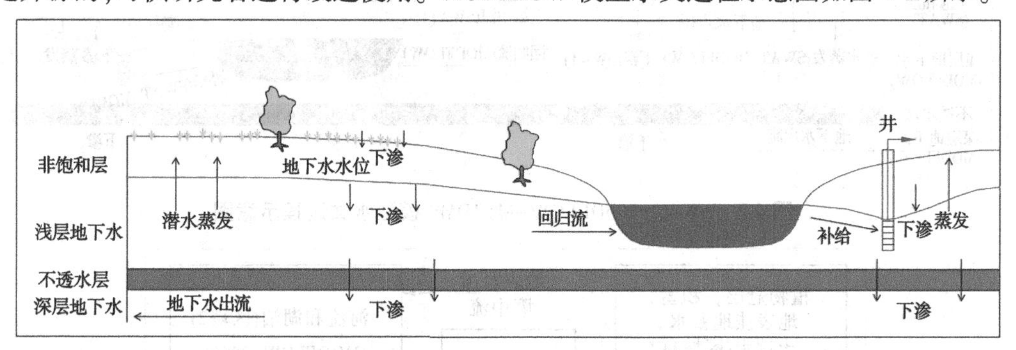

图 4-2　MODFLOW 模型水文过程示意图

4.1.3　MT3DMS 模型

MT3DMS 是三维溶质运移模型 MT3D 模块的升级版，是由郑春苗教授开发的，模型具有多种类型边界条件和外部源汇项，考虑对流、弥散和一般化学反应情况的地下水溶解物质浓度变化模拟，采用有限差分、欧拉-拉格朗日法及高阶有限容量 TVD 法进行数值计算。目前，该模型在污染物迁移和治理评估中得到了广泛应用。

4.2　耦合过程基础理论

单一模型着重点不同，SWAT 模型重点针对降水、下渗、植被蒸腾、地表水径流、壤中流等地表水文过程，而对于地下水精确模拟有所欠缺；MODFLOW 模型重点对地下水进行数值模拟，精度高；MT3DMS 重点模拟地下水污染物运移、转化。地表水和地下水之间存在复杂又密切的关系和相互作用，因此建立地表水和地下水耦合模型，是开展水循环系统过程量、质模拟的关键。

4.2.1　耦合过程建立

吸收各自模型过程模拟优势，构建耦合模型，其 SWAT-MODFLOW-MT3DMS 模型水文过程示意图如图 4-3 所示。降水、径流、蒸发、下渗（深层）等过程采用 SWAT 模型计算；含水层地下水模拟采用 MODFLOW 模型计算，地下水污染运移采用 MT3DMS 模型计算。不同模型之间建立量、质转换机制，如图 4-4 所示。

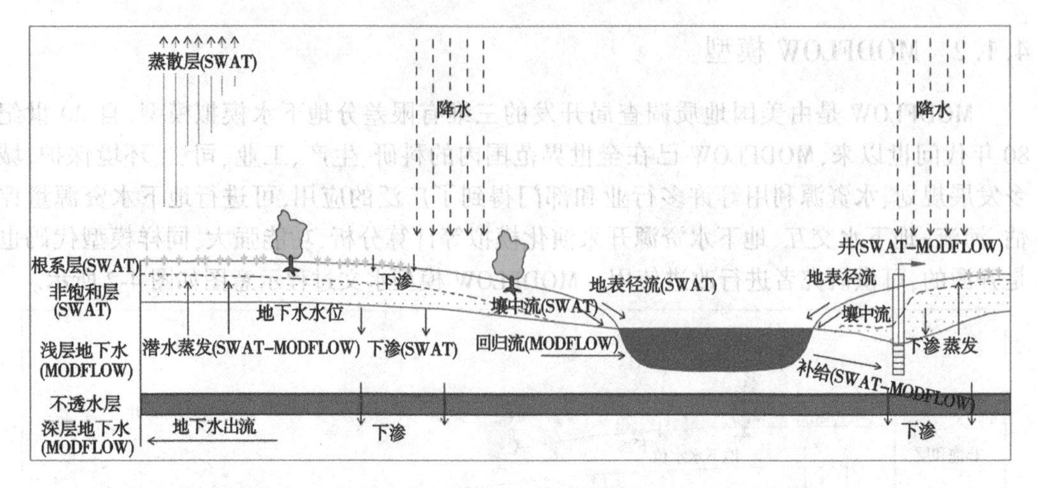

图 4-3　SWAT-MODFLOW-MT3DMS 模型水文过程示意图

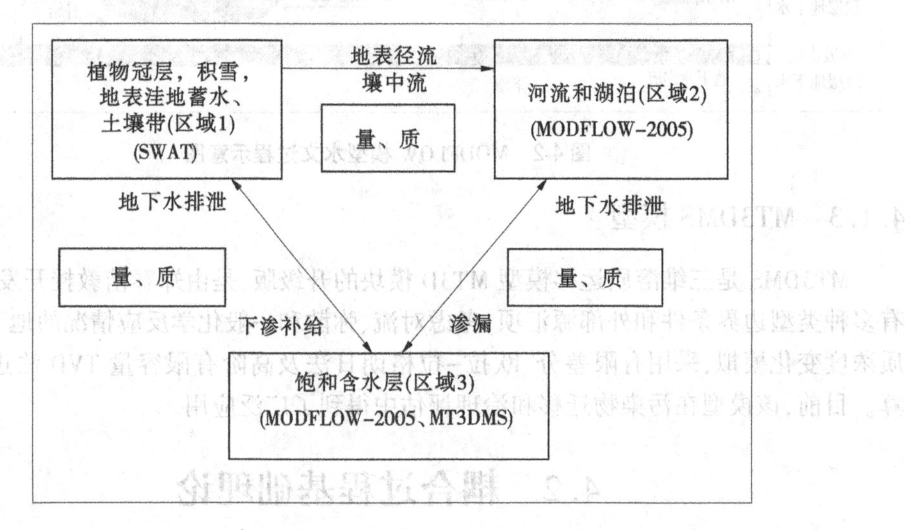

图 4-4　SWAT-MODFLOW-MT3DMS 量、质转化机制

4.2.1.1　耦合模型数据交互机制

SWAT 模型中是以水文响应单元(HRU)为最小计算单元，而 MODFLOW 和 MT3DMS 模型中则以网格(CELL)为最小计算单元，要进行模型过程耦合，则必须建立 HRU 与 CELL 转换关系，便于模型数据的交互传输。为方便模型数据的计算交互，HRU-CELL 转换机制：将 SWAT 模型 HRU 计算数据转化成转换网格表达形式，同时进行水量、水质元素数据展布到 CELL 上，实现 SWAT 模型数据到 MODFLOW 和 MT3DMS 模型数据输入，MODFLOW 模型数据也可通过 CELL 向 SWAT 模型 HRU 计算单元进行数据传输，从而实现模型计算数据的交互连接，完成地表水和地下水过程的耦合计算，并对不同模型进行编程。HRU-CELL 转化机制示意图如图 4-5 所示。

特别地对于河流与地下水之间数据交互依托河流网格与 CELL 的对应关系，同时将 SWAT 模型中河长、河宽、导水系数等河流基本属性数据导入 MODFLOW 模型中使用，如图 4-6 所示。

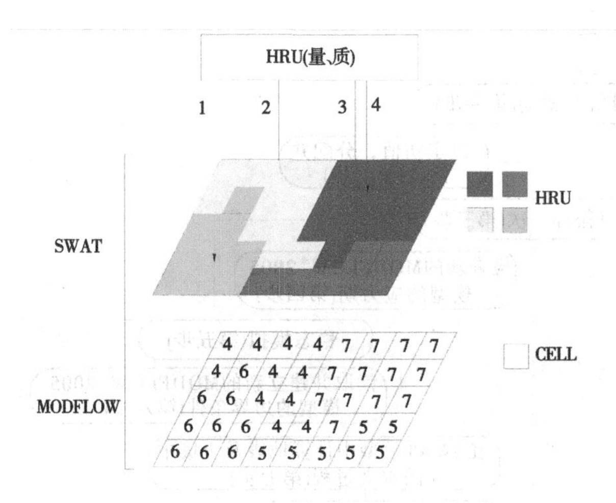

图4-5 HRU-CELL 转化机制示意图

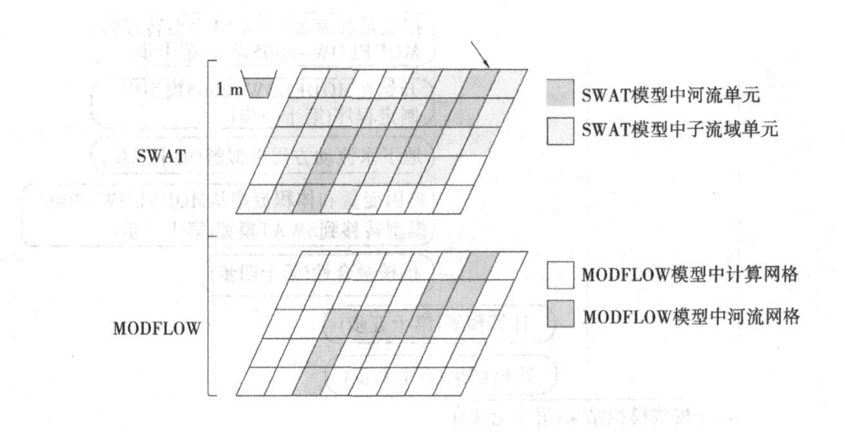

图4-6 河流与 CELL 的对应转化关系

4.2.1.2 耦合模型计算流程

耦合模型运算基本遵循 SWAT 模型和 MODFLOW 的运算规则,首先对变量设定初值并进行数据文件的读取,设定初值需要注意计算步长,在调用模型运算程序时采用日尺度计算步长,并完成模型预处理过程;其次,开始地表水文过程计算,包括产流、下渗、蒸发等,并把相应数据成果传输至地下水计算模块,作为运算初值进行地下水水位、水质等运移过程计算,并把相应运算结果反馈至 SWAT 模型;最后,根据模拟时段进行重复循环计算,直至完成所有时段模拟,进行数据成果输出与保存。耦合模型计算流程如图 4-7 所示。

4.2.2 耦合模型模块

4.2.2.1 SWAT 模型陆地水文过程

陆地水文循环过程包括地表径流、入渗、土壤水再分配、蒸散发等。下面就水文主要

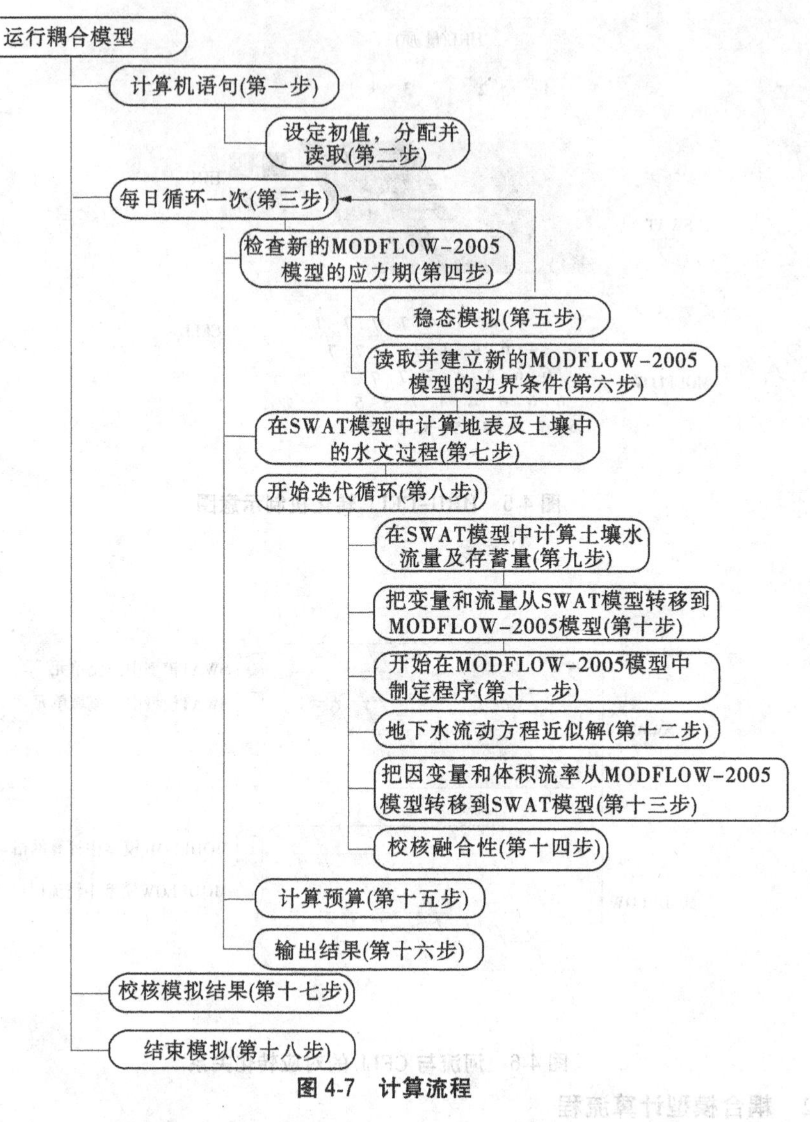

图 4-7　计算流程

计算方法简要介绍。为方便说明计算公式单位，无特别说明，该小节默认单位均为 mm。

1. 地面径流

SWAT 提供了两种方法来计算地面径流，一种是 SCS 曲线模型，另一种是 Green-Ampt 超渗产流模型。通常模型采用 SCS 曲线模型计算产汇流，SCS 曲线方程为：

$$Q_{surf}=\frac{(R_{day}-I_a)^2}{R_{day}-I_a+S} \tag{4-1}$$

式中　Q_{surf}——径流总量或净雨总量；

R_{day}——当日降雨深；

I_a——产流前包括表面蓄水、拦截和渗透的初损值；

S——保持参数。

土壤类型、土地利用、农业管理、坡度以及时间的变化，导致土壤含水量的变化，所以

S 在空间上也有所不同。保持参数 S 定义为:

$$S = 25.4 \times \left(\frac{1\,000}{\mathrm{CN}} - 10\right) \tag{4-2}$$

式中　CN——当日的曲线数。

通常初损值简化计算为 $I_a = 0.2S$,则代入式(4-2)可得

$$Q_{\mathrm{surf}} = \frac{(R_{\mathrm{day}} - 0.2S)^2}{R_{\mathrm{day}} + 0.8S} \tag{4-3}$$

只有当 $R_{\mathrm{day}} > I_a$ 时才产流;曲线数 CN 的变化如图 4-8 所示。

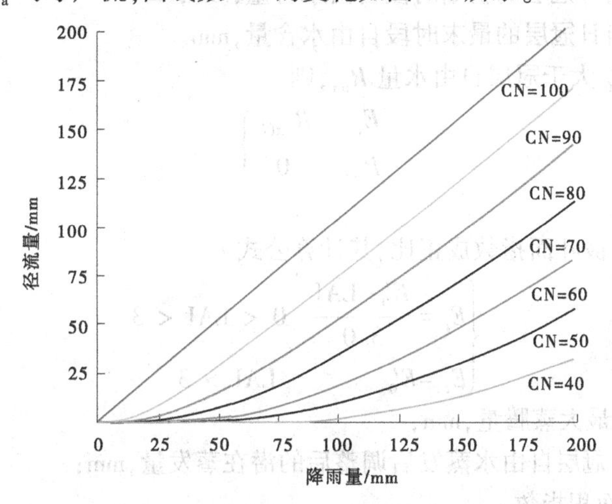

图 4-8　SCS 模型的降雨–径流关系曲线

由于流域空间具有差异性,SWAT 模型引入 SCS 模型 CN 值的土壤水分校正和坡度校正。为了反映流域土壤水分对 CN 值的影响,SCS 模型根据前期降水量的大小将前期水分条件划分为干旱、正常和潮湿三个等级,不同的前期土壤水分取不同的 CN 值,具体计算公式可参照 SWAT 模型理论文档。

利用 SCS 曲线或者 Green–Ampt 方法计算得到地表产流后,即可进行该时段汇入河道的产流量计算:

$$Q_{\mathrm{surf}} = (Q'_{\mathrm{surf}} + Q'_{\mathrm{stor},i-1}) \cdot \left[1 - \exp\left(\frac{-a_{\mathrm{surlag}}}{t_{\mathrm{conc}}}\right)\right] \tag{4-4}$$

式中　Q_{surf}——当前时段流入主河道的地表径流量;

Q'_{surf}——当前时段子流域地表产流量;

$Q'_{\mathrm{stor},i-1}$——上一时段子流域滞留地表径流量;

a_{surlag}——地表径流时滞系数;

t_{conc}——总汇流时间,包括河道汇流时间和坡面汇流时间,h。

2. 蒸散发

蒸散发包括冠层截留水蒸发、蒸腾和升华及土壤水的蒸发。模型中,实际蒸散发量为潜在蒸散发的函数,通常利用 Penman–Monteith 方法、Priestley–Taylor 方法和 Hargreaves 方法计算蒸散发能力,各部分计算方法如下:

(1)冠层截留蒸发。

模型中首先计算冠层截留蒸发。若潜蒸发量 E_0 小于冠层自由水量 R_{int}，则

$$E_a = E_{can} = E_0 \tag{4-5}$$

$$R_{int(f)} = R_{int(i)} - E_{can} \tag{4-6}$$

式中 E_a——当日实际蒸散发总量，mm；

E_{can}——当日冠层自由水的蒸发总量，mm；

E_0——当日潜蒸发总量，mm；

$R_{int(i)}$——当日冠层的初始时段自由水含量，mm；

$R_{int(f)}$——当日冠层的最末时段自由水含量，mm。

若潜蒸发量 E_0 大于冠层自由水量 R_{int}，则

$$\left.\begin{aligned} E_{can} &= R_{int(i)} \\ R_{int(f)} &= 0 \end{aligned}\right\} \tag{4-7}$$

(2)植物蒸腾。

植被蒸腾与植被叶面指数成正比，其计算公式为

$$\begin{cases} E_t = \dfrac{E'_0 \cdot \mathrm{LAI}}{3.0} & 0 < \mathrm{LAI} < 3 \\ E_t = E'_0 & \mathrm{LAI} > 3 \end{cases} \tag{4-8}$$

式中 E_t——某日最大蒸腾量，mm；

E'_0——植被冠层自由水蒸发后调整后的潜在蒸发量，mm；

LAI——叶面积指数。

(3)土壤蒸发。

计算土壤水分蒸发相对复杂，需要区分不同深度土壤层所需要的蒸发量，基于土壤深层次的划分决定土壤允许蒸发的最大蒸发量，计算公式如下：

$$E_{soil,z} = E''_s \cdot \frac{z}{z + \exp(2.374 - 0.00713 \cdot z)} \tag{4-9}$$

式中 $E_{soil,z}$——土壤深度 z 处的蒸发需水量，mm；

E''_s——最大可能土壤水蒸发量，mm；

z——地表以下土壤深度，mm。

当土壤层需要蒸发时，其蒸发水量由土壤上层蒸发需水量和土壤下层蒸发需水量决定。

$$E_{soil,ly} = E_{soil,zl} - E_{soil,zu} \tag{4-10}$$

式中 $E_{soil,ly}$——该层土壤的蒸发需水量，mm；

$E_{soil,zl}$——该层土壤底部的蒸发需水量，mm；

$E_{soil,zu}$——该层土壤顶部的蒸发需水量，mm。

由于 SWAT 中不允许不同土壤层之间的水分互相补偿，当土壤蒸发需水量大于土壤层含水量时，需要利用土壤蒸发系数调整蒸发量，以便满足蒸发需水量要求，计算公式如下：

$$E_{soil,ly} = E_{soil,zl} - E_{soil,zu} \cdot a_{esco} \tag{4-11}$$

式中　a_{esco}——蒸发补偿系数，随着 a_{esco} 减小，深层土壤蒸发量增大。

当土壤层的含水量小于田间持水量时，该土壤层的蒸发需水量有所减少，相应蒸发需水量计算方程为

$$E'_{soil,ly}=E_{soil,ly}\cdot\exp\left[\frac{2.5\times(SW_{ly}-FC_{ly})}{FC_{ly}-WP_{ly}}\right]\quad SW_{ly}\leqslant FC_{ly}$$

$$E'_{soil,ly}=E_{soil,ly}\quad SW_{ly}>FC_{ly}\tag{4-12}$$

式中　$E'_{soil,ly}$——调整后的 ly 层土壤蒸发需水量，mm；

$E_{soil,ly}$——ly 层土壤的蒸发需水量，mm；

FC_{ly}——ly 层土壤的田间持水量，mm；

WP_{ly}——ly 层土壤的凋萎持水量，mm。

模型中，某层土壤实际蒸发量与蒸发需水量和该层土壤中土壤含水量与凋萎含水量之差的 80%有关，取其两者中较小者，即

$$E''_{soil,ly}=\min[E'_{soil,ly},0.8\times(SW_{ly}-WP_{ly})]\tag{4-13}$$

式中　$E''_{soil,ly}$——该层土壤的实际蒸发量，mm；

$E'_{soil,ly}$——该层土壤的蒸发需水量，mm；

SW_{ly}——该层土壤的含水量，mm；

WP_{ly}——该层土壤的凋萎含水量，mm。

3. 下渗

下渗是土壤水垂向运动，土壤层的可下渗水量计算公式为

$$SW_{ly,excess}=SW_{ly}-FC_{ly}\quad SW_{ly}>FC_{ly}$$

$$SW_{ly,excess}=0\quad SW_{ly}\leqslant FC_{ly}\tag{4-14}$$

式中　$SW_{ly,excess}$——土壤层的可下渗水量，mm；

SW_{ly}——第 i 日土壤层含水量，mm；

FC_{ly}——土壤层的田间持水量，mm。

应用调蓄演算法进行计算由上层土壤流入下层土壤的水量，公式为：

$$w_{perc,ly}=SW_{ly,excess}\cdot\left[1-\exp\left(\frac{-\Delta t}{TT_{perc}}\right)\right]\tag{4-15}$$

式中　$w_{perc,ly}$——第 i 日 ly 土壤层流入下一土壤层的水量；

$SW_{ly,excess}$——土壤层的可下渗水量；

Δt——时间步长，h；

TT_{perc}——渗透时间。

渗透时间 TT_{perc} 的计算公式为

$$TT_{perc}=\frac{SAT_{ly}-FC_{ly}}{K_{sat}}\tag{4-16}$$

式中　SAT_{ly}——该层土壤的蓄水容量；

FC_{ly}——该层土壤的田间持水量；

K_{sat}——该层土壤的饱和水力传导率，mm/h。

入渗补给含水层的计算公式为

$$w_{\mathrm{rchrg},i} = [1 - \exp(-1/\delta_{\mathrm{gw}})] \cdot w_{\mathrm{seep}} + \exp(-1/\delta_{\mathrm{gw}}) \cdot w_{\mathrm{rchrg},i-1} \tag{4-17}$$

4. 土壤水运动

土壤水除垂向运动下渗补给地下水外，还将做水平运动，产生壤中流。模型采用动力蓄水法计算壤中流，公式如下：

$$Q_{\mathrm{lat}} = 0.024 \times \frac{2 \times \mathrm{SW}_{\mathrm{ly,excess}} \cdot K_{\mathrm{sat}} \cdot i_{\mathrm{slp}}}{\varphi_{\mathrm{d}} \cdot L_{\mathrm{hill}}} \tag{4-18}$$

式中 $\mathrm{SW}_{\mathrm{ly,excess}}$——土壤层的可流出水量；

K_{sat}——该层土壤的饱和水力传导率，mm/h；

L_{hill}——山坡坡长，m；

i_{slp}——坡度；

φ_{d}——土壤层总孔隙度。

而水平壤中流运动方程为：

$$Q_{\mathrm{lat}} = (Q'_{\mathrm{lat}} + Q'_{\mathrm{latstor},i-1}) \cdot \left[1 - \exp\left(\frac{-1}{\mathrm{TT}_{\mathrm{lag}}}\right)\right] \tag{4-19}$$

式中 Q_{lat}——当前时段流入主河道的壤中流流量；

Q'_{lat}——当前时段子流域壤中流产流量；

$Q'_{\mathrm{latstor},i-1}$——上一时段子流域滞留壤中流量；

$\mathrm{TT}_{\mathrm{lag}}$——壤中流运行时间，d。

4.2.2.2 SWAT 模型水质模块

SWAT 模型中水质模块主要包括土壤侵蚀以及氮元素与磷元素等营养元素污染负荷模块，SWAT 模型可以模拟不同形态的氮、磷在河流水体、浅层地下水等迁移转化过程。

1. 土壤侵蚀计算

SWAT 模型中采用 MUSLE 方程来计算在降水和径流流动过程中对土壤的侵蚀量，MUSLE 方程是对 USLE(通用土壤流失方程)的改进，利用径流因子来估算和预测土壤侵蚀量。

MUSLE 方程的表达式如下：

$$m_{\mathrm{sed}} = 11.8 \times (Q_{\mathrm{surf}} \cdot q_{\mathrm{peak}} \cdot A_{\mathrm{hru}})^{0.56} \cdot K_{\mathrm{USLE}} \cdot C_{\mathrm{USLE}} \cdot P_{\mathrm{USLE}} \cdot \mathrm{LS}_{\mathrm{USLE}} \cdot \mathrm{CFRG} \tag{4-20}$$

式中 m_{sed}——土壤侵蚀量，t；

Q_{surf}——地表径流，mm/h；

q_{peak}——洪峰径流，m^3/s；

A_{hru}——水文响应单元(HRU)的面积，hm^2；

K_{USLE}——土壤侵蚀因子；

C_{USLE}——植被覆盖和管理因子；

P_{USLE}——保持措施因子；

$\mathrm{LS}_{\mathrm{USLE}}$——地形因子；

CFRG——粗碎屑因子。

2. 氮元素模拟

氮元素是动植物生长的必要元素，是一种很活跃的元素。氮元素的赋存形态主要分

为两大类:溶解态的氮和吸附态的氮。两类形式的氮在一定条件下会发生转化,在有氧的水环境中,有机氮较容易转化为氨氮,藻类植物中的氮可以转化为有机氮。SWAT 模型模拟氮元素循环示意图见图 4-9。

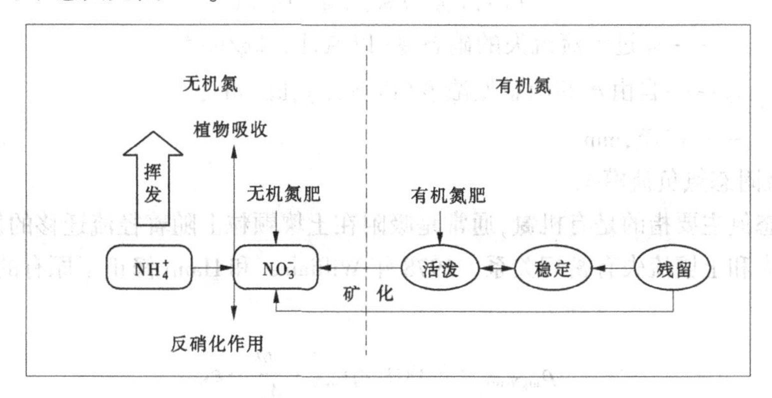

图 4-9　SWAT 模型模拟氮元素循环示意图

(1)溶解态氮负荷模拟。

溶解态氮(硝态氮),通过径流进行迁移。水中硝态氮的浓度与各水路水量的乘积即为从土壤中随径流流失的溶解态氮的总量。

水中硝态氮的浓度计算公式如下:

$$\rho_{NO_3,mobile} = \frac{\rho_{NO_3ly} \cdot \exp\left[\dfrac{-w_{mobile}}{(1-\theta_e)\cdot SAT_{ly}}\right]}{w_{mobile}} \tag{4-21}$$

式中　$\rho_{NO_3,mobile}$——自由水中硝态氮浓度(以氮计),kg/mm;

ρ_{NO_3ly}——土壤中硝态氮的量(以氮计),kg/hm²;

w_{mobile}——土壤中自由水的量,mm;

θ_e——孔隙率;

SAT_{ly}——土壤饱和含水量。

①随地表径流流失的溶解态氮计算公式:

$$\rho_{NO_3surf} = \beta_{NO_3} \cdot \rho_{NO_3,mobile} \cdot Q_{surf} \tag{4-22}$$

式中　ρ_{NO_3surf}——通过地表径流流失的硝态氮(以氮计),kg/hm²;

β_{NO_3}——硝态氮渗流系数;

$\rho_{NO_3,mobile}$——自由水的硝态氮浓度(以氮计),kg/mm;

Q_{surf}——地表径流,mm。

②随侧向流流失的溶解态氮计算公式:

$$\rho_{NO_3lat,ly} = \beta_{NO_3} \cdot \rho_{NO_3,mobile} \cdot Q_{lat,ly} \tag{4-23}$$

式中　$\rho_{NO_3lat,ly}$——通过侧向流流失的硝态氮(以 N 计),kg/hm²;

β_{NO_3}——硝态氮渗流系数,当计算 10 mm 以下土层时,$\beta_{NO_3}=1$;

$\rho_{NO_3,mobile}$——自由水的硝态氮浓度(以 N 计),kg/mm;

$Q_{lat,ly}$——侧向流，mm。

③随渗流流失的溶解态氮计算公式：

$$\rho_{NO_3perc,ly}=\rho_{NO_3,mobile}\cdot w_{perc,ly} \tag{4-24}$$

式中 $\rho_{NO_3perc,ly}$——通过渗流流失的硝态氮（以氮计），kg/hm^2；

$\rho_{NO_3,mobile}$——自由水的硝态氮浓度（以氮计），kg/mm；

$w_{perc,ly}$——渗流，mm。

（2）吸附态氮负荷模拟。

吸附态氮主要指的是有机氮，通常是吸附在土壤颗粒上随着径流迁移的氮，因此吸附态氮的流失和土壤流失有密切关系。1978 年 Williamst 和 Hann 修正了原有的有机氮输移负荷方程：

$$\rho_{orgNsurf}=0.001\times\rho_{orgN}\cdot\frac{m}{A_{hru}}\cdot\varepsilon_N \tag{4-25}$$

式中 $\rho_{orgNsurf}$——有机氮流失量（以氮计），kg/hm^2；

ρ_{orgN}——有机氮在表层（10 mm）土壤中的浓度（以氮计），kg/t；

m——土壤流失量，t；

A_{hru}——水文响应单元的面积，hm^2；

ε_N——氮富集系数，是随土壤流失的有机氮浓度和土壤表层有机氮浓度的比值，其计算的公式（Menzel，1980）如下：

$$\varepsilon_N=0.78\times(\rho_{surq})^{-0.2468} \tag{4-26}$$

式中 ρ_{surq}——地表径流中含沙量，其计算公式如下：

$$\rho_{surq}=\frac{m}{10\times A_{hru}\cdot Q_{surf}} \tag{4-27}$$

式中 A_{hru}——水文响应单元的面积，hm^2；

Q_{surf}——地表径流，mm。

3. *磷元素模拟*

磷元素广泛存在于动植物体内，是重要的生命组成物质。磷元素的赋存形态主要分为溶解态的磷和吸附态的磷。水体中藻类的增多，会导致水体中有机磷元素的增多，有机磷矿化后会转化为无机磷。SWAT 模型模拟磷元素的循环过程示意图见图 4-10。

（1）溶解态磷负荷模拟。

溶解态磷在土壤中主要通过扩散作用进行迁移，由于其不是很活泼，所以随径流输移的量较少，由式（4-28）计算：

$$P_{surf}=\frac{P_{solution,surf}\cdot Q_{surf}}{\rho_b\cdot h_{surf}\cdot k_{d,surf}} \tag{4-28}$$

式中 P_{surf}——通过地表径流流失的溶解态磷（以磷计），kg/hm^2；

$P_{solution,surf}$——土壤中（表层 10 mm）溶解态磷（以磷计），kg/hm^2；

ρ_b——土壤融质密度，mg/m^3；

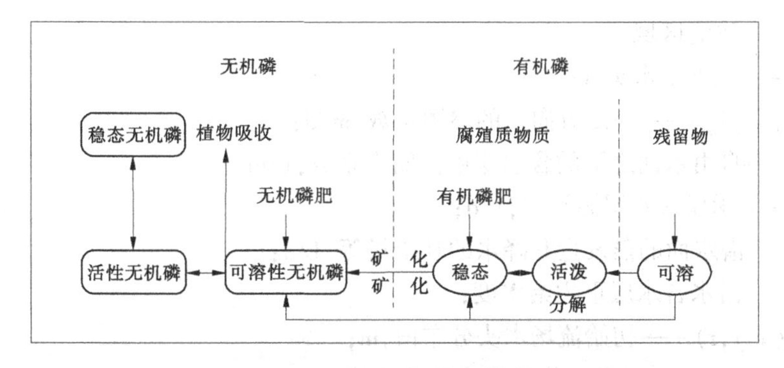

图 4-10　SWAT 模型模拟磷元素的循环过程示意图

h_{surf}——表层土壤深度，mm；

$k_{d,surf}$——土壤分配系数，表层土壤（10 mm）中溶解态磷的浓度和地表径流中溶解态磷浓度的比值。

（2）吸附态磷负荷模拟。

吸附态磷主要指有机磷和矿物质磷，通常是吸附在土壤颗粒上进行迁移的，因此吸附态磷的流失量和土壤流失量有关。1978 年 Williams 和 Hann 修正了原有的有机磷和矿物质磷的输移负荷方程：

$$m_{\rho_{surf}} = 0.001 \times \rho_p \cdot \frac{m}{A_{hru}} \cdot \varepsilon_p \tag{4-29}$$

式中　$m_{\rho_{surf}}$——有机磷流失量（以磷计），kg/hm^2；

ρ_p——有机磷在表层（10 mm）土壤中的浓度（以磷计），kg/t；

m——土壤流失量，t；

A_{hru}——水文响应单元的面积，hm^2；

ε_p——磷富集系数。

4.2.2.3　MODFLOW 模型水流模块

地下水数学模型是用来描述地下水水头、水温及水质等现象及其变化过程的数学表达公式，它是用数学方法表述经过简化和概化的地下水系统。其数学公式及定解条件如下：

$$\begin{cases} \frac{\partial}{\partial x}\left(K_x \frac{\partial H}{\partial x}\right) + \frac{\partial}{\partial y}\left(K_y \frac{\partial H}{\partial y}\right) + \frac{\partial}{\partial z}\left(K_z \frac{\partial H}{\partial z}\right) + W = S\frac{\partial H}{\partial t} & (x,y,z) \in D \\ K_x\left(\frac{\partial H}{\partial x}\right)^2 + K_y\left(\frac{\partial H}{\partial y}\right)^2 + K_z\left(\frac{\partial H}{\partial z}\right)^2 - \frac{\partial H}{\partial z}(K_z + p) + p = \mu\frac{\partial H}{\partial t} & (x,y,z) \in \Gamma_0 \\ H(x,y,z)\big|_{t=0} = H_0(x,y,z) & (x,y,z) \in D \\ H(x,y,z,t)\big|_{\Gamma_1} = H_1(x,y,z,t) & (x,y,z) \in \Gamma_1, t > 0 \\ K_n\frac{\partial H}{\partial n}\big|_{\Gamma_2} = q(x,y,z,t) & (x,y,z) \in \Gamma_2, t > 0 \end{cases} \tag{4-30}$$

式中 D——渗流区域；

H——地下水水头，m；

K_x,K_y,K_z——x,y,z 方向上的渗透系数，m/d；

S——自由水面之下的含水层单位储水系数，1/m；

W——承压含水层源汇项，1/d；

p——潜水面的蒸发量和降水的补给量等，1/d；

μ——潜水含水层重力给水度；

$H_0(x,y,z)$——初始流场水头分布值，m；

$H_1(x,y,z,t)$——第一类边界水头分布值，m；

$q(x,y,z,t)$——第二类边界单位面积流量，$m^3/(m^2 \cdot d)$；

K_n——边界面外线方向的渗透系数，m/d；

Γ_1——第一类边界；

Γ_2——第二类边界。

4.2.2.4 MT3DMS 水质运移模块

地下水水质运移过程模拟是在地下流场模拟的基础上进行的。

4.2.3 耦合模型数据库

4.2.3.1 气象数据库

气象数据包括最高、最低气温，降水，太阳辐射，风速及湿度等逐日长序列资料。为解决部分气象资料缺失，SWAT 利用天气发生器进行模拟，天气发生器要求输入各气象站至少 20 年以上的逐月统计资料。统计属性见表 4-1。

4.2.3.2 土地利用数据库

本研究采用中国科学院资源环境科学数据中心提供的 20 世纪 80 年代 1∶10 万的土地利用数据，首先需要将其转换为与 DEM 数据相同的投影类型和数据精度，在充分了解流域概况的情况下，对土地利用重分类，将栅格文件中的代码转化为 SWAT 模型能识别的程序代码，完成土地利用数据库的构建。土地利用重分类代码转换见表 4-2。

4.2.3.3 土壤数据库

SWAT 模型需要输入的土壤数据可以分为空间分布数据、土壤物理属性数据和化学属性数据。土壤空间分布数据表示研究区内土壤的空间分布情况，物理属性控制着土壤内部水和空气的运动，在模型中起着至关重要的作用，土壤化学属性主要用来设置土壤中包含的化学物质初始含量，在模型输入中作为可选参数。

土壤空间分布数据的获取及处理，采用山东省 1∶50 万的土壤分布图，使用 ArcGIS 转换为与 DEM 数据相同的投影类型和栅格大小。依据土壤分类，查阅《中国土种志》及《山东土壤》《山东土种志》等地方土种志，构建土壤属性数据库。SWAT 模型中土壤物理属性见表 4-3。土壤物理属性数据主要有土壤名称、土壤层数、土层厚度、大致根系埋藏深度、有机质含量和国际制标准的土壤粒径级配百分比（黏土、粉土、砂土和砾石的百分含量）。其他模型所需数据需要运用不同方法进行计算或转换。

表 4-1　气象数据库属性

序号	属性变量	变量意义
1	WLATITUDE	用来产生统计参数的气象站纬度
2	WELEV	气象站高程
3	RAIN_YRS	最大月半小时降雨的年数
4	TMPMX	月最大平均温度
5	TMPMN	月最小平均温度
6	TMPSTDMX	月最大平均温度的标准偏差
7	TMPSTDMN	月最小平均温度的标准偏差
8	PCPMM	月平均降雨天数
9	PCPSTD	每月中日降雨的标准偏差
10	PCPSKW	每月中日降雨的偏度系数
11	PR_W1	每月中干燥天后湿润天的概率
12	PR_W2	每月中湿润天后湿润天的概率
13	PCPD	每月中降雨的平均天数
14	RAINHHMX	月均最大半小时降雨
15	SOLARAV	月均日太阳辐射
16	DEWPT	月均露点温度
17	WNDAV	月均风速
18	STATION	气象站名称
19	Xpr	气象站 X 坐标
20	Ypr	气象站 Y 坐标
21	WLONGITUDE	气象站经度

表 4-2　SWAT 土地利用重分类代码转换

编码	土地利用	SWAT 代码	土地利用含义
21	有林地	FRST	指郁闭度>30%的天然木和人工林。包括用材林、经济林、防护林等成片林地
22	灌木林地	RNGB	指郁闭度>40%、高度在 2 m 以下的矮林地和灌丛林地
23	疏林地	PINE	指疏林地(郁闭度为 10%~30%)
24	其他林地	RNGB	未成林造林地、迹地、苗圃及各类园地(果园、桑园、茶园、热作林园地等)
31	高覆盖草地	PAST	指覆盖度>50%的天然草地、改良草地和割草地,此类草地一般水分条件较好,草被生长茂密
32	中覆盖草地	RNGE	指覆盖度在 20%~50%的天然草地和改良草地,此类草地一般水分不足,草被较稀疏

续表 4-2

编码	土地利用	SWAT 代码	土地利用含义
33	低覆盖草地	FESC	指覆盖度在 5%～20% 的天然草地，此类草地水分缺乏，草被稀疏，牧业利用条件差
41	河渠	WATR	指天然形成或人工开挖的河流及主干渠常年水位以下的土地，人工渠包括堤岸
42	湖泊	WATR	指天然形成的积水区常年水位以下的土地
43	水库、塘坝	WATR	指人工修建的蓄水区常年水位以下的土地
45	滩涂	WATR	指沿海大潮高潮位与低潮位之间的潮侵地带
46	滩地	WETL	指河、湖水域平水期水位与洪水期水位之间的土地
51	城镇用地	URHD	指大、中、小城市及县镇以上建成区用地
52	农村用地	URLD	指农村居民点
53	其他建筑用地	UTRN	指独立于城镇以外的厂矿、大型工业区、油田、盐场、采石场等用地，交通道路、机场及特殊用地
61	沙地	WETN	指地表为沙覆盖，植被覆盖度在 5%以下的土地，包括沙漠，不包括水系中的沙滩
63	盐碱地	WETN	指地表盐碱聚集，植被稀少，只能生长耐盐碱植物的土地
64	沼泽地	WETN	指地势平坦低洼，排水不畅，长期潮湿，季节性积水或常年积水，表层生长湿生植物的土地
65	裸土地	LUOD	指地表土质覆盖，植被覆盖度在 5%以下的土地
66	裸岩石	LUOD	指地表为岩石或石砾，其覆盖面积在 5%以下的土地
67	其他未利用土地	LUOD	指其他未利用土地，包括高寒荒漠，苔原等
111	山地水田	RICE	指有水源保证和灌溉设施，在一般年景能正常灌溉，用以种植水稻、莲藕等水生农作物的耕地，包括实行水稻和旱地作物轮种的耕地
113	平原水田	RICE	
112	山地旱田	PMIL	指无灌溉水源及设施，靠天然降水生长作物的耕地；有水源和浇灌设施，在一般年景下能正常灌溉的旱作物耕地；以种菜为主的耕地，正常轮作的休闲地和轮歇地
121	山区旱田	PMIL	
122	丘陵旱田	COTS	
123	平原旱田	WWHT	
124	山坡旱田	WWHT	

表 4-3　SWAT 模型土壤物理属性

变量名称	模型定义
TITLE/TEXT	位于.sol 文件的第一行,用于说明文件
SNAM	土壤名称(在 HRU 总表中打印)
HYDGRP	土壤水文学分组(A、B、C 或 D)
SOL_ZMX	土壤剖面最大根系深度
ANION_EXCL	阴离子交换孔隙率,模型默认值为 0.5
SOL_CRK	土壤最大可压缩量,以所占总土壤体积的分数表示,可选
TEXTURE	土壤层的结构
SOL_Z(layer#)	土壤表层到土壤深层的深度
SOL_BD	土壤湿密度(mg/cm^3 或 g/cm^3)
SOL_AWC	有效田间持水量(mm/mm)
SOL_K	饱和导水率(mm/h)
SOL_CBN	有机碳含量
CLAY	黏土(%),直径<0.002 mm 的土壤颗粒组成
SILT	壤土(%),直径在 0.002~0.05 mm 的土壤颗粒组成
SAND	砂土(%),直径在 0.05~2.0 mm 的土壤颗粒组成
ROCK	砾石(%),直径>2.0 mm 的土壤颗粒组成
SOL_ALB	地表反射率(湿)
USLE_K	USLE 方程中土壤侵蚀力因子
SOL_EC	电导率(dS/m)

SWAT 模型依据土壤数据属性进行土壤水文分组,根据美国国家自然资源保护局(NRCS)分组标准,将土壤分为 A、B、C、D 四类。1996 年,NRCS 土壤调查小组将在相同的降水和地表条件下,具有相似的产流能力的土壤归为一个水文学类。影响土壤产流能力的属性是指那些影响土壤在完全湿润并且不冻的条件下的最小下渗率、饱和水力传导率和下渗深度等。模型土壤的水文学分组定义如表 4-4 所示。

表 4-4　模型土壤水文学分组

土壤分类	土壤水文性质	最小下渗率/(mm/h)
A	在完全湿润的条件下具有较高渗透率的土壤。这类土壤主要由砂砾石组成,有很好的排水、导水能力(产流能力低)。如:厚层砂、厚层黄土、团粒化粉沙土	7.26~11.43
B	在完全湿润的条件下具有中等渗透率的土壤。这类土壤排水、导水能力和结构都属于中等。如:薄层黄土、沙壤土	3.81~7.26
C	在完全湿润的条件下具有较低的渗透率的土壤。这类土壤大多有一个阻碍水流向下运动的层,下渗率和导水能力较低。如:黏壤土、薄层沙壤土、有机质含量低的土壤、黏质含量高的土壤	1.27~3.81
D	在完全湿润的条件下具有很低渗透率的土壤。这类土壤主要由黏土组成,有很高的涨水能力,大多有一个永久的水位线,黏土层接近地表,其深层土几乎不影响产流,具有很低的导水能力。如:吸水后显著膨胀的土壤、塑性的黏土、某些盐渍土	0~1.27

4.2.3.4 地形空间数据库

地面高程是提取河流水系、流域边界的重要数据,同时与土地利用数据、土壤数据一起进行 SWAT 模型中 HRU 水文响应单元划分。

4.2.3.5 农业管理数据库

SWAT 模型中,使用者可以定义每个水文响应单元中农业管理措施,可以定义每种作物的生长季节(播种、种植、收割),定义化肥使用的时间和数量,农药使用,灌溉用水方式、灌溉水量,以及不同的耕作方式。

4.2.3.6 水文水质监测数据

实际监测数据可作为模型参数校正的依据,涉及的水文数据主要包括河道径流、水位、水质,地下水水位、水质等。数据属性包括监控点位置(坐标)、时间、数值等。

4.2.3.7 水资源开发利用数据

水资源开发利用数据主要包括水利工程建设及农业灌溉、工业、生活等用水情况,同时建立点源排水数据。按水源类型划分为地表水、地下水、客水等,其中地下水资源主要以开采井的形式开发利用,相应数据按照模型数据格式进行整理。将区域内农业开采和工业开采以不同强度在不同开采地段内的均匀开采处理,在模型中主要概化以井为单元,按照人工开采强度进行分区,计算各开采区的总抽水量、模拟单元的个数,得到开采量的平均值,作为模型中每个单元的实际开采量。农业灌溉回归水量以灌溉回归系数进行计算,并在模型中将其与降水入渗补给概化为综合平面补给强度。

4.2.3.8 井数据库

井数据库在地下水模拟中尤为重要,主要包括监测井和开采井。井属性数据包含名称、地理坐标、时间、开采水量、滤管节数、滤管位置(上、下端高程)等。

4.2.3.9 地质钻孔数据库

地质钻孔数据是建立水文地质概念模型的基础,根据凿井形成地质剖面进行统计,内容包含地质岩性、层深、岩层高程等,利用地质钻孔数据计算不同岩层空间差值,建立水文地质概念模型。

4.2.4 耦合模型预处理

耦合模型过程是一个复杂的巨系统,模型运算之前需进行大量预处理工作,其中输入条件的处理尤为重要,主要包括空间数据处理、水文气象数据处理、水文地质条件概化等。

4.2.4.1 流域水系提取

1. DEM 预处理

DEM 的预处理通常称为“填洼(fill depressions)”,由于 DEM 中通常存在着一些凹陷点,凹陷点指四周高、中间低的一个或一组栅格点,为了创建一个具有“水文意义”的 DEM,所有的凹陷点必须处理,一般采用填充方法,这个过程称为“填洼”。凹陷点通常是在手工数字化生成 DEM 的过程中产生的,当然也可能在实际地形中就存在凹陷点,如地下河流的入口点,填洼处理对每一个格网点进行搜索,找出凹陷点并使其高程值等于周围点的最小高程值。同时也生成一个由凹陷点位置和凹陷点填充深度的掩模(mask)DEM,以便标示原有凹陷点。

2. 计算 DEM 中每个格网流向以及每个格网的水流聚集点数

经过预处理的 DEM 就可以用来计算格网内部的水流流向以及水流的聚集点。这种算法称为 D8 算法。D8 算法可以这样描述，中间的栅格单元水流流向（flow direction）定义为邻近 8 个格网点中坡度最陡的单元。流动的 8 个方向用不同的代码编码。循环处理每个格网点，直到每个格网流向都得到确定，从而生成格网流向数据模型。在每个格网点流向确定的基础上，计算汇聚到每个格网点上的上游格网数，就可以生成水流聚集点数据模型。

3. 流域河网的生成

当栅格流向格网数据模型和水流聚集点格网数据模型建立之后，就可以用来生成流域河网。首先要给定集水区面积的最小阈值，将上游集水区面积大于阈值面积的格网点定义为水道的起始点；流域内集水区面积超过该阈值的格网点即定义为水道。生成的流域河网要尽可能地与实际河网相符，不然，就会影响下一步地形、河道参数提取的精度。由于 DEM 提取的河网与实际河网多少会存在差异，在河道下游的平原区这种现象特别明显。为了解决这个问题，SWAT 引入了 burn-in 算法。该算法的思想可以用栅格叠加的方法解释，将实测河网转化成栅格形式，栅格的大小和建立的 DEM 的栅格大小相等，经过投影转换纳入统一的坐标系中，通过叠加运算，将实际河网叠加到 DEM 上，保持 DEM 中河道所在格网的高程值不变，而其他非河道所在格网高程值整体增加一个微小值。这样就相当于把实际河道嵌入原 DEM 中，再用 D8 算法就可以准确地生成流域河网。

4.2.4.2　水文响应单元划分(HRU)

对于结构复杂的流域，划分出的每一个子流域内部也完全可能存在着多种土地利用方式和多种土壤类型。因此，在每一个子流域内部存在着多种植被-土壤组合方式，不同的组合具有不同的水文响应，为了反映这种差异，通常需要在每个子流域内部进行更详细的划分。考虑到上述因素，SWAT 模型提出了“水文响应单元”的概念，即根据各子流域内不同的土地利用、土壤及坡度类型，划分水文响应单元，使其反映出不同土地利用、土壤类型及坡度组合的水文差异。

4.2.4.3　水文地质概念模型建立

水文地质概念模型是把含水层实际的边界性质、内部结构、渗透性能、水力特征和补给排泄条件概化为便于进行数学与物理模拟的基本模式。开展地下水模拟的首要任务是建立科学合理的水文地质概念模型，主要包括研究区范围确定、含水层结构概化、研究区边界条件概化等。

1. 研究区范围确定

模型研究区应尽可能地选择研究程度较高的地区，选择天然地下水系统，尽量避免人为边界，尽可能以自然边界为计算边界，最好是以完整的水文地质单元作为计算区。

2. 含水层结构概化

对研究区含水层组、含水介质、地下水运动状态以及水文地质参数的时空分布进行概化。根据含水层组类型、结构、岩性等，确定层组的均质或者非均质、各向同性或各向异性，确定层组水流为稳定流或者非稳定流、潜水或承压水。当存在越流又在弱层释水的地区，要建立考虑弱透水层水运动的弱透水层模型。一个区域含水层可以概化为一个单层模型，或者概化为多个含水层-弱透水层组构成的多层模型。

3. 研究区边界条件概化

根据含水层、隔水层的分布、地质构造和边界上地下水流特征、地下水与地表水的水力联系，将计算区边界概化为给定地下水水位（水头）的一类边界、给定侧向径流量的二类边界和给定地下水侧向流量与水位关系的三类边界。

4.2.5 耦合模型参数率定

耦合模型参数率定是保证模型模拟结果可靠性、准确性的重要基础。通常模型参数率定方法有两种：一是采用全局优化方法进行优化率定；二是通过人工经验合理调整参数进行率定。大尺度分布式模型参数众多，包括物理参数和经验参数等，考虑到模型计算过程耗时巨大，尤其是在地下水数值模拟计算时，占用计算机内存非常可观，随着网格的不断加密，模型运算速度成级数下降。因此，在耦合模型参数确定中，采用人工参数率定法，并考虑不同模型独立性，分别进行参数率定，SWAT 模型参数采用 SWAT-CUP 优化软件进行自动优化确定，或者采用人工校正法；MODFLOW 和 MT3DMS 模型参数采用人工调参法。耦合模型主要参数如表 4-5 所示。

表 4-5 耦合模型主要参数

模型	序号	参数名称	参数含义
SWAT 模型	1	Alpha_Bf	基流退水系数
	2	Biomix	生物混合有效系数
	3	Blai	最大叶面指数
	4	Canmx	最大灌层截流量
	5	Ch_Cov	河道覆盖系数
	6	Ch_Erod	河道侵蚀系数
	7	Ch_K2	河道有效水力传导系数
	8	Ch_N2	河道曼宁系数
	9	Cn2	SCS 曲线值
	10	Epco	植被吸收补偿系数
	11	Esco	土壤蒸发补偿系数
	12	Sol_Alb	地表反射率
	13	Sol_Awc	土壤可利用水量
	14	Sol_K	土壤饱和水力传导率
	15	Sol_Z	土壤深度
MODFLOW	16	Kx	x 向渗透系数
	17	Ky	y 向渗透系数
	18	Kz	z 向渗透系数
	19	Ss	储水系数
MT3DMS	20	Rd	河底导水系数
	21	Kd	吸附系数
	22	Ds	纵向弥散系数

物理参数通过试验分析确定,经验参数(概化参数)通过模型参数敏感性分析,对敏感性较大的参数在合理范围内进行调整确定,直至达到模型精度要求。其中 SWAT 模型居多,其他模型参数主要涉及渗透系数、给水度等水文地质参数。

4.2.5.1　SWAT 模型参数率定方法

SWAT 模型参数较多,其模型参数率定是一个较为烦琐的过程,但如果有章可循,则可以做到事半功倍。本书采用人工调参法进行参数率定。具体步骤如下:

步骤 1,利用 SWAT 模型自带的参数敏感性分析方法或者 SWAT-CUP 软件对研究区 SWAT 模型进行参数敏感性分析,获取敏感性较大的参数集合。

步骤 2,模型通过敏感分析法初步拟定需要调整的模型参数,采用“Brute Force”两阶段法进行模型参数率定。首先依据流域模型参数的敏感度,初步确定敏感参数的变化范围;其次,依据模型参数敏感度大小以较小步长依次调整参数,并以模型指标最优最终确定模型参数。

SWAT 模型参数率定流程如图 4-11 所示。

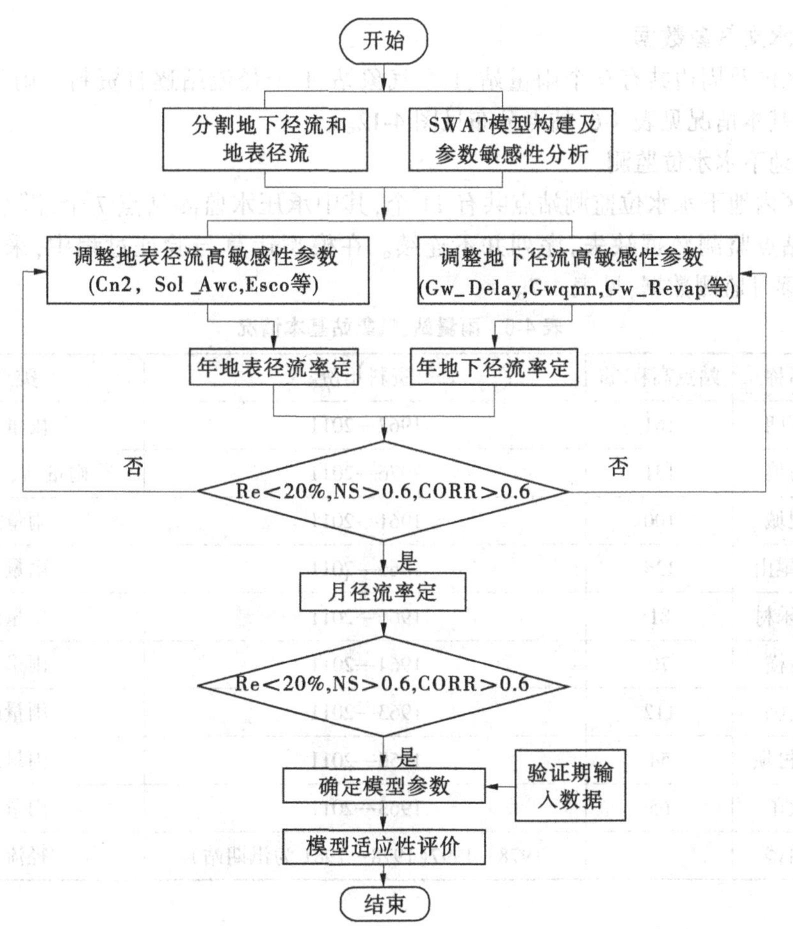

图 4-11　SWAT 参数率定流程

4.2.5.2 MODFLOW、MT3DMS 模型参数调整

地下水参数确定应遵循两条原则：①模型输出的地下水水位计算值需要与实测水位拟合小于 0.5 m 的绝对误差值应占已知观测井点的 70% 以上；②模型输出的模拟地下水水位等值线应该与实际的等水位线在一定的误差范围内吻合。如果模型计算的水位值与实际观测水位值相差较大，则需要重新进行调参，直到两者之间有较好的拟合效果，最后得到的参数就是该模型校正后的最终参数。当然，对含水层系统水文地质条件较为复杂的地区，模型模拟精度可适当降低。

溶质运移参数参考地下水参数调整规则进行率定。

4.3 研究区耦合模型构建与适应性评价

以肥城盆地为研究区。

4.3.1 基础数据整理

4.3.1.1 水文气象数据

研究区内及周边共有 9 个雨量站、1 个气象站、1 个径流站逐日资料。雨量站、气象站、径流站基本情况见表 4-6，站点分布见图 4-12。

4.3.1.2 地下水水位监测

研究区内地下水水位监测站点共有 11 个，其中承压水监测站点 7 个，潜水监测站 4 个。部分站点监测数据缺失，序列并不连续。在模型运算与验证过程中，采用 1990—2011 年的逐月监测数据，见表 4-7。

表 4-6 雨量站、气象站基本情况

序号	名称	站点高程/m	资料年份	类型
1	道朗	161	1962—2011	雨量站
2	石坞	131	1976—2011	雨量站、气象站
3	肥城	100	1961—2011	雨量站
4	马尾山	134	1966—2011	雨量站
5	安乐村	81	1966—2011	雨量站
6	石横	70	1964—2011	雨量站
7	安临	112	1963—2011	雨量站
8	戴村坝	54	1956—2011	雨量站
9	大羊	65	1963—2011	雨量站
10	白楼		1978—1997(1978—1981 为汛期站)	径流站

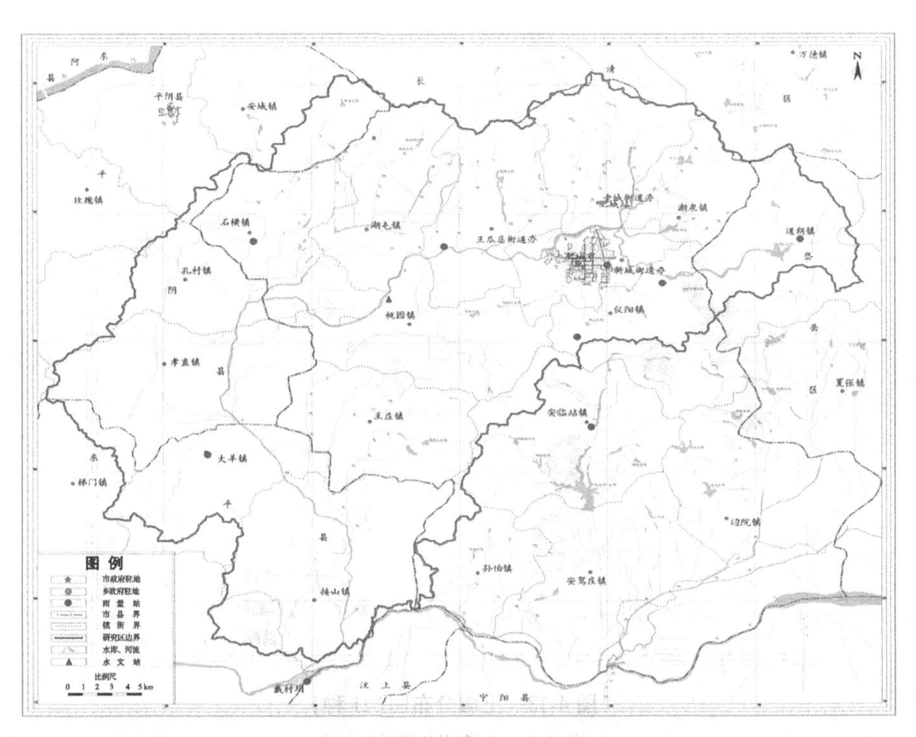

图 4-12　雨量站、气象站、径流站分布

表 4-7　地下水水位监测站点基本情况

编号	测井位置	坐标		设立时间(年-月)	井深/m	类型	高程/m
		东经(°　′)	北纬(°　′)				
S-33A	王庄镇白屯村西 100 m	116 34	36 04	1986-07	98.00	承压水	60.81
55	老城镇曹庄村东 400 m	116 45	36 14	1978-06	23.00	潜水	108.500
57	新城镇井楼村东北 450 m	116 47	36 12	1976-01	16.00	潜水	109.836
62	湖屯镇东穆和村路南 5 m	116 39	36 15	1981-01	14.00	潜水	99.850
66B	桃源镇后韩村北 80 m	116 37	36 09	1986-07	11.90	潜水	73.875
100	石横镇石二村路南 60 m	116 31	36 12	1981-01		承压水	69.830
S-105A	湖屯镇东湖村东南 500 m	116 36	36 12	1985-01	98.00	承压水	76.740
S-109	石横镇石横水利站院内	116 31	36 12	1995-01	135.00	承压水	68.508
S-113	潮泉镇政府	116 49	36 13	1990-01	180.00	承压水	124.650
S-114	市水利局打井队	116 46	36 11	1995-01	100.00	承压水	101.150
S-115	王瓜店水利站	116 41	36 12	1999-01	180.00	承压水	88.345
S-116	石横电厂衡鱼水源地	116 31	36 11	1991-01	190.00	承压水	67.140

4.3.1.3　空间数据

研究区内空间数据主要包括土地利用、数字高程、土壤数据等，土地利用、数字高程数据见第 3 章相关内容。研究区内共分布 21 种土壤类型，土壤分布见图 4-13。土壤类型以洪冲积潮褐土为主，占总面积的 22.78%，各种土壤面积统计见表 4-8。

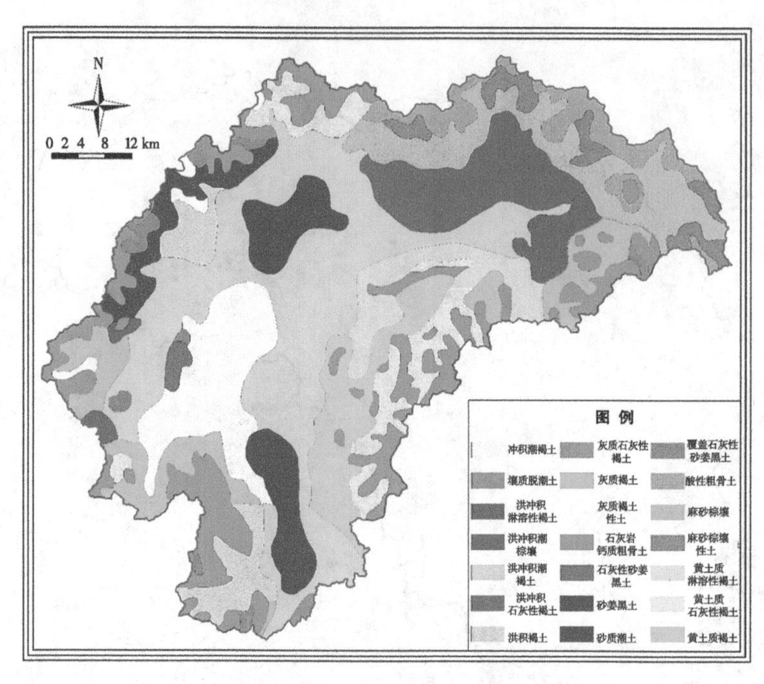

图 4-13　土壤分布图(21 种)

表 4-8　土壤类型面积统计

序号	土壤类型代码	SWAT 模型名称	土壤类型名称	面积百分比/%
1	11	FCmszr	麻砂棕壤	7.37
2	41	FChcjczr	洪冲积潮棕壤	6.38
3	51	FCmszrxt	麻砂棕壤性土	2.31
4	61	FChzht	灰质褐土	6.48
5	63	FChjht	洪积褐土	3.72
6	64	FChtzht	黄土质褐土	6.55
7	71	FChzshxht	灰质石灰性褐土	1.06
8	72	FChtzshxht	黄土质石灰性褐土	5.12
9	73	FChcjshxht	洪积石灰性褐土	0.54
10	84	FChcjlrht	洪冲积淋溶性褐土	1.79
11	85	FChtzlrht	黄土质淋溶性褐土	3.84
12	91	FChcjcht	洪冲积潮褐土	22.78
13	92	FCcjcht	冲积潮褐土	7.25
14	101	FChzhtxt	灰质褐土性土	0.63
15	171	FCsxcgt	酸性粗骨土	4.08
16	191	FCshygzcgt	石灰岩钙质粗骨土	11.39
17	201	FCsjht	砂姜黑土	5.33
18	211	FCshxsjht	石灰性砂姜黑土	0.44
19	214	FCfgshxsjht	覆盖石灰性砂姜黑土	0.26
20	231	FCszct	砂质潮土	2.42
21	242	FCrztct	壤质脱潮土	0.17

4.3.2　水文响应单元划分

依据土地利用、数字高程、土壤等空间数据，利用 SWAT 模型中自带的流域自动处理模块将研究区划分为 31 个子流域和 218 个水文响应单元。子流域划分成果见图 4-14。

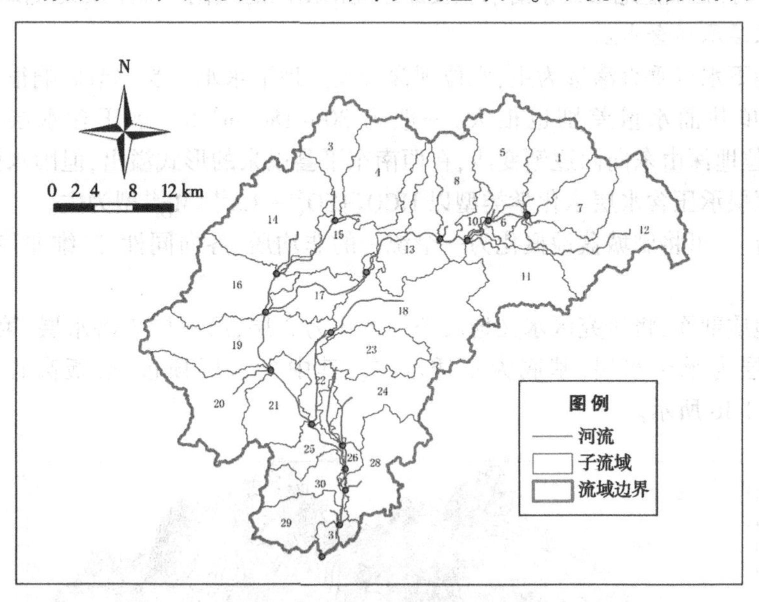

图 4-14　子流域划分成果

4.3.3　水文地质概念模型建立

4.3.3.1　研究区范围

肥城盆地位于鲁中南山区、泰山西麓，是以肥城市北部平原及其周边山体为主体形成的独立地质构造单元，具有独立的补给与排泄系统。因此，研究区地下水系统符合能量守恒及质量守恒定律。

肥城盆地四面环山，中间低洼，中心处分布着奥陶系灰岩丘陵，海拔在 60～200 m 不等，山体部分大多为石灰岩和花岗片麻岩组成的低山丘陵，海拔在 250～670 m。将整个肥城盆地作为模拟区域。

4.3.3.2　含水层结构的概化

根据肥城盆地水文地质资料以及 2013 年上半年的现场抽水试验、野外勘探等成果，该研究区的含水层在垂向上可以概化为浅层潜水含水层、弱透水层和中深层承压含水层。由盆地内的地质勘查资料和钻孔柱状图可以看出，盆地内的地层由浅至深可以分为 3 层。最上层以第四系砂及砂姜层为主，康王河由北西至南东蜿蜒流过盆地，河曲发育，坡降仅 0.69 m，两岸发育一至三级阶地，由不均匀抬升的第四系冲积层构成，可概化为潜水含水层。潜水含水层下部存在厚度大、隔水性能好的淤泥质黏性土，可以概化为弱透水层。深部含水层岩性以砾石和裂隙灰岩为主，可以概化为承压含水层。

1. 第四系孔隙水（潜水）含水层

第四系孔隙水含水层主要分布于盆地平原区底部，水力坡度约为 4‰，一般厚度为 20～

30 m,最深可达 50 m,盆地西部含水层为湖洪积砂姜层,水质一般,但是水量较小;盆地东部是冲洪积砂砾层,含水丰富,大多为承压水,开采井的单位出水量为 1~22 m^3/h,水质较好。潜水含水层水化学类型以 $HCO_3^-+Cl^-+SO_4^{2-}—Ca^{2+}+Na^+$ 型为主。第四系潜水水力坡度为 4‰,流向西南,肥城盆地第四系潜水主要靠东北部山区的风化裂隙水及大气降水补给。

2. 中深层承压含水层

深层地下水以垂直渗透为主,水位埋深较大。地下水水位受季节影响很大,年均变幅 30~50 m,单井涌水量差别也很大,一般为 30~180 m^3/h。承压含水层水力坡度为 0.08‰,水位埋深由东向西逐渐变浅,在西南东平县以泉的形式溢出,但因水位下降,泉已干枯。中深层承压含水层水化学类型以 $HCO_3^-+SO_4^{2-}—Ca^{2+}+Mg^{2+}$ 型为主。

综上所述,可将肥城盆地概化为一个统一的非均质、各向同性、三维非稳定地下水流系统。

根据地质剖面,将研究区水文地质条件概化为 3 层,第一层为潜水层,第二层为弱透水层,第三层为承压水层,基底为不透水层。其中含水层顶板、底板高程等值线图如图 4-15、图 4-16 所示。

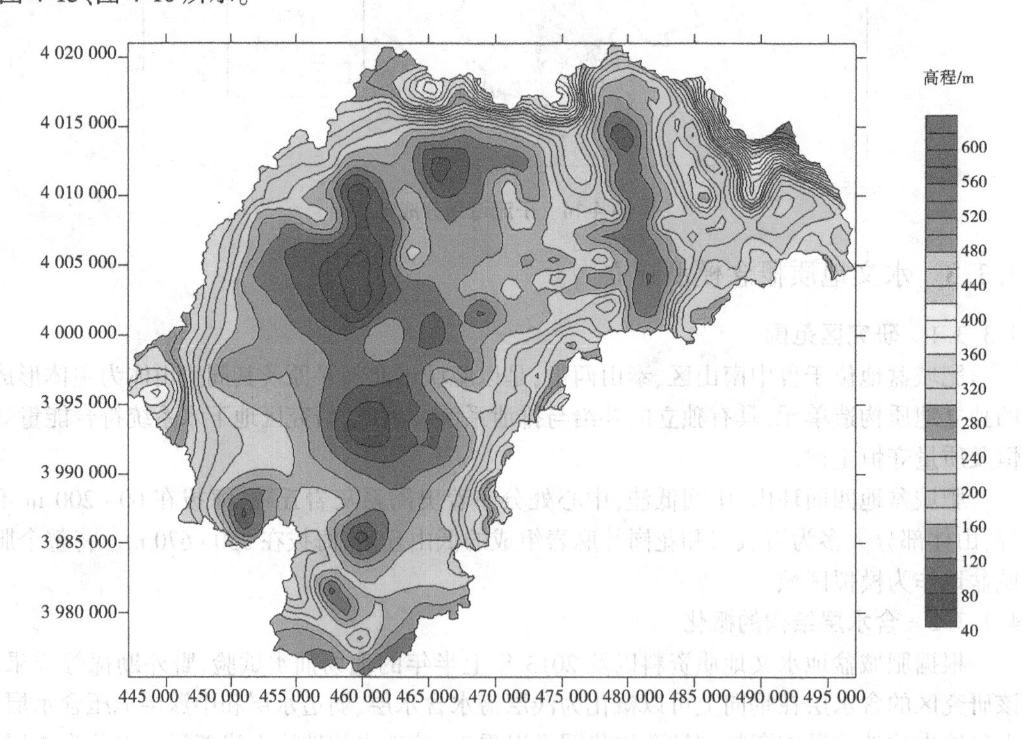

图 4-15 第一层含水层底板高程等值线

4.3.3.3 研究区边界的概化

肥城盆地的侧向边界可以概化为:盆地四周都是山体,北部是变质岩山脉,可以概化为隔水边界;西南以大汶河和汇河交汇处为边界,可以概化为定水头边界;其余边界为灰岩,也可概化为隔水边界。

肥城盆地的垂向边界可以概化为:盆地研究区的上边界为地表,且研究区内冲洪积平

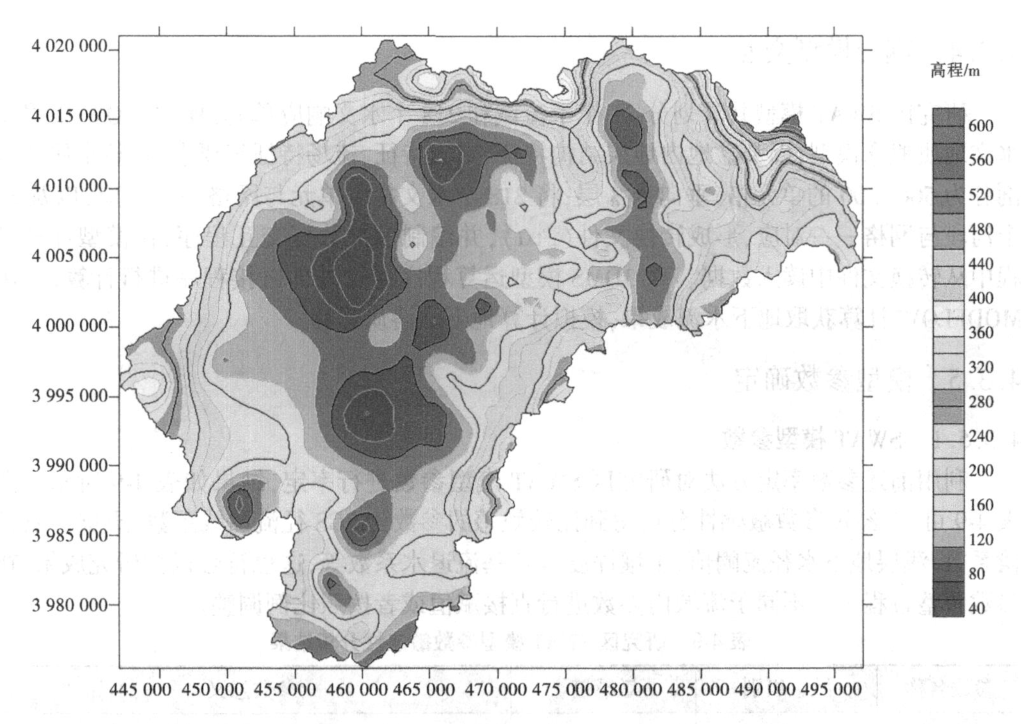

图 4-16　第二层含水层底板高程等值线

原下距离地表 300 m 深处是完整基岩，因此下边界（承压含水层底板）可以定义为隔水边界，如图 4-17 所示。

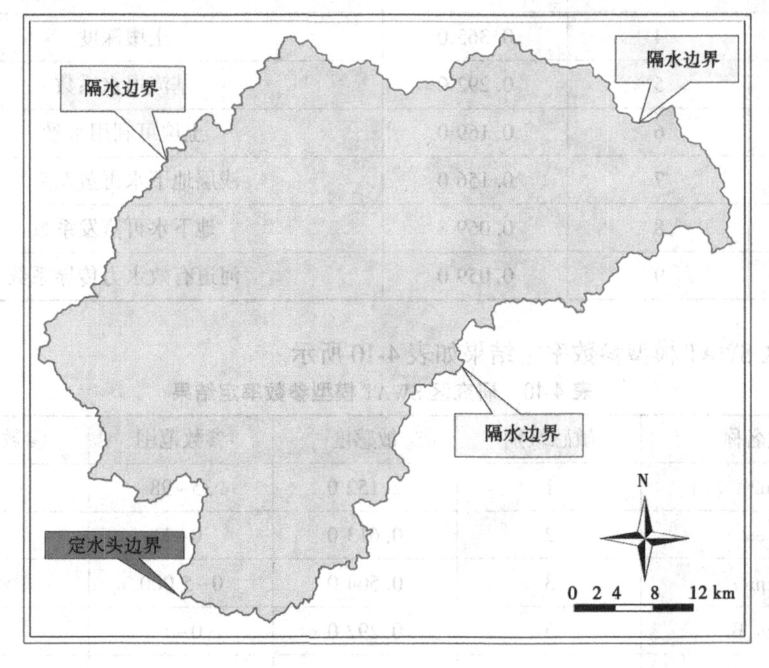

图 4-17　边界概化

4.3.4 耦合模型交互

研究区 SWAT 模型共计划分 31 个子流域和 218 个水文响应单元;MODFLOW 中根据水文地质概念模型,以及盆地内地层结构特征、水力特征、流场特征等要求,将整个研究区剖分为 500×500 的单元格,垂向为 3 层;将 218 个水文相应单元与网格一一对应,以及 31 个河段与网格一一对应,形成转换文件(.txt),并编制模型数据交互程序,在模型计算过程中从转换文件中读入数据。MT3DMS 模型运算程序通过外部链接程序进行计算,利用 MODFLOW 计算获取地下水流成果,模拟计算地下水溶质运移。

4.3.5 模型参数确定

4.3.5.1 SWAT 模型参数

利用前述参数率定方法对研究区 SWAT 模型参数进行率定,结果如表 4-9 所示。由表 4-9 可知,经过参数敏感性分析得到比较敏感的参数为 SCS 径流曲线系数、土壤蒸发补偿系数、浅层地下水径流阈值、土壤深度以及基流退水系数等,这也符合以往研究成果,在参数调整过程中对不同子流域内参数进行直接赋值或者按照比例调整。

表 4-9 研究区 SWAT 模型参数敏感性分析结果

参数名称	敏感级别	敏感度	参数意义
Cn2	1	2.152 0	SCS 径流曲线系数
Esco	2	0.613 0	土壤蒸发补偿系数
Gwqmn	3	0.504 0	浅层地下水径流阈值
Sol_Z	4	0.365 0	土壤深度
Alpha_Bf	5	0.292 0	基流退水系数
Sol_Awc	6	0.169 0	土壤可利用水量
Revapmn	7	0.156 0	浅层地下水再蒸发系数
Gw_Revap	8	0.069 8	地下水再蒸发系数
Ch_K2	9	0.059 0	河道有效水力传导系数

研究区 SWAT 模型参数率定结果如表 4-10 所示。

表 4-10 研究区 SWAT 模型参数率定结果

参数名称	敏感级别	敏感度	参数范围	参数最终取值
Cn2	1	2.152 0	35~98	53
Esco	2	0.613 0	0~1	0.80
Gwqmn	3	0.504 0	0~5 000	2 000
Alpha_Bf	5	0.292 0	0~1	0.6
Sol_Awc	6	0.169 0	0~1	0.90

4.3.5.2　水文地质参数

耦合模型中涉及的水文地质参数主要有渗透系数、给水度等。通常情况下上述这些参数根据研究区内多次抽水试验、多次勘探及观测资料进行确定。在空间区域内优选物探和钻探位置,利用水文地质物探及钻探或抽水试验得到的参数数据进行计算分析,获得含水层的水文地质参数。肥城盆地的范围较大,不可能每个点都进行测量,又因为各冲洪积扇内部的水文地质参数差别不大,具有相似性,因此可按各冲洪积扇作为参数分区进行赋值。根据肥城盆地各初始参数的分布规律及渗流场的特征,将该研究区划分为四个参数区域,如图 4-18 所示。

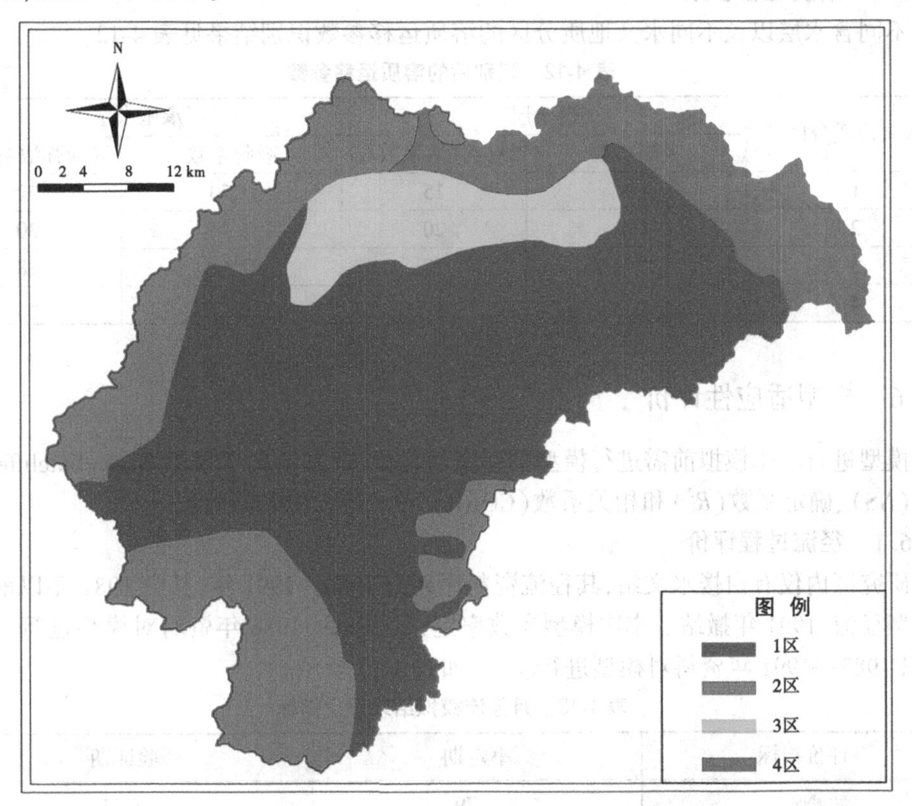

图 4-18　水文地质参数分区

模型的识别与验证过程在整个研究区地下水模拟中具有极其重要的作用。一般来说,只有对源汇项和参数进行多次调整和修改,才能使整个模型得到比较理想的效果。本次数学模型的识别采用人工试算法。模型运算过程中以月为一个应力期,并在每个应力期划分 10 个步长,根据已有的肥城盆地地下水动态观测资料,选取 2000 年 1 月 1 日至 2006 年 12 月 31 日为本次模型研究的识别阶段,选取 2007 年 1 月 1 日至 2010 年 12 月 31 日为本模型的验证阶段。

模型识别后的肥城盆地水文地质参数见表 4-11。

表 4-11　识别后的水文地质参数

水文地质分区	潜水层		承压水层	
	渗透系数/(m/d)	给水度	渗透系数/(m/d)	储水系数
1	48.5	0.05	24.2	0.000 8
2	61.0	0.05	45.0	0.000 8
3	43.8	0.04	31.4	0.000 8
4	40.2	0.04	27.8	0.000 8

4.3.5.3　溶质运移参数

不同含水层以及不同水文地质分区的溶质运移参数识别结果见表 4-12。

表 4-12　识别后的溶质运移参数

水文地质分区	潜水层		承压水层	
	吸附系数	纵向弥散系数/m	吸附系数	纵向弥散系数/m
1	0.6	15	0.70	22
2	0.4	20	0.45	30
3	0.4	20	0.45	28
4	0.3	10	—	—

4.3.6　模型适应性评价

模型进行应用模拟前需进行模型的适应性评价，通常情况下采用 Nash-Sutcliffe 效率系数(NS)、确定系数(R^2)和相关系数(CORR)评价模型的模拟精度。

4.3.6.1　径流过程评价

研究区内仅有白楼水文站，其径流资料序列为 1980—1991 年，其中 1982 年以前仅监测汛期径流，1991 年撤站。本次模型参数率定，以 1982—1986 年资料对模型进行参数率定，以 1987—1991 年资料对模型进行验证，如表 4-13 所示。

表 4-13　月径流模拟结果评价指标

评价指标	率定期	验证期
NS	0.79	0.72
R^2	0.85	0.73
CORR	0.89	0.86

由表 4-13 可知，在率定期，月径流模拟值与实测值的纳什效率系数、确定系数以及相关系数分别达到 0.79、0.85 和 0.89，说明模型径流过程拟合较好；对于验证期，模拟月径流值与实测径流值的纳什效率系数、确定系数以及相关系数分别达到 0.72、0.73 和 0.86，模拟精度略有所降低，但是也已经达到模型应用的精度要求。由上述分析可知，SWAT 模型在研究区流域应用中具有较好的模拟能力和适应性。率定期和验证期模拟和实际月平均流量过程如图 4-19 所示，率定期和验证期月平均流量模拟值和实际值相关分析结果见图 4-20、图 4-21。

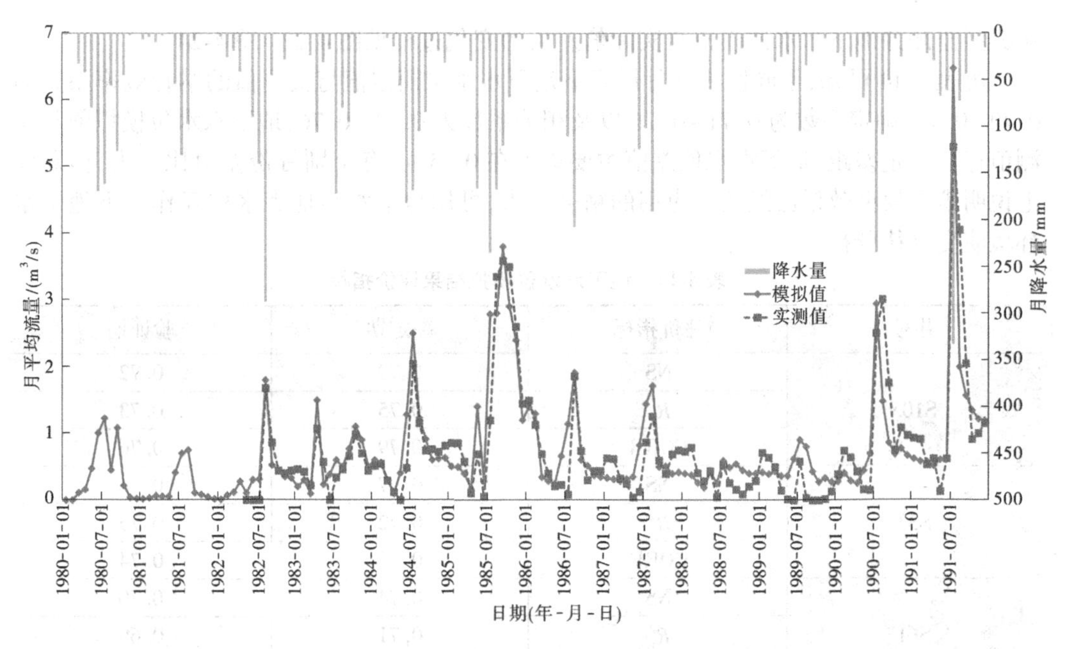

图 4-19　率定期和验证期月平均流量模拟值与实际值比较

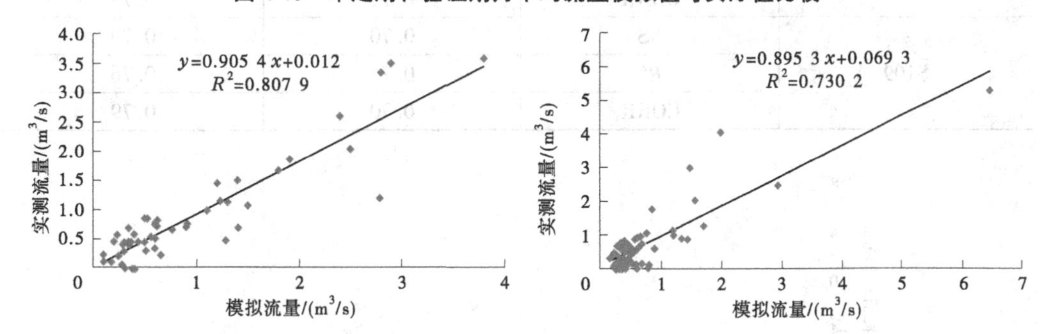

图 4-20　率定期流量实测值与模拟值相关分析　　图 4-21　验证期流量实测值与模拟值相关分析

为进一步比较分析模型模拟的不同过程，对整个序列进行统计分析。经过模拟，流域多年平均降水量 617 mm；地表径流量 111.1 mm，年径流系数 0.18，其中地下径流量 84.4 mm，占地表径流量的 76%；降水入渗地下水量 136 mm，占降水量的 22%。由此可见，形成的河川径流主要来自地下径流排泄，模拟成果符合肥城市水资源评价成果，也符合肥城盆地地形地貌以及水文地质条件实际。

4.3.6.2　地下水水位过程评价

地下水水位过程模拟中，利用耦合模型模拟降水入渗补给量，考虑地下水数值求解的复杂性，以及在耦合计算交互过程的耗时问题，不宜进行长序列动态模拟。本次采用 2000—2010 年的数据资料进行模拟验证，以 2000—2006 年作为模型参数率定期，以 2007—2010 年作为模型参数验证期。其中地表径流以及溶质入渗地下水参数采用 SWAT 模型先前率定的模型参数，地下水初始水位值采用 2000 年水位等值线图。将工业、农业、生活等地下水开发量进行月尺度统计，并参与地下水过程模拟。地下水入渗补给和潜水蒸发等数据在耦合模型中交互计算完成。不同时期模型评价精度见表 4-14，2000—2010

年典型监测井地下水水位模拟与实际值差值的变化过程见图 4-22～图 4-24。

由表 4-14 可知，不同监测井月尺度下地下水水位模拟值与实测值的纳什效率系数为 0.70～0.79、确定系数为 0.71～0.76 以及相关系数为 0.71～0.76，地下水水位模拟值与实测值存在一定差距，地下水水位差值主要集中在 0～5 m，有个别月份差值比较大，但总体上说明耦合模型效果已经达到应用的精度要求，可用地下水与地表水相互作用下地下水环境演变规律分析。

表 4-14　地下水水位模拟结果评价指标

井号	评价指标	率定期	验证期
S105	NS	0.79	0.72
	R^2	0.75	0.73
	CORR	0.79	0.76
S33	NS	0.77	0.76
	R^2	0.72	0.75
	CORR	0.77	0.74
S61	NS	0.74	0.70
	R^2	0.71	0.69
	CORR	0.71	0.79
S109	NS	0.70	0.79
	R^2	0.76	0.76
	CORR	0.70	0.79

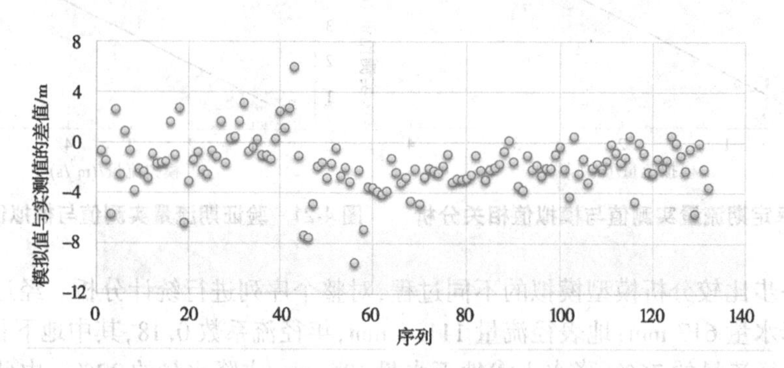

图 4-22　S105 井地下水水位模拟值与实测值差值的变化过程

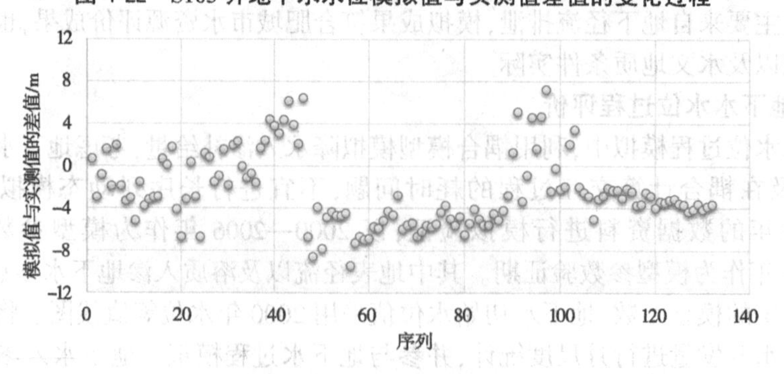

图 4-23　S33 井地下水水位模拟值与实测值差值的变化过程

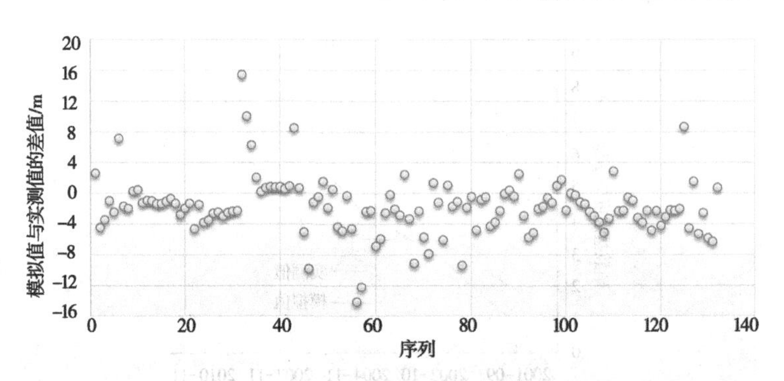

图4-24　S61井地下水水位模拟值与实测值差值的变化过程

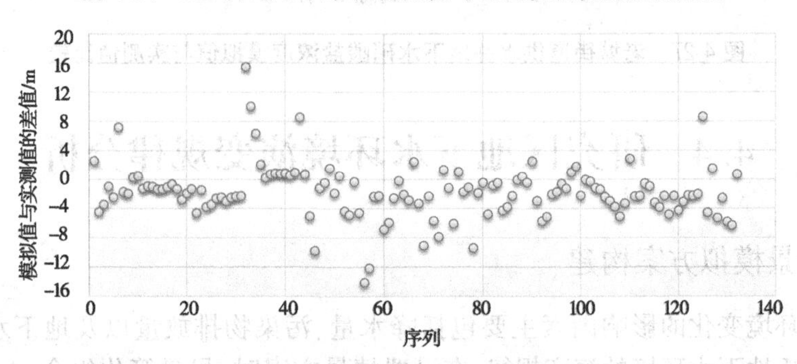

图4-25　S109井地下水水位模拟值与实测值差值的变化过程

4.3.6.3　地下水硝酸盐模拟评价

利用SWAT模型模拟硝酸盐淋滤渗入地下水的空间分布，然后通过MODFLOW和MT3DMS模型模拟溶质运移过程。由于肥城盆地水质监测站点比较分散且单站监测资料不够连续，某一年份仅1~2个月有资料，鉴于这种情况，仅对比几个时段水质模拟值与实测值来评价模型水质模拟精度。典型井地下水硝酸盐浓度模拟值与实测值比较分析如图4-26、图4-27所示。模型能够识别地下水硝酸盐浓度过程变化，且也达到了一定的模拟精度。

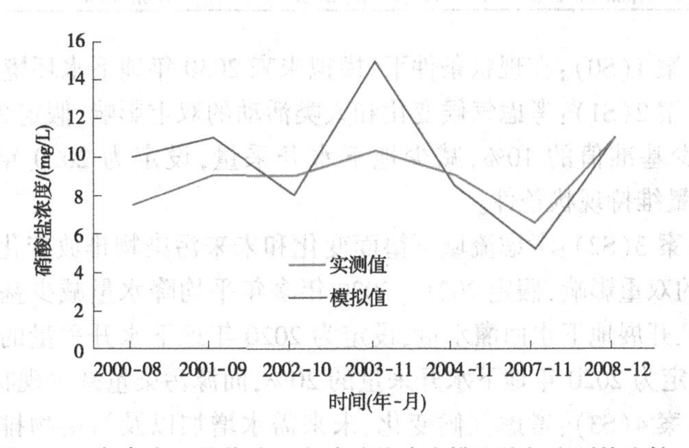

图4-26　自来水7号井地下水硝酸盐浓度模拟值与实测值比较

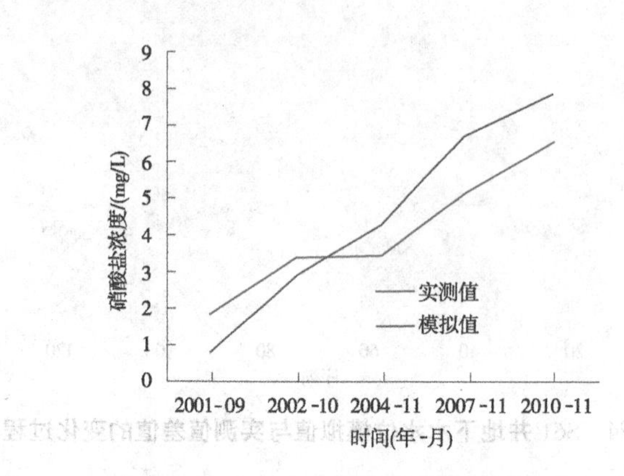

图 4-27　老城街道供水井地下水硝酸盐浓度模拟值与实测值比较

4.4　研究区地下水环境演变规律分析

4.4.1　情景模拟方案构建

地下水环境变化的影响因素主要包括降水量、污染物排放量以及地下水开采量等。为更好地分析地下水环境的演变规律，在设置情景方案时，尽量简化组合方案，合理反映地下水环境变化情况，方便模拟结果分析。以2020年为地下水环境基准状况，模拟未来2030年的地下水环境变化情况，包括考虑环境变化的影响因素，制订以下情景方案开展模拟，见表4-15。

表 4-15　情景方案设置

情景方案	降水量	地下水回灌量	地下水开采量	面源污染量
S0	现状	0	现状	现状
S1	减少10%	0	减少20%	现状
S2	减少20%	开采量的10%	减少20%	减少20%
S3	增加20%	开采量的20%	增加20%	增加20%

(1)情景方案1(S0):在现状条件下，模拟未来2030年地下水环境变化情况。

(2)情景方案2(S1):考虑气候变化和人类活动的双重影响，假定2021—2030年多年平均降水量减少基准值的10%，减少地下水开采量，设定为2020年地下水开采量的20%，面源污染量维持现状条件。

(3)情景方案3(S2):考虑流域下垫面变化和未来污染物排放变化情况，考虑气候变化和人类活动的双重影响，假定2021—2030年多年平均降水量减少基准值的20%，在超采地下水漏斗区开展地下水回灌水量，设定为2020年地下水开采量的10%，同时减少地下水开采量，设定为2020年地下水开采量的20%，面源污染量减少现状条件的20%。

(4)情景方案4(S3):考虑气候变化、未来需水增加以及污染物排放情况变化，假定2021—2030年多年平均降水量增加基准值的20%，在超采地下水漏斗区开展地下水回灌水量，设定为2020年地下水开采量的20%，同时增加地下水开采量，设定为2020年地下水开采量的20%，面源污染量增加现状条件的20%。

4.4.2　基于耦合模型的地下水水位演变规律

近些年,研究区对于地下水的入渗补给量有所减少,从而导致地下水水位也有所降低,同时受到农业、工业、生活等地下水开采影响,地下水水位下降比较明显。通过不同情景方案模拟结果来看,仅在情景方案4下地下水水位出现了大幅回升,其他情景方案均出现不同程度的下降,从降水量、回灌水量、开采水量等三个因素方面分析,研究区地下水水位影响因素排序:降水量>开采水量>回灌水量。地下水监测站点不同情景方案模拟对比成果见表4-16。不同情景方案下2030年研究区地下水水位模拟等值线成果见图4-28。

表4-16　地下水水位监测站点2030年相对2020年水位变化　　单位:m

站点	S0	S1	S2	S3
S-109A	-3.4	-1.59	-3.10	3.18
S-114	-7.77	-2.47	-4.82	4.94
S-116	-0.29	-0.89	-1.75	1.79
S-62A	-2.9	-1.80	-3.52	3.61
S-33A	-2.74	-1.89	-3.69	3.79
S-61A	-28.6	-2.65	-5.18	5.31
S-63A	-0.09	-1.45	-2.83	2.90
S-64A	-8.8	-1.57	-3.07	3.15
S-65A	-6.46	-2.79	-0.49	7.51
S-78	-14.5	-1.98	-3.86	3.96
S-79	-15.8	-2.00	-3.90	4.00
S-105A	-14.63	-2.12	-4.14	4.24

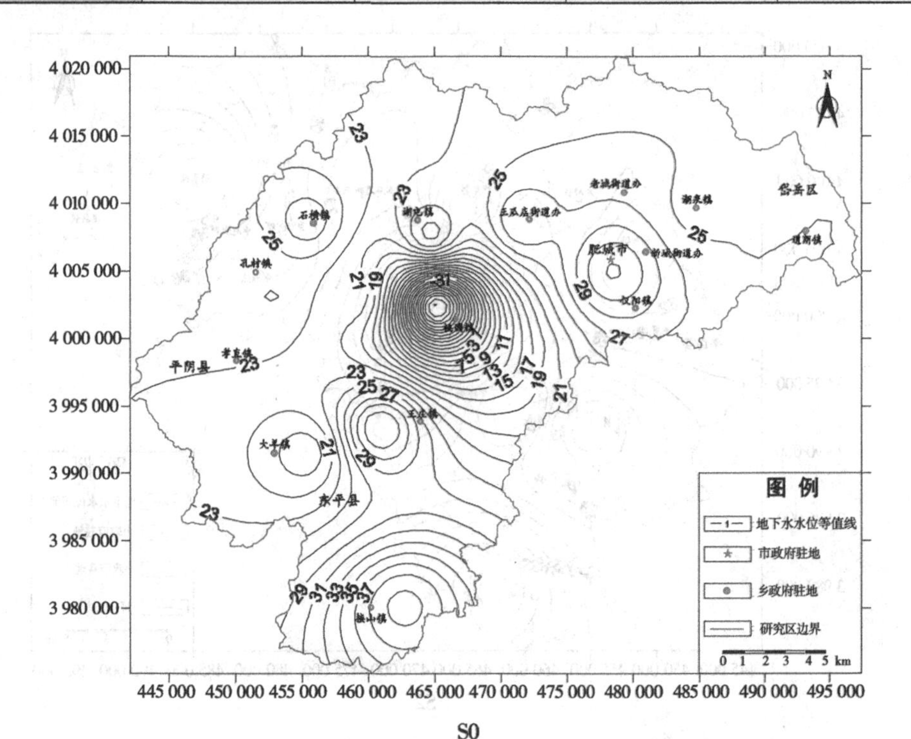

图4-28　2030年12月31日不同情景方案地下水水位模拟等值线

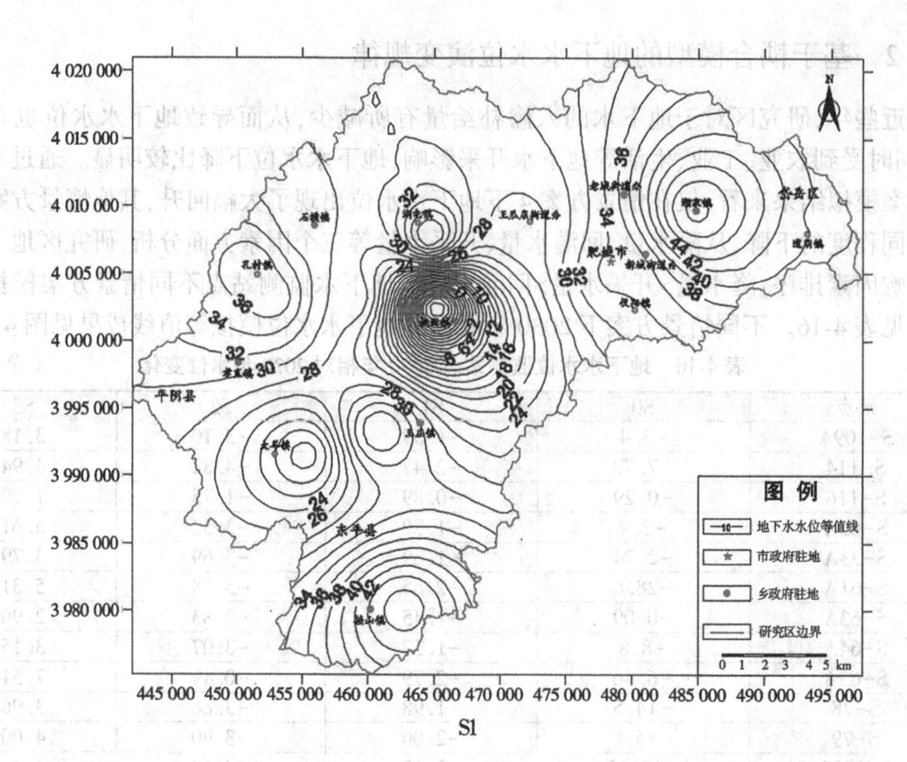
图 例
地下水水位等值线
市政府驻地
乡政府驻地
研究区边界
0 1 2 3 4 5 km
4 020 000
4 015 000
4 010 000
4 005 000
4 000 000
3 995 000
3 990 000
3 985 000
3 980 000
445 000 450 000 455 000 460 000 465 000 470 000 475 000 480 000 485 000 490 000 495 000
肥城市
平阴县
东平县
岱岳区

S1

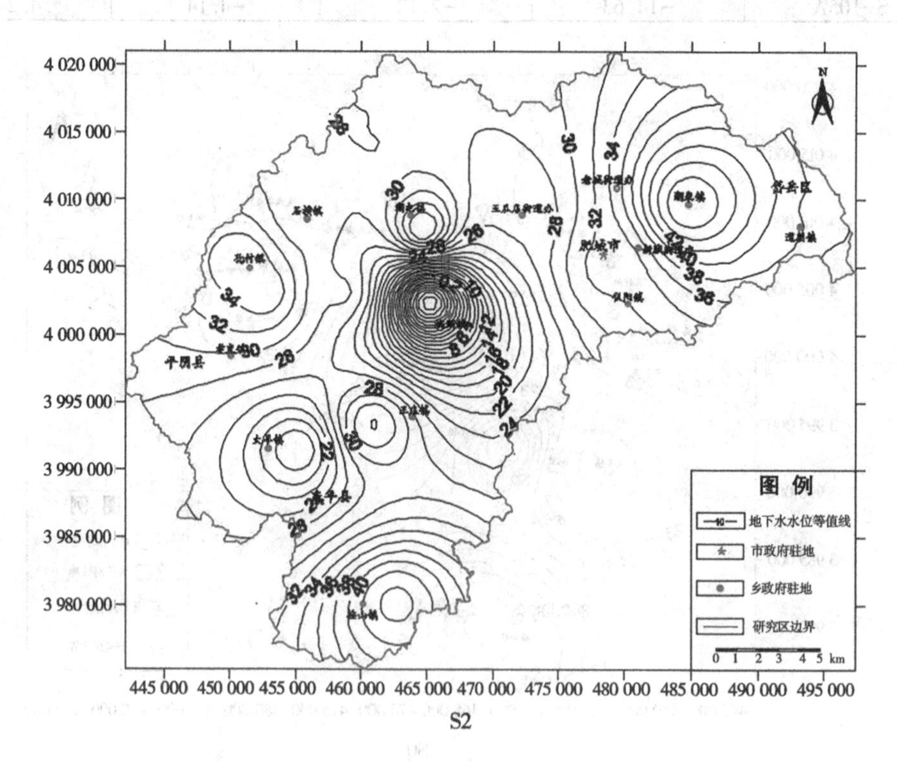
图 例
地下水水位等值线
市政府驻地
乡政府驻地
研究区边界
0 1 2 3 4 5 km
4 020 000
4 015 000
4 010 000
4 005 000
4 000 000
3 995 000
3 990 000
3 985 000
3 980 000
445 000 450 000 455 000 460 000 465 000 470 000 475 000 480 000 485 000 490 000 495 000
肥城市
平阴县
东平县
岱岳区

S2

续图 4-28

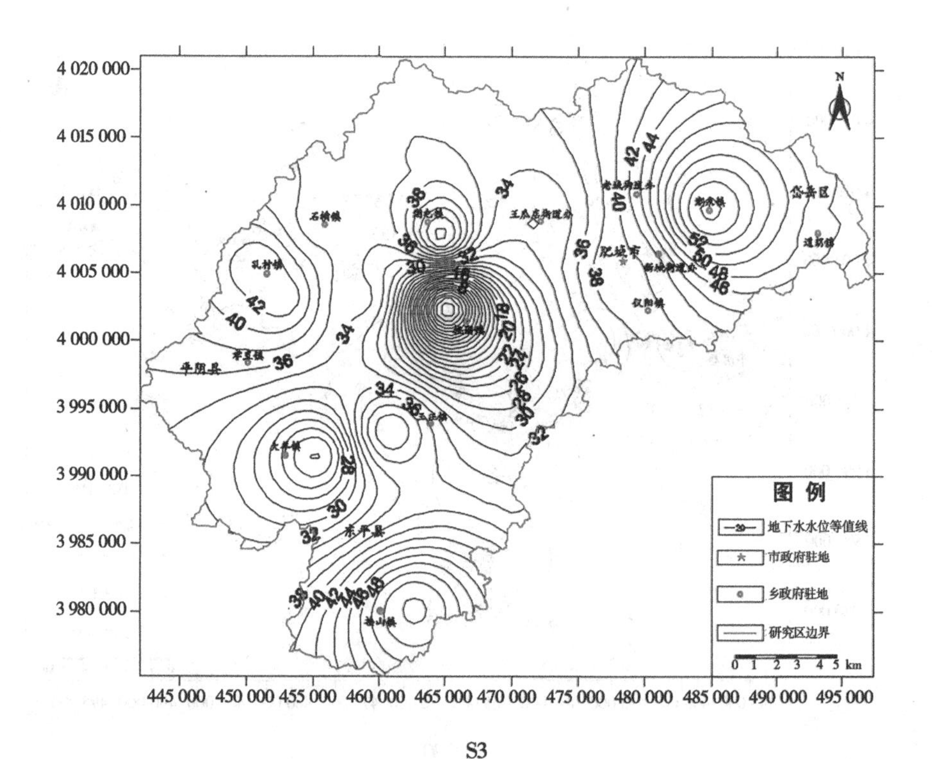

S3

续图 4-28

地下水水位受到降水减少变化影响最大，在同样减少开采量或者加大回灌水量的情况下，地下水水位随着降水量的减少还是呈现减少趋势；其次，开采水量的变化对地下水水位调节起到重要作用，在其他条件不变的情况下，减少地下水的开采量对于恢复盆地地下水水位具有直接的影响；回灌水量相对其他影响因素来讲具有局限性，对于提高局部地下水水位值具有直接效应。

总体来讲，与 2020 年地下水水位相比较，到 2030 年，肥城盆地按照情景方案 4 条件发展，在降水量增加的前提下，采用回灌地下水进行补源，即便在开采水量增幅 20%的情况下，研究区不同区域地下水水位仍可提升 1. 79~7. 51 m，其中在桃园镇附近区域形成的降水漏斗将会得到最大改善。

4. 4. 3　基于耦合模型的地下水质演变规律

地下水水质演变与地表水流场变化和污染物排放量存在一定的关系，本次地下水水质分析以硝酸盐为代表性指标。2030 年不同情景方案地下水硝酸盐浓度等值线如图 4-29 所示，对比 4 个情景方案，其中情景方案 1 和情景方案 4，到 2030 年地下水硝酸盐浓度有所增加，其中情景方案 4 增加幅度最大；而情景方案 2 和情景方案 3 略有降低。

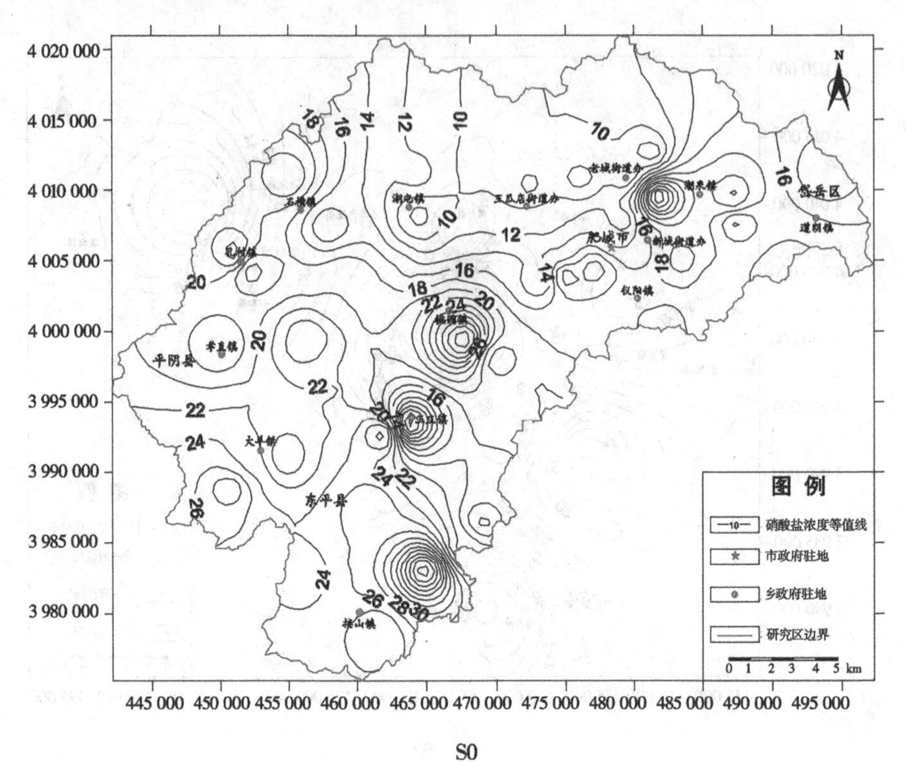

S0

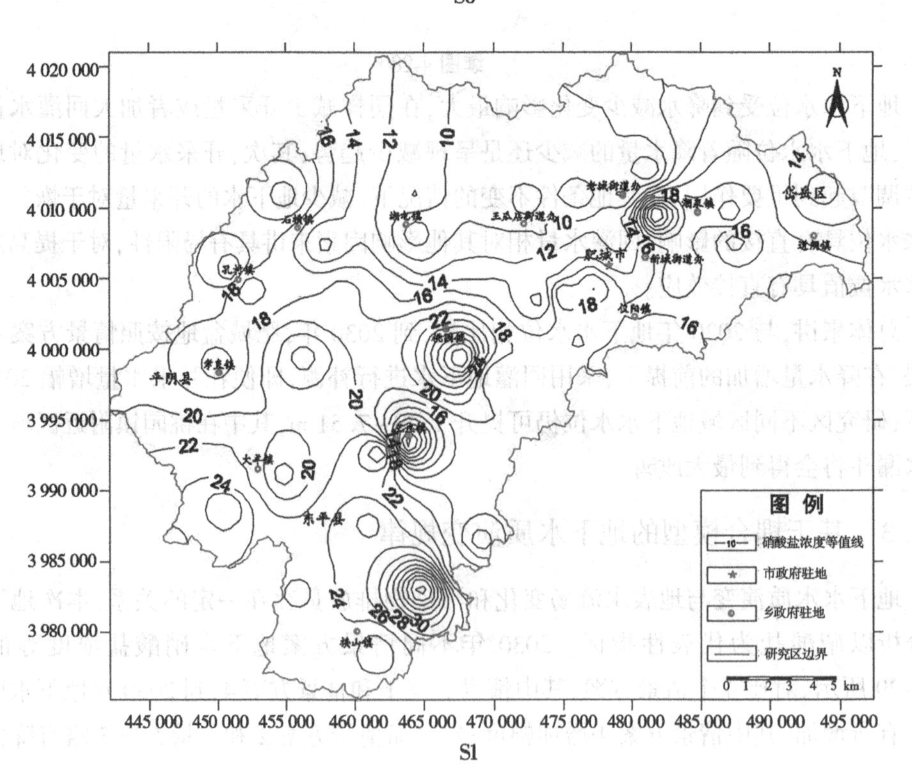

S1

图 4-29　2030 年 12 月 31 日不同情景方案地下水硝酸盐浓度模拟等值线

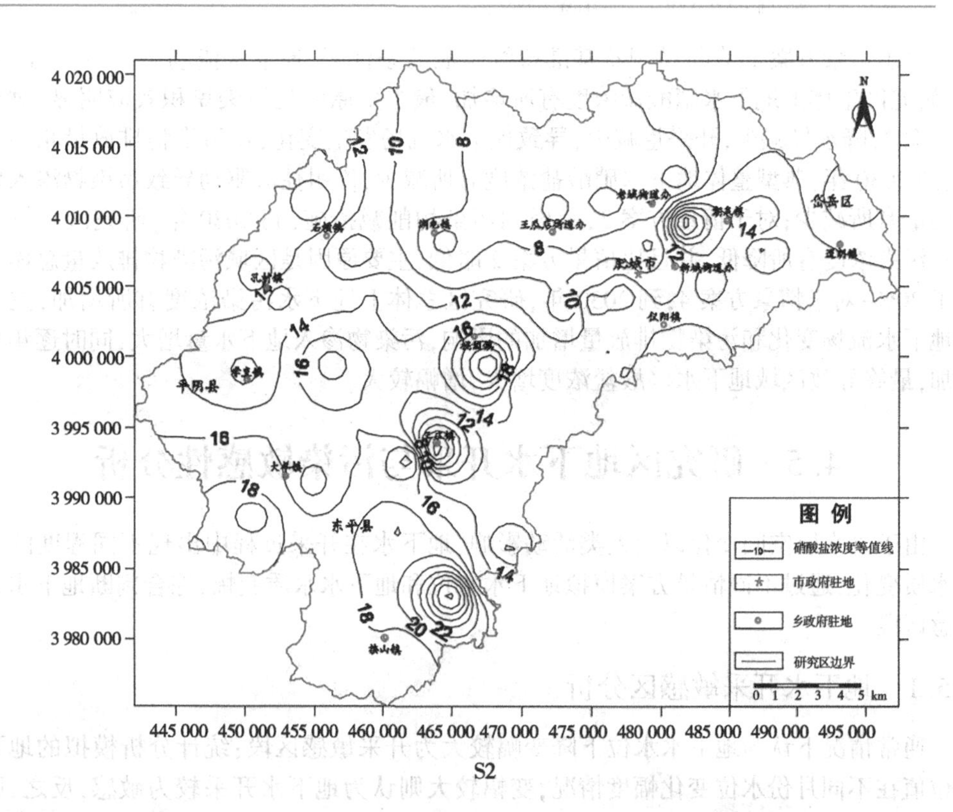
图 例
硝酸盐浓度等值线
市政府驻地
乡政府驻地
研究区边界
S2

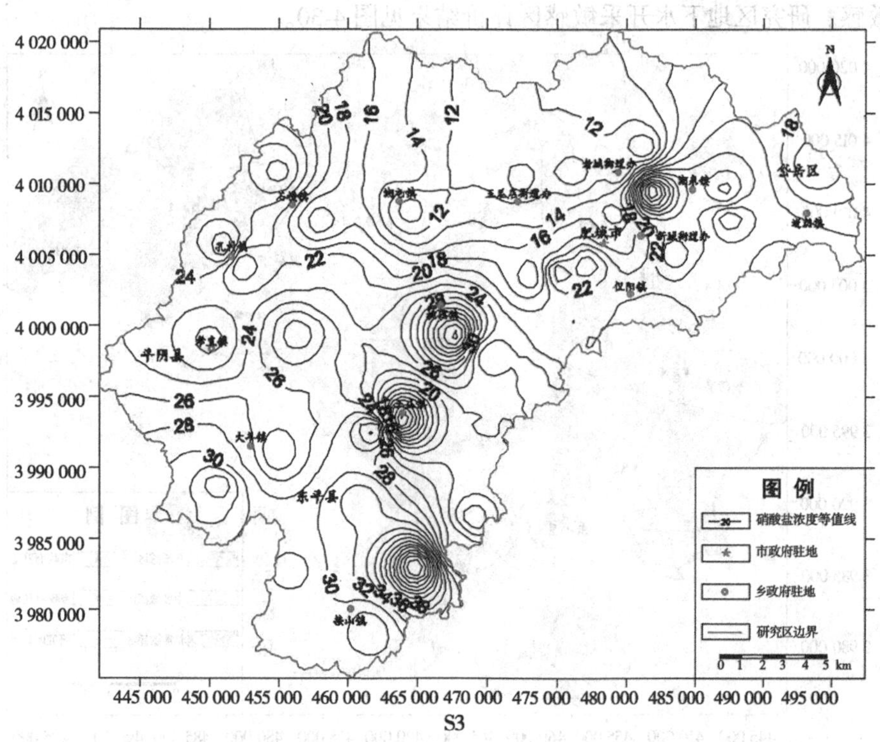
图 例
硝酸盐浓度等值线
市政府驻地
乡政府驻地
研究区边界
S3

续图 4-29

对于情景方案 1,在维持现状基准持续发展的条件下,地下水流场条件不变,到 2030 年,研究区整体上地下水硝酸盐浓度有所增加,最主要原因是污染累积效应明显;对于情景方案 2,降水量减少,开采量减少,导致地下水流场发生变化,在污染物排放量相同条件下,到 2030 年,典型整体地下水硝酸盐浓度有所减少,说明径流驱动导致污染物渗入地下水的量有所减少;对于情景方案 3,考虑到污染物削减措施,到 2030 年,研究区总体上地下水污染浓度有所降低,并且比情景方案 2 略低,主要原因是区域污染物排放量总体上降低了 20%;对于情景方案 4,到 2030 年,研究区总体上地下水污染浓度有所增加,主要受到地下水流场变化和污染物排放量增加的影响,污染物渗入地下水量增大,同时逐年累积增加,最终导致区域地下水硝酸盐浓度增大,增幅较大。

4.5 研究区地下水开采与污染敏感性分析

由于含水层空间变化以及人类活动影响,地下水在开采过程中出现不同程度的水位和水质变化,通过不同情景方案模拟地下水水位和地下水水质变幅,综合判断地下水开采敏感区段。

4.5.1 地下水开采敏感区分析

通常情况下认为地下水水位下降变幅较大为开采敏感区段;统计分析模拟的地下水水位值在不同月份水位变化幅度情况,变幅较大则认为地下水开采较为敏感;反之,则认为不敏感。研究区地下水开采敏感区评价结果见图 4-30。

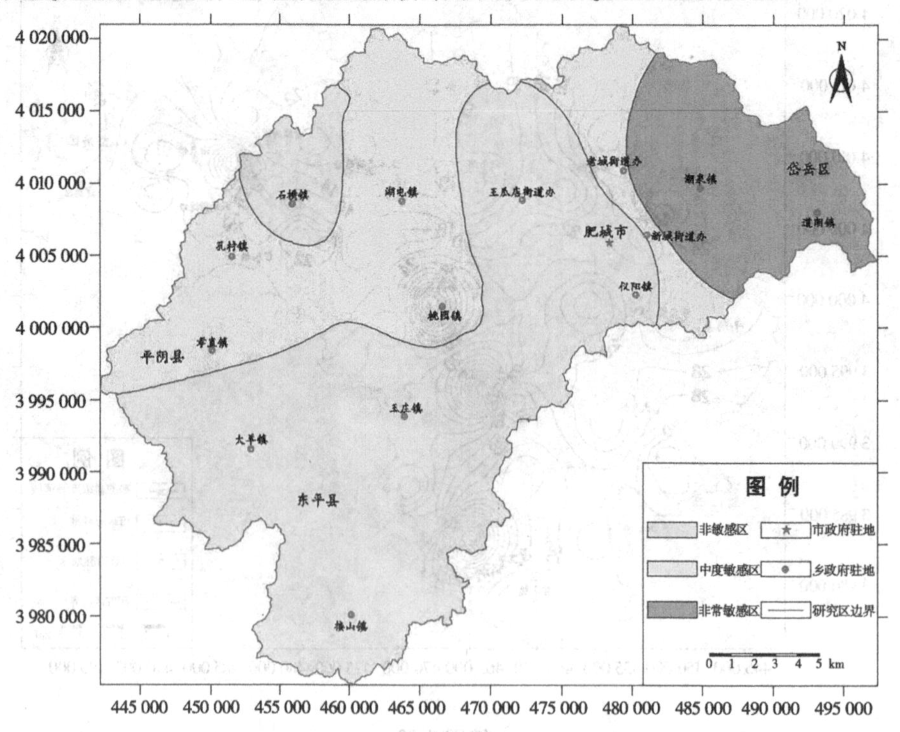

图 4-30 不同情景方案地下水开采敏感区评价

由图 4-30 可知，研究区东北部和西部区域地下水开采较为敏感，其他区域相对较弱，主要原因是东部和西部区域工业和城市生活开采量相对较大，北部主要开采裂隙水，富水性相对较差，应对不同情景条件下变化较为敏感，重点在该区域建立地下水开采红线控制。

4.5.2　地下水污染敏感区分析

通常情况下认为地下水水质浓度变幅较大的区域为开采敏感区，本次研究采用地下水硝酸盐浓度指标来表征；统计分析不同情景方案下模拟的地下水硝酸盐浓度值变化幅度情况，变幅较大则认为地下水污染较为敏感；反之，则认为不敏感。研究区地下水开采敏感区评价结果见图 4-31。

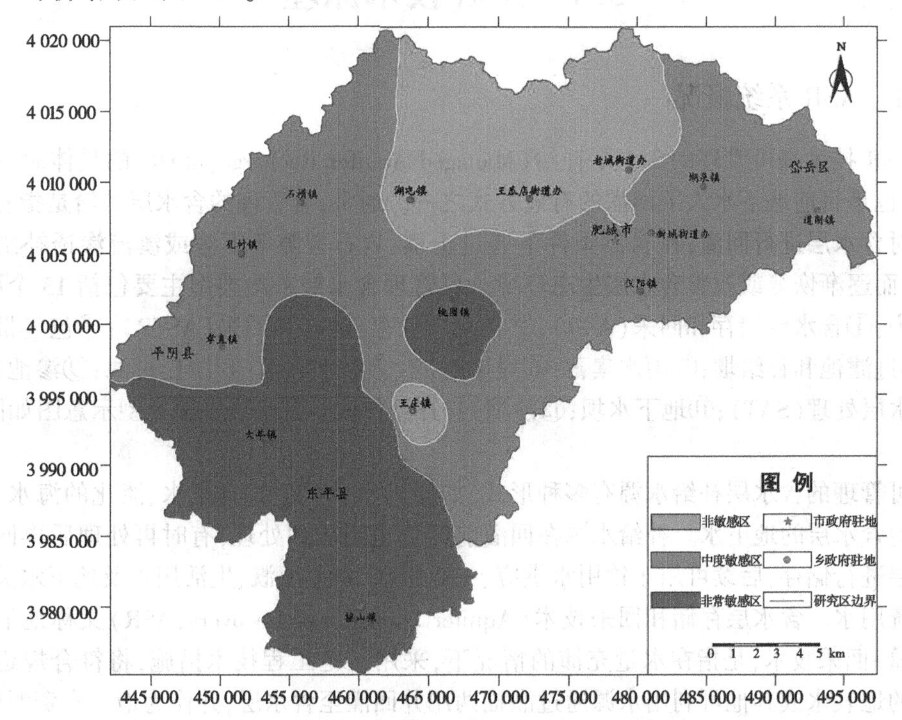

图 4-31　不同情景方案地下水污染敏感区评价

由图 4-31 可知，研究区中部、南部、西部区域地下水污染较为敏感，其他区域相对较弱，主要原因是中部、西部和南部为排泄区域，污染物随着地下水流场汇集于此，导致污染物累积并随着不同地下水流场变化发生响应。

第5章 地下水人工回灌-回采(ASR)技术

地下水人工回灌是含水层可持续管理的重要内容,也是当前针对地下水超采区综合治理的关键技术之一,本章就地下水人工回灌-回采(ASR)技术进行深入研究,探讨ASR技术原理、回灌水源水质、回灌系统设计等方面,并以试验工程为例分析评估回灌效果。

5.1 ASR技术原理

5.1.1 ASR系统概况

ASR技术是可管理的含水层补给(Managed Aquifer Recharge,MAR)的具体表现形式之一,也是目前地下水人工回灌的有效方式之一。通常,可管理的含水层补给是指有针对性地对含水层进行回灌,在自然条件下通过土壤、岩石裂隙等下渗或溪流渗透补给含水层,从而逐渐恢复或改善含水层生态环境。可管理含水层补给类型主要包括13个种类,分别为:①含水层储存和回采(ASR);②含水层储存、运移和回采(ASTR);③包气带或干井;④过滤池和补给堰;⑤雨水集蓄;⑥堤岸过滤;⑦渗水廊道;⑧沙丘过滤;⑨渗池;⑩土壤含水层处理(SAT);⑪地下水坝;⑫沙坝;⑬补给释放。含水层补给类型示意图如图5-1所示。

可管理的含水层补给水源有多种形式,如雨洪水、再生水、自来水、淡化的海水,或来自其他含水层的地下水。补给水源在回灌前经过适当的预处理,有时再处理后再回灌至含水层进行储存,后续可用于饮用水供应、工业用水、农业灌溉、生活用水及地下水关联生态系统用水。含水层存储和回采技术(Aquifer Storage and Recovery,ASR)又称地下水人工回灌-回采技术,是指在水量充沛的情况下,采用一定工程技术措施,将符合规定水质标准的地表水或其他可利用水源通过灌抽两用井回灌至含水层,并作为地下水资源储备;当用户需水时,通过相同的灌抽井抽取地下水并合理配置水资源以有效满足需水要求。

ASR属于管井注入法,补给水源通过钻孔、大口径井或坑道直接注入含水层中的一种有效方法。与其他可管理含水层补给类型相比,ASR技术的优点是受地形、厚层弱透水层分布和地下水埋深等条件限制较小,占地面积小,不易受地面气候变化等因素影响;缺点是由于水量集中注入,井及其附近含水层中流速较大,井管和含水层易被阻塞,且对水质要求较高,需专门的水处理设备、输配水系统和加压系统,工程投资和运转时管理费用较高。

ASR技术利用含水层巨大储水空间,对不同水源进行联合调蓄,同时,利用含水层过滤功能,改善地下水水质。ASR技术的主要用途如下:①地表水和地下水联合调蓄,提高水资源保障能力;②改善地下水水质;③防止咸水从沿海含水层入侵;④减少储存水的蒸发;⑤维护地下水关联生态系统。

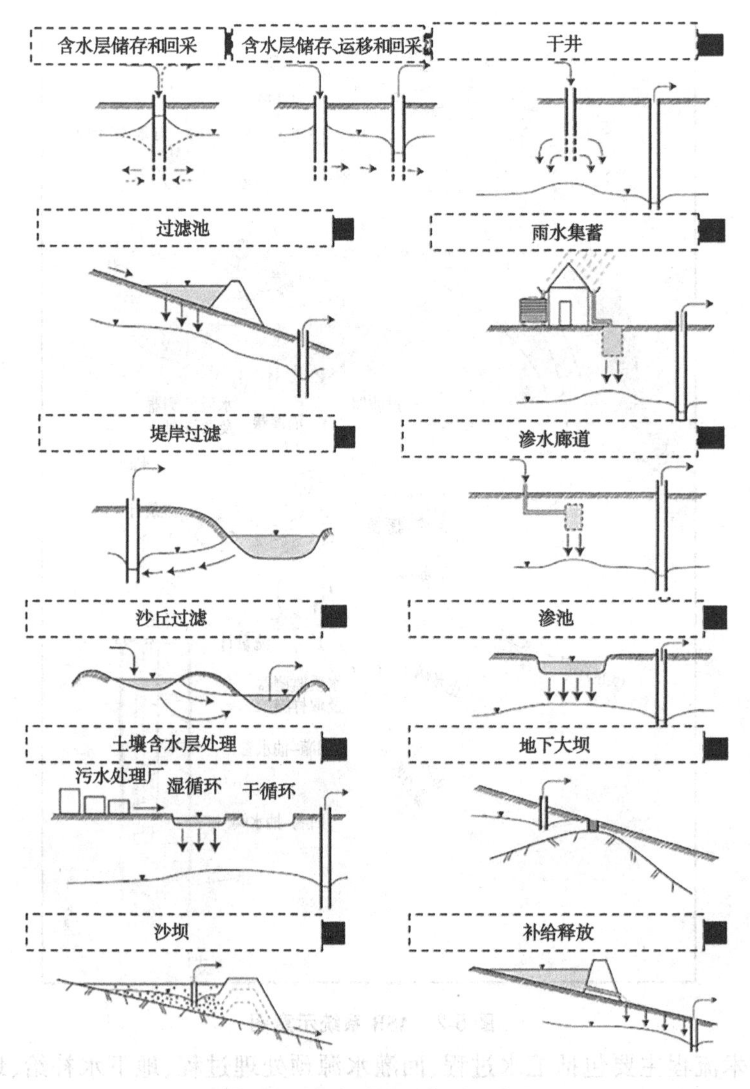

图 5-1　含水层补给类型示意图

5.1.2　ASR 系统框架组成

ASR 系统主要包括水源子系统、输水管道子系统、水处理子系统、控制子系统、地下水回灌流量调节子系统。水源子系统主要涉及可利用的回灌水源汇集及水源供给装置；输水管道子系统包括回灌输出管道、供水输出管道、水泵以及管道控制阀；水处理子系统包括过滤器、消毒装置、水质水量监测装置等；控制子系统包括 PLC、管道电磁阀信号传输、水质水量监测装置信号传输、灌抽两用阀的控制，以及动力装置的控制部分；地下水回灌流量调节子系统包括地下水灌抽两用阀的流量调节装置。ASR 系统示意图如图 5-2 所示。

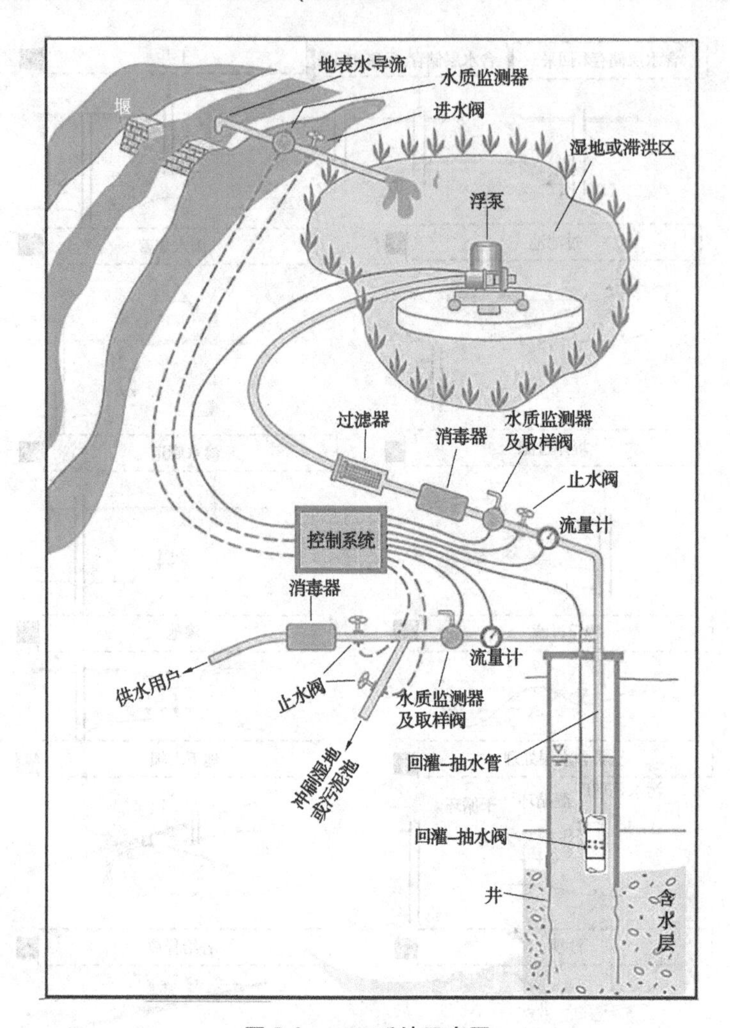

图 5-2　ASR 系统示意图

ASR 技术流程主要包括汇水过程、回灌水源预处理过程、地下水补给、地下水储存、地下水开采、水质后处理、最终用户。ASR 技术流程见图 5-3。

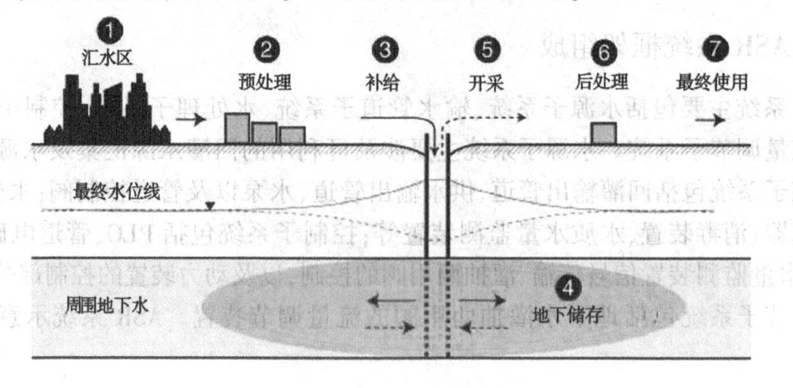

图 5-3　ASR 技术流程

5.2　ASR 工程基本条件

5.2.1　成井水文地质条件

ASR 成井技术应用主要受制于当地水文地质条件,含水层的可利用容积、埋藏深度、导水和储水性能以及排泄条件等,这些要素对人工回灌能否建设至关重要。例如,区域内含水层分布范围较小,地下水回灌可利用容积有限;含水层渗透能力有限;或者含水层补给后,渗透流失严重,不能够长时间储存地下水补给水量,则通常认为此种情况下,该区域含水层不适于进行人工回灌补给。已有试验研究结果表明,地下水人工补给最佳水文地质条件,即含水层厚度 30~60 m,回灌含水层呈现均匀平缓分布且广泛,同时,含水层渗透性能处在中等以上的各类砂质岩层或裂隙岩层。

5.2.2　回灌水源条件

地下水 ASR 回灌中,回灌水源问题十分重要,也是地下水资源人工补给过程中首要考虑的问题。通常,回灌水源主要包括地表水(河道径流、水库工程调蓄等)、雨水、城市污水处理回用的中水。在水资源丰富、河网密度较大的南方地区,地下水人工回灌水源问题不太突出,但从经济和效果等方面来看,有取水远近、水质好坏、净水难易、费用高低等问题。在缺水的北方地区,水源问题则尤为突出,有水库蓄水控制的河道径流、水库和回用的城市污水是地下水人工回灌的主要考虑水源。

5.2.3　成井工艺条件

钻井过程中严格控制钻压,均匀给进,确保钻孔垂直度,以确保滤水管周围有厚度均匀的填砾层。成孔后利用电测方法确定采水目的层位置。对采水层采用筒状圆牙钻具进行井壁刮切,以保证透水层通畅。经泥浆调整后下管,下管后再进行不少于 24 h 的充分换浆,待泥浆比重稀释至 1.08 g/cm^2 后再进行填砾。填砾沿井孔四周均匀缓慢填入,当证实填砾厚度满足要求后,先经一阶段洗井,洗井中丈量填砾高度,如有降落还须补填。然后用红黏土进行上部井孔封闭。

洗井采用“先活塞,后抽负压”两种方法进行。两种方法均分层、逐段清洗,时间不少于 72 h,至水清砂净为止。只有在施工中控制技术操作规程,对井孔直径垂直度、泥浆性能指标严格掌握,保证其符合《供水管井技术规范》(GB 50296—2014)的要求,才能为以后采水回灌的正常运行打下良好的基础。

5.2.4　回灌方案可行性条件

回灌工程主要包括钻井施工、管网配套、水质处理技术设备、供电设备、水源储存设备等。工程造价决定回灌方案是否可行,同时,后期回灌工程的运行管理、设备维护等也是需要考虑的重要因素。所以,实施地下水人工回灌,不仅要考虑增加单位水量的工程投资,还应考虑工程运转后水的成本对比,以及工程方案在其他方面的综合效益和对环境可能带来的各种有利和不利影响,通过多种方案对比分析,最终选择一个合理的回灌方案。

5.3 地下水回灌水源水质标准与预处理

5.3.1 回灌水源水质要求

地下水人工回灌水源主要包括地表水、雨水或城市再生水。为防止地下水回灌过程中发生地下水污染或者含水层堵塞等问题,地下水人工回灌水源必须满足一定的水质要求。通常主要水质控制参数为微生物学质量、总无机物量、重金属、难降解有机物及有毒有害物质等。地表水(或雨水)水质较好,污染物相对较少,仅经过简单过滤预处理即可用于回灌含水层。相对于一般的地表水,城市再生水含有较高浓度的盐分、痕量物质(有机污染物、重金属等)、病原体等,Brissaud 等研究表明,直接利用再生水回灌会对地下水环境造成一定风险。为减小再生水回灌水源对地下水环境的影响,2005 年,Dillon 利用再生水厂反渗透净化技术与土壤含水层处理技术(SAT)来提高回灌水源水质,然后再回灌至含水层,可有效降低再生水回灌地下水的污染风险。2005 年,陈坚等在河南省郑州市建立再生水回灌示范工程,探讨了利用人工修建的入渗池进行回灌与回采应用。当回灌水源不能满足水质要求时,回灌水源水质需进行预处理,同时,因回灌地区水文地质条件、回灌水源、回灌方式、回用用途、回灌水与原地下水可能产生的化学反应、对管井和含水层可能产生的腐蚀和堵塞、地层的净化能力等不同而预处理程度有所不同。

目前国内仅针对再生水回灌出台了《城市污水再生利用 地下水回灌水质》(GB/T 19772—2005),而对于其他回灌水源水质要求尚未制定相关标准,回灌水源水质不低于回灌含水层现状地下水水质要求,以不污染地下水为基本原则。具体要求:回灌水源水质略好于原地下水水质,最好能够达到饮用水水质标准;回灌水水质尽量与原地下水水质接近,避免发生氧化还原反应、离子交换反应等,使回灌区地下水水质变差;另外,水源不应对井管和滤水管产生腐蚀,减少回灌井使用寿命。人工地下水回灌水源水质基本要求如表 5-1 所示。

表 5-1 人工地下水回灌水源水质基本要求

水源类型	主要污染物	回灌水质要求
城市再生水	无机物、有机物、重金属、微生物等	《城市污水再生利用 地下水回灌水质》(GB/T 19772—2005)
雨水	少量重金属、无机物为主	原则上达到回灌含水层现状地下水水质要求,不污染地下水
地表水(河流、水库或外调水)	少量重金属、无机物为主	原则上达到回灌含水层现状地下水水质要求,不污染地下水

再生水回灌中深层含水层时,回灌区入水口的水质控制项目分为基本控制项目和选择控制项目,这两类控制项目应满足《城市污水再生利用 地下水回灌水质》(GB/T 19772—2005),基本控制项目及限值见表5-2,选择控制项目及限值见表5-3。回灌前,应对回灌水源的基本控制项目和选择控制项目进行全面的检测,使水质满足《城市污水再生利用 地下水回灌水质》(GB/T 19772—2005)的要求。采用井灌的方式进行回灌,回灌水在被抽取利用前,应在地下停留12个月以上。

表5-2　再生水地下水回灌基本控制项目及限值(GB/T 19772—2005)

序号	基本控制项目	单位	地表回灌	井灌
1	色度	稀释倍数	30	15
2	浊度	NTU	10	5
3	pH	—	6.5~8.5	6.5~8.5
4	总硬度(以 $CaCO_3$ 计)	mg/L	450	450
5	溶解性总固体	mg/L	1 000	1 000
6	硫酸盐	mg/L	250	250
7	氯化物	mg/L	250	250
8	挥发酚类(以苯酚计)	mg/L	0.5	0.002
9	阴离子表面活性剂	mg/L	0.3	0.3
10	化学需氧量(COD)	mg/L	40	15
11	五日生化需氧量(BOD_5)	mg/L	10	4
12	硝酸盐(以N计)	mg/L	15	15
13	亚硝酸盐(以N计)	mg/L	0.02	0.02
14	氨氮(以N计)	mg/L	1.0	0.2
15	总磷(以P计)	mg/L	1.0	1.0
16	动植物油	mg/L	0.5	0.05
17	石油类	mg/L	0.5	0.05
18	氰化物	mg/L	0.05	0.05
19	硫化物	mg/L	0.2	0.2
20	氟化物	mg/L	1.0	1.0
21	粪大肠菌群数	个/L	1 000	3

注:表层黏土层厚度不宜小于1 m,若小于1 m按井灌要求执行。

表 5-3　再生水地下水回灌选择控制项目及限值(GB/T 19772—2005)

序号	选择控制项目	限制	序号	选择控制项目	限制
1	总汞	0.001	27	三氯乙烯	0.07
2	烷基汞	不得检出	28	四氯乙烯	0.04
3	总镉	0.01	29	苯	0
4	六价铬	0.05	30	甲苯	0.7
5	总砷	0.05	31	二甲苯[a]	0.5
6	总铅	0.05	32	乙苯	0.3
7	总镍	0.05	33	氯苯	0.3
8	总铍	0.000 2	34	1,4-二氯苯	0.3
9	银	0.05	35	1,2-二氯苯	1.0
10	铜	1.0	36	硝基氯苯[b]	0.05
11	锌	1.0	37	2,4-二硝基氯苯	0.5
12	锰	0.1	38	2,4-二氯苯酚	0.093
13	锡	0.01	39	2,4,6-三氯苯酚	0.2
14	铁	0.3	40	邻苯二甲酸二丁酯	0.003
15	钡	1.0	41	邻苯二甲酸二(2-乙基已基)酯	0.008
16	苯并(a)芘	0.000 01	42	丙烯腈	0.1
17	甲醛	0.9	43	滴滴涕	0.001
18	苯胺	0.1	44	六六六	0.005
19	硝基苯	0.017	45	六氯苯	0.05
20	马拉硫磷	0.05	46	七氯	0.000 4
21	乐果	0.08	47	林丹	0.002
22	对硫磷	0.003	48	三氯乙醛	0.01
23	甲基对硫磷	0.002	49	丙烯醛	0.1
24	五氯酚	0.009	50	硼	0.5
25	三氯甲烷	0.06	51	总 α 放射性	0.1
26	四氯化碳	0.002	52	总放射性	1

注:除 51、52 项的单位是 Bq/L 外,其他项目的单位均为 mg/L。

a. 二甲苯:指对-二甲苯、间-二甲苯、邻-二甲苯。

b. 硝基氯苯:指对-硝基氯苯、间-硝基氯苯、邻-硝基氯苯。

利用城市污水再生水进行地下水回灌,相比较其他回灌水源水质要求更严格。回灌时,其回灌区入水口的水质控制项目分为基本控制项目和选择控制项目两类。基本控制项目应满足表 5-2 的规定,选择控制项目应满足表 5-3 的规定。回灌前,应对回灌水源的基本控制项目和选择控制项目进行全面的检测,确定选择控制项目,满足基本项目和选择控制项目的规定后方可进行回灌。城市污水再生水地下水回灌工程应布设监测井,回灌前应对地下水本底值进行监测,回灌过程中动态监测回灌水水质水量,一旦发现水质异常,应立即停止回灌。回灌实施过程中,水质监测基本项目:色度、浊度、pH、化学需氧量、硝酸盐、亚硝酸盐、氨氮每日监测一次,其他项目每周监测一次;选择控制项目半年监测一次。

回灌水在被抽取利用前,应在地下停留足够的时间,以进一步杀灭病原微生物,保证卫生安全。采用地表回灌的方式进行回灌,回灌水在被抽取利用前,应在地下停留 6 个月以上。采用井灌的方式进行回灌,回灌水在被抽取利用前,应在地下停留 12 个月以上。

美国国家环保局于 2001 年颁布城市污水非饮用回用的建议性指南。该指南中包括了对地下水回灌的水质和处理工艺的要求。对于以土壤渗滤方式进行人工地下水回灌,要求污水必须经二级处理和消毒,且根据需要选择是否进行深度处理。回灌水经包气带渗滤后,必须满足饮用水的水质标准,并且不能检出病原微生物。包气带至少应有 2 m 厚,取水井距离回灌点至少应有 600 m。人工回灌水至少应在地下停留一年方可抽取使用。

不同的回用用途,对再生污水有不同的水质标准要求。由于回灌涉及地下水,且停留时间最长,污染风险最大,因此地下水回灌标准在再生污水的回用标准中最为严格。同时,地下水回灌针对不同的饮用回用及非饮用回用,其标准也不同,详细可参考有关文献和技术标准。

5.3.2　回灌水源水质处理

不同水源水质情况不同,其水质处理程度和工艺也不同。雨水、河流地表水、雨洪水(季节性)等基本无污染水体水质较好,一般情况下进行简单预处理即可回灌;而对于城市再生水水质较差,水体中含有重金属、有机物、细菌等复杂污染物,作为回灌水源时,应进行强化处理或者深度处理后方可进行回灌。

5.3.2.1　一般预处理方法

河流地表水、雨洪水、雨水均是在汇水区域内由降水产生的地表径流水体。水体中的杂质是由降水中的基本物质和所流经的地区而造成的外加杂质组成的,主要含有氯、硫酸根、硝酸根、钠、铵、钙和镁等离子(浓度大多在 10 mg/L 以下)和一些有机物质(主要是挥发性化合物),同时还存在少量的重金属(如镉、铜、铬、镍、铅、锌),水体中杂质的浓度与降雨地区的污染程度有着密切的关系。该类水体一般采用预处理方法进行水质净化即可满足回灌水源水质要求。预处理工艺包括沉淀(或除沙)、过滤、消毒等过程。沉淀是水中的固体物质(如沙、胶粒、杂质)由于重力作用在水中沉降的过程;过滤是将水体中小颗粒物质或者悬浮物进行过滤的过程;消毒是采用臭氧、液氯或者紫外线等手段杀死水体中细菌的过程。

5.3.2.2 **深度处理方法**

对于再生水作为回灌水源时,在一般处理的基础上,进行深度净化处理。城市污水地下回灌预处理一般采用传统的污水处理工艺,主要有化学混凝、沉淀、过滤、活性炭吸附、膜分离技术、离子交换、臭氧氧化以及各单元工艺的组合等。再生水深度净化处理的任务是去除二级处理后残余的溶解性有机物以及无机盐类和重金属等,同时杀灭细菌和病毒,处理方法有膜法、生物处理等。深度处理程度则取决于回灌的水量、水质、地下水的类型、天然地下水稀释的可能性、土壤类型、地下水埋深、回灌方式、回用前在含水层中的停留时间以及用户对水质的要求等。

5.3.2.3 **土壤非饱和层净化处理方法**

土壤非饱和层净化处理方法依赖自然过程对已处理的污水或者具有污染的雨水、河流水体进行深度处理,包括表层土壤的过滤、非饱和带渗滤与渗流以及含水层的处理与存储等三个部分。其净化处理工艺流程包括慢速过滤、生物降解、吸附、化学反应、离子交换和沉淀等。污染物经过表层土及下包气带时产生的一系列物理、化学和生物作用可以有效去除悬浮物、氮磷、BOD、有机物、痕量金属、细菌和病毒。

5.4 地下水回灌-回采系统设计

一般情况下,回灌系统设计内容包括水处理、管路设计、灌抽控制阀体、数据采集与传输装置、系统控制装置等部分。

5.4.1 回灌方式与系统

管井的注入式回灌常采用无压(自流)、负压(真空)和加压(正压)回灌等方法。真空负压回灌对于抽灌两用井,为防止井间互相干扰,应控制合理井距。

5.4.1.1 **真空回灌**

真空回灌是指在回灌的过程中保持整个管道处在真空的环境,同时使回灌井处于真空状态,防止空气中的杂质进入。真空回灌的基本原理是:在地下水水位较低条件下,利用更具有密封装置的回灌井扬水时,泵管及水管内即充满水;当停泵时关闭控制阀和扬水阀后,由于水的重力作用,其随泵内水面下跌,泵内水面与控制阀区间即会产生真空,使泵内外水位产生10 m高的水头差;当开启水源阀门和控制阀门后,因真空虹吸作用,水就能进入泵内,破坏原有的压力平衡,在井周围产生水力坡降,回灌水就能克服阻力向含水层中渗透。真空回灌适于地下水埋藏深(静水位埋深在10 m以下)、含水层渗透性好的区域。真空回灌时需要注意以下几个问题:①进行回灌时,应该首先检查真空的密封效果;②回灌的数量应是出水量的一半左右,并且回灌的水量按从小到大进行;③必须及时采取冲洗措施;④一定要保证回灌记录的完整性,做到有据可查;⑤在冬季进行作业时应该做好管道的防冻措施,同时保证内部的储能水资源不受其他杂质污染。

5.4.1.2 **无压回灌**

无压回灌是指在不用加压泵加压的情况下,即在自然条件下将水源直接注入回灌井进行回灌。无压自流回灌适于含水层渗透性好,井中有回灌水位和静止水位差的区域。

5.4.1.3　**加压回灌**

加压回灌指的是在压力泵的作用下,将水源加压注入回灌井中,适用于地下水水位高、透水性差的地层。用这种方式进行回灌,回灌的难易程度与含水层的空隙发育及地下水运移通道的顺畅程度密切相关。进行压力回灌时,需要注意:要提前将管道内的空气排空,保持真空状态;要定期清除过滤网上的杂质,定期放气;离心泵不要把空气打入井内,否则易造成阻塞。回灌井所在的含水层空隙发育,回灌相对容易,而空隙不发育,回灌相对困难。另外,对于孔隙含水层的回灌,初期回灌能力较强,后期回灌能力减弱,在初期可采用自然回灌,后期需采用加压回灌。对于裂隙含水层的回灌,初期回灌能力较弱,可采用加压回灌,随着回灌的进行,回灌能力逐渐增强,后期可采用自然回灌。

5.4.2　回灌流量确定

5.4.2.1　**基本假定**

在一半径为 R 的圆形岛状、均质、各向同性的含水层中,设一口抽灌两用回灌井,假设圆岛边界的水头保持不变,如从井中定流量回灌,回灌过程中,地下水运动保持稳态。此时,水流特征如下:水流为水平径向流,即流线为指向井轴的径向直线,等水头面为以井为共轴的圆柱面,并与过水断面一致;通过各过水断面的流量处处相等,并等于井的流量。

5.4.2.2　**承压含水层回灌井单井回灌量计算公式**

当回灌水通过回灌井进入含水层时,水流为井流,地下水回灌井示意图见图5-4,参照承压含水层完整井 Dupit 公式,回灌井的单井回灌量如下:

$$Q = 2.73\frac{KM(h_0 - H_0)}{\lg\dfrac{R}{r_w}}$$

式中　Q——回灌流量,m^3/d;

K——含水层渗透系数,m/d;

M——滤水管长度,m;

h_0——井内回灌水位,m;

H_0——初始地下水水位,m;

R——影响半径,m;

r_w——井管半径,m。

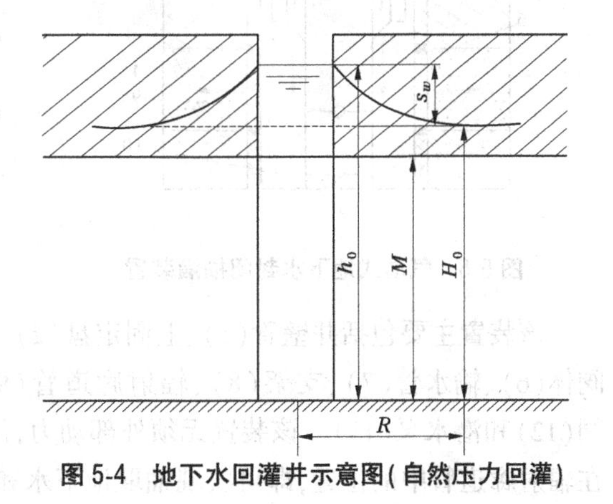

图5-4　地下水回灌井示意图(自然压力回灌)

5.4.3　灌抽两用阀体设计

对于同井回灌和开采模式,需要设计灌抽两用阀体,作为回灌装置系统的一部分,安装在井口位置,便于维护管理。一般采用以下几种设计方式:

(1)气动式地下水封闭抽灌装置(见图5-5)。

该装置主要包括井壁管(1)、上固定盘(2)、外阀体(3)、下固定盘(4)、内阀体(5)、输水管(6)、内胆(7)、排气阻水阀(8)、止回阀(9)和潜水泵(10)。该装置仅利用外部压力装置通过气孔调节内胆位置,进而关闭或者开启输水管道上设置的出水孔,实现抽取地下水和回灌补给地下水的模式转换,具有原理简单、节约成本的优点。该装置的运行过程完全封闭,可实现地下水加压回灌功能;该装置位于井口以上,便于设备维护,延长设备使用寿命。该装置利用排气阻水阀可实现不运行模式下的自动排气和密封,适用于地源热泵系统回灌、地下水超采区回灌补源,尤其适用于中深层地下水的回灌与开采,具有良好的应用前景。

(2)球式地下水封闭抽灌装置(见图5-6)。

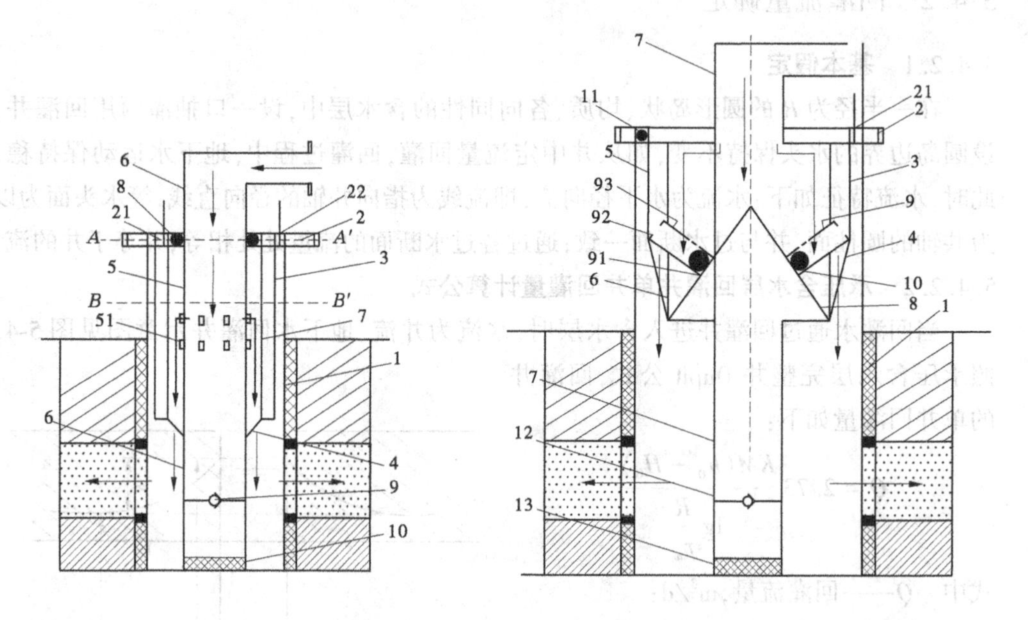

图5-5 气动式地下水封闭抽灌装置　　图5-6 球式地下水封闭抽灌装置

该装置主要包括井壁管(1)、上固定盘(2)、护壁罩(3)、下固定盘(4)、上阀体(5)、下阀体(6)、输水管(7)、支架(8)、辐射廊道管(9)、阻塞球(10)、排气阻水阀(11)、止回阀(12)和潜水泵(13)。该装置无须外部动力,仅利用阻塞球重力和抽水冲力调整阻塞球在辐射廊道管中的位置,即可实现抽取地下水和回灌补给地下水的模式转换,具有原理简单、节约成本的优点。在运行过程中完全封闭,利用外部水压的输入即可实现地下水加压回灌功能。该装置位于井口以上,便于设备维护,延长设备使用寿命。利用排气阻水阀可实现不同运行模式下深井内自动排气和密封,适用于地源热泵系统回灌、地下水超采区回灌补源,尤其适用于中深层地下水的回灌与开采,具有良好的应用前景。

(3)井口磁吸式地下水封闭抽灌装置(见图5-7)。

该装置主要包括井壁管(1)、外阀体(2)、内阀体(3)、上压盖(4)、下压盖(5)、输水管(6)、导水管(7)、电磁组件(8)、封闭环(9)、排气阻水阀(10)、止回阀(11)和潜水泵(12)。该装置仅利用电磁铁控制吸铁块上下调节封闭环,关闭或者开启出水孔,实现抽取地下水或者回灌补给地下水,具有原理简单、电磁调节、节约成本的优点。同时,该装置在运行过程中完全封闭密封,可实现地下水的加压回灌功能。该装置整体设计体积较小,置于井口以上,便于设备维护,延长设备的使用寿命。该装置利用排气阻水阀可实现不运行模式下深井内部气体的自动排气和密封,适用于地源热泵系统回灌、地下水超采区回灌补源,尤其适用于中深层地下水的回灌与开采,具有良好的应用前景。

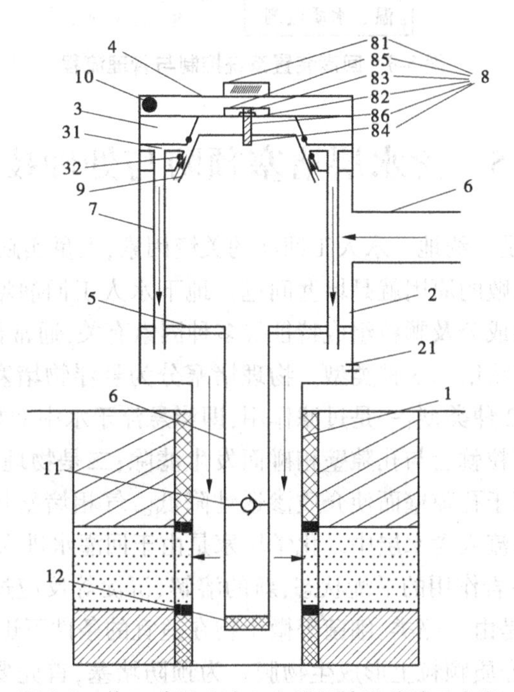

图 5-7　井口磁吸式地下水封闭抽灌装置示意图

5.4.4　回灌装置系统控制与管理平台

回灌装置系统控制与管理可实现整个回灌和回采系统的自动化运转和试验数据的管理分析。回灌装置系统控制可创建为现场模式和远程控制两种模式,其中远程控制开发手机 APP 或者桌面版远程控制端。回灌装置系统控制模块包括回灌水泵和抽水泵的启停控制、输水管道电动控制阀开关控制、管道温度与压力监测、回灌水源蓄水池水位和进水控制以及监测井(水位、水温、水质等)数据收集和传输等。回灌装置系统可以通过蓄水池水位变化控制进水电动阀的开启关闭状态,调整蓄水池蓄水量;通过回灌水管压力调整变频器进而调整回灌水泵的流量大小,同时也可以实现自然回灌和加压回灌两种回灌形式控制。系统控制流程如图 5-8 所示。

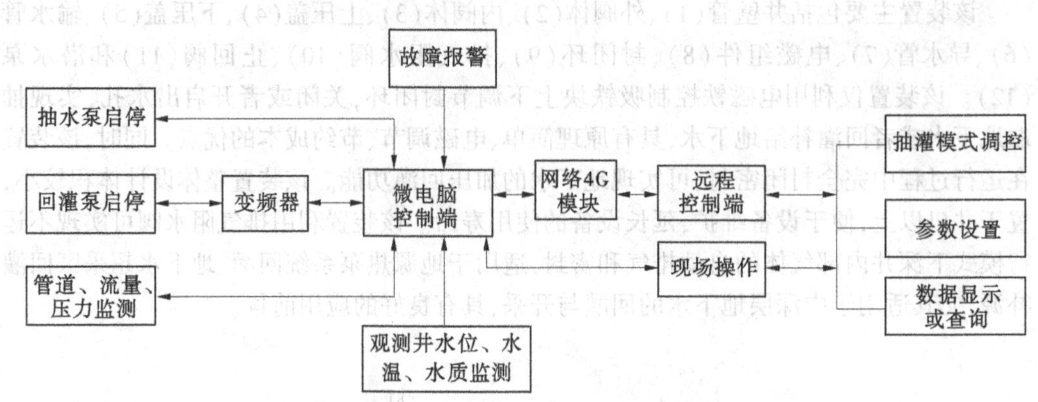

图 5-8 回灌装置系统控制与管理流程

5.5 含水层堵塞预防与处理技术

含水层堵塞问题是制约地下水人工回灌的关键因素,大量实践证明,在地下水人工回灌系统中,导致工程失败的原因就是堵塞问题。地下水人工回灌堵塞问题的产生与回灌水质、入渗介质的矿物成分及颗粒组成特征等多种因素有关,通常根据成因将堵塞分为物理堵塞、化学堵塞和生物堵塞 3 种类型。物理堵塞分为悬浮物堵塞和气相堵塞,其中,悬浮物堵塞机制主要有 2 种类型:一是过滤作用,即当悬浮于水中的颗粒直径大于入渗介质的孔隙直径时,悬浮颗粒就会与孔隙壁相碰而发生滤除;二是物理沉淀作用,即悬浮物在重力作用下,沉淀积聚于孔隙壁而使介质渗透性降低。气相堵塞是由于回灌装置密封不严,大量空气随回灌水流入含水层中。化学堵塞是由于回灌水进入地下含水层后,急剧地改变了含水层原来水-岩作用的平衡状态,新的溶解、沉淀等反应过程可改变含水介质的渗透性能。生物堵塞是由于藻类、细菌等微生物在适宜的条件下迅速繁殖,其生物体或代谢产物附着或堆积在介质颗粒上形成生物膜。为预防堵塞,首先要对水质进行严格的控制,以减少因回灌水质问题而造成的堵塞。预防井灌的物理堵塞,可根据水源调节 TSS、浊度等;预防井灌的化学堵塞,可调节水源的 pH、DOC、Eh 等;预防井灌的生物堵塞,可调节饱和指数、pH、Cl^-含量等。人工回灌堵塞预防的水质要求推荐值见表 5-4。

表 5-4 人工回灌堵塞预防的水质要求推荐值

堵塞类型		水质要求推荐值
物理堵塞	井灌	TSS<2 mg/L(K>40 m/d);TSS<0.1 mg/L(4 mg/d<K<40 m/d);修正堵塞指数(MFI)<3~5 s/L^2;浊度<1 NTU
生物堵塞	井灌	pH>7.2;消除 CO_2;DOC<2 mg/L;Eh>10 mV
化学堵塞	井灌	[Fe^{2+}]<11.2 mg/L;pH< 7.5;低[Ca^{2+}][Mg^{2+}];TDS< 150 mg/L;[Cl^-]< 500 mg/L

另外,需要从工程角度来采取合理的预防与治理措施,目前常见的一些治理不同类型

堵塞的方法见表 5-5。针对物理堵塞中的悬浮物堵塞问题，通常采取以下治理措施：①补给之前进行絮凝和沉淀，过滤悬浮物；②通过抽水使水流发生反向运动对介质进行整体反冲洗。针对物理堵塞中的气相堵塞问题，可采用定期回扬的方法减少大量空气随回灌水流进入含水层，所谓回扬，即在回灌井中开泵抽排水中堵塞物。每口回灌井回扬次数和回扬持续时间主要由含水层颗粒大小和渗透性而定，掌握适当回扬次数和时间，才能获得好的回灌效果。治理化学堵塞，可采用酸化、定期抽水等方法。治理生物堵塞，可采取减少营养物质，限制补给水中组分的浓度(TOC 等)，向回灌系统中投加杀菌剂或溶菌剂等措施，来增大含水层渗透性，其中，减少营养物质及限制补给水中 TOC 浓度可抑制微生物生长，投加杀菌剂可杀死介质中附着的某种或部分微生物，以及抑制微生物胞外聚合物的大量产生。

表 5-5　不同堵塞类型的主要防治措施

堵塞类型		主要防治措施
物理堵塞	悬浮物堵塞	(1)补给之前进行絮凝和沉淀，过滤悬浮物；(2)周期性抽水反冲，消除沉积物
	气相堵塞	(1)注水设备密封良好；(2)定期回扬抽水
化学堵塞		(1)酸化；(2)定期抽水；(3)隔离地层；(4)避免混入氧气
生物堵塞	细菌	(1)消毒；(2)减少营养物质；(3)限制补给水中组分的浓度(TOC 等)
	藻类	(1)过滤；(2)减少营养物质含量；(3)加入化学试剂

回灌过程中堵塞问题不可避免，通过合理的水质预处理技术和合理的回灌工艺(回灌负荷、水温控制、恒压调节等)，可以有效地延迟堵塞发生的时间，减缓堵塞累积的程度。

(1)酸化处理法。

酸化可用来增加未损坏井所在的含水层渗透率，当井管被颗粒物质或微生物阻塞时，酸化可以增强井管的渗透性能。进行酸化时，切勿注入过多的酸，破坏含水层介质。此外，需要使用支撑剂来维持含水层介质的稳定性并在酸化后保持其渗透性能。理想的酸化流体在介质中的穿透距离长，可增加回灌水源在介质中的入渗能力，且不破坏含水层介质。酸化处理最常见的酸类为盐酸、氢氟酸、乙酸、甲酸、氨基磺酸、氯乙酸、羟基乙酸。这些酸类具有不同的特性，可根据含水介质的特点选取不同的酸类。控制酸反应速率的主要因素为单位体积酸的接触面积、地层温度、压力、酸浓度、酸型、地层岩石的物理和化学特性、酸的流速。盐酸和氢氟酸是两种最常见的用于酸化处理的酸类，然而，它们与介质的反应速率过快，穿透距离短且反应剧烈，易形成“虫洞”，限制了它们的有效性。目前酸化效果最好的酸类为羟基乙酸，相比常规的酸(包括 HCl 和有机酸)，使用更安全，与含水介质的接触时间长，穿透距离长，且具有杀菌作用，可杀灭铁菌，相对无腐蚀性，不产生烟雾。

(2)杀菌剂。

加入氯化物可限制铁细菌和其他微生物的生长，氯化物浓度宜介于 500~2 000 mg/L。

一旦将其加入井中,应立即注入回灌水源与其混合,既有利于减少回灌水源的微生物含量,又利于氯化物渗入含水介质的空隙中,减少因微生物造成的堵塞。同时,应对井中的氯化物和水源不断搅拌,以促进微生物与氯化物充分接触,其中,机械刷涂、搅拌、冲击和喷射都利于微生物与氯化物的充分混合,且混合时间越长越能起到杀菌作用。

5.6 实例应用

选取德州城区北部天衢工业园区某企业自备井进行 ASR 工程试验,试验区位于德州市德城区。试验区所在为黄河冲积平原地貌单元,地势平坦。某企业厂区占地面积 42.3 万 m^2,某企业厂区原取水水源为中深层地下水,取水层在 400~500 m Ⅳ组、Ⅴ组承压含水层,共打深井 6 眼。某企业厂区为深层地下水超采区,德州市水利局实施地下水超采区综合整治,将厂区原有地下水开采井全部停采,并将取水水源调整为德州市黄河水。本次中深层地下水回灌工程建设,选取厂区内 3 眼机井(1#、2#、3#),利用其中 3#机井进行回灌,另外两眼机井(1#、2#)作为观测井,进行水位、水温、水质等指标参数的实时监测,回灌水源为黄河水,自厂区内供水管网接引,见图 5-9。

图 5-9 厂区回灌井、监测井位置分布

5.6.1 试验区基本概况

5.6.1.1 区域水文气象

德州市德城区处于鲁西北黄河下游,东邻渤海湾,处于东部沿海与内陆过渡地带,属暖温带半湿润季风气候,多年平均降水量为 542.1 mm(1950—2008 年),最大年降水量为 1 058.9 mm(1964 年),最小年降水量为 256.7 mm(1965 年),最大值是最小值的 4.1 倍。由于受季风气候的影响,降水的年内分配有明显的季节性,汛期(6—9 月)降水量占全年的 75.8%。多年平均水面蒸发量为 907.0 m(1956—2008 年 E_{601} 型蒸发皿),一般 3—6

月最大,占全年蒸发量的 50%以上,12 月至翌年 1 月最小。多年平均气温 12.9 ℃,最高气温 43.4 ℃,最低气温-27 ℃。历年平均日照时数 2 729 h,日照率 61%,干燥度 1.29 左右。

5.6.1.2　地形地貌特征

德城区地处华北平原中部,地表浅层沉积物系历史上黄河的冲积物质,地形变化受黄河近期迁移泛滥的直接作用,形成了垄岗地形、缓平坡地、洼地及河槽洼地四种地貌形态。地面标高介于 17~25 m。依据土壤发生学分类原则,可分为 2 个土类:潮土、盐土,5 个亚类:褐化潮土、潮土、盐化潮土、湿潮土、潮盐土。

5.6.1.3　区域水文地质条件

德城区位于华北平原的东南部,在地质构造上属华北板块中、新生代断陷盆地,中生代以来,受燕山运动和喜马拉雅运动的影响,一直缓慢下降,沉积了巨厚的新生界地层。第四系为河湖相松散沉积物,厚度为 250~300 m,第三系为湖相碎屑沉积岩,含石油石膏。上第三系地层厚度较稳定;下第三系地层沉积厚度变化较大,在凹陷区沉积厚度为 1 500~2 500 m 以上,而在凸起区缺失,断裂构造发育,并伴有火山喷发。区内新生界地层自老至新依次如下:下第三系孔店组(Ek)、下第三系沙河街组(Es)、下第三系东营组(Ed)、上第三系馆陶组(Ng)、上第三系明化镇组(Nm)、第四系平原组(Q)。

德城区在大地构造单元上属华北地台辽冀台向斜临清坳陷的次级构造单元—德州凹陷、黄骅坳陷的次级构造单元—吴桥凹陷范围内,区域构造单元划分如表 5-6 所示。

表 5-6　区域构造单元划分

一级(Ⅰ)	二级(Ⅱ)	三级(Ⅲ)	四级(Ⅳ)	五级(Ⅴ)
华北板块	辽冀台向斜	沧县隆起区($Ⅲ_1$)	隆兴庄—武城凸起($Ⅳ_1$)	
		临清坳陷区($Ⅲ_2$)	德州凹陷($Ⅳ_2$)	德南向斜($Ⅴ_1$)
		黄骅坳陷区($Ⅲ_3$)	隆兴庄—武城凸起($Ⅳ_3$)	避雷店地垒($Ⅴ_2$)

德城区属于黄河下游冲积平原孔隙水水文地质区,地下水赋存于第四系与第三系不同时代、不同粒径的含水层(组)中,由于新生代以来阶段性和差异性升降运动的影响,其含水层(组)在空间分布上,结构复杂,重叠交错,地下水具有明显的分带性。依据地下水埋藏条件、水力性质和水化学特征,将 930 m 以内的地下水分为浅层潜水-微承压含水层(组)、中层承压含水层(组)和深层承压含水层(组)。浅层潜水-微承压含水层是指埋藏于 60 m 以上的淡水与咸水,浅层地下水以垂直运动为主,接受大气降水、灌溉回渗的补给,蒸发为主要排泄途径,水平径流缓慢,地下水由西南向东北缓慢流动;中层承压含水层是指埋藏于 60~250 m 深度内的承压水,含水层以粉细砂为主,厚度为 10~20 m,中层咸水顶界面差异性较大,德城区大部分地段与浅层咸水相通,构成中层咸水;深层承压含水层是指位于中层咸水体以下的淡水,单井出水量 1 000~2 000 m^3/d,但水平径流缓慢,补给条件差,再生能力弱,一旦开采,难以恢复,与上覆含水层之间水力联系不密切,其补给主要接受来自西南部及西部深层地下水的同层径流补给,排泄方式主要为人工开采。

深层承压水已成为德城区工业、生活供水水源之一。依据地层勘察成果,同时参考德城区地下水化学特征和开发利用现状,将200~930 m深度内的地下含水层划分为7个层(见表5-7),即第Ⅲ、Ⅳ、Ⅴ、Ⅵ、Ⅶ、Ⅷ、Ⅸ含水层(组)。

表5-7 德城区深层地下水水文地质参数统计表

含水层组	含水层岩性	层数	含水层厚度/m	水化学类型	矿化度/g/L	深层淡水顶界面/m	水头埋深/m
Ⅲ	细砂、粉细砂	3~4	20~25	L.H.S-N	>1.0	190~240	>100
Ⅳ	中砂夹粗砂	4~5	45~50	H-N	0.65~0.70	300~420	>100
Ⅴ	中细砂	3~4	28~31	H-N	0.80~0.85	420~500	>100
Ⅵ	中砂、含砾砂	2~3	17~25	H-N	0.80~0.85	500~600	94
Ⅶ	中砂、含砾砂	3~4	20~30	H-N	0.80~0.85	600~700	90
Ⅷ	中粗砂	3~4	20~30	H-N	0.88~0.90	700~820	89
Ⅸ	中粗砂	2~3	10~20	H-N	1.0	820~930	70

1.第Ⅲ含水层组

第Ⅲ含水层组属于过渡型含水层组,由上而下逐步淡化,含水层顶板埋深受中层咸水底界面控制,一般在190~240 m,底板埋深300 m,含水层岩性以细砂、粉细砂为主,含水层3~4个,含水层总厚度20~25 m。本含水层组为过渡层组,水质相对较差,地下水矿化度均大于1.0 g/L,水化学类型为Cl·SO_4-Na型、Cl·HCO_3·SO_4-Na型水;该含水层组地下水由于德城区多年的开采,深层地下水出水量较小,目前已无开采井或开采井很少。

2.第Ⅳ含水层组

本含水层顶板埋深300 m,底板埋深420 m,含水层岩性以中砂夹粗砂为主,含水层4~5个,含水层累计厚度45~50 m,单井出水量1 000~2 000 m/d,深层地下水埋深大于100 m,矿化度0.65~0.70 g/L,水化学类型为HCO_3-Na型水。本含水层组是德城区1978年以来的主要开发利用层组。

3.第Ⅴ含水层组

本含水层组与第Ⅳ含水层组没有明显界线,两含水层以混合开采为主。含水层由河湖相沉积的细、中砂组成,含水顶板埋深420 m,底板埋深500 m,含水层岩性以中细砂为主,含水层3~4个,含水层累计厚度28~31 m,单井出水量700~1 000 m^3/d,深层地下水埋深大于100 m,矿化度0.80~0.85 g/L,水化学类型为HCO_3-Na型水。该含水层组是德城市区1984年以来的主要开发利用层组。

4.第Ⅵ含水层组

本含水层顶板埋深500 m,底板埋深600 m,含水层岩性以中砂、含砾砂为主,含水层个数2~3个,含水层累计厚度17~25 m,单井出水量700 m^3/d左右,深层地下水埋深94 m,矿化度0.80~0.85 g/L,水化学类型为HCO_3-Na型水。

5. 第Ⅶ含水层组

本含水层顶板埋深600 m,底板埋深700 m,含水层岩性以中砂、含砾砂为主,含水层3~4个,含水层累计厚度20~30 m,单井出水量700 m^3/d左右,深层地下水埋深90 m,矿化度0.80~0.85 g/L,水化学类型为HCO_3-Na型水。

6. 第Ⅷ含水层组

本含水层顶板埋深700 m,底板埋深820 m。该含水层组有3~4个稳定的砂层,单层砂层厚度5~6 m,砂层累计厚度20~30 m,含水层岩性以中粗砂为主,偶夹含砾砂,单井出水量1 000~2 000 m^3/d,深层地下水埋深89 m左右,渗透系数0.931 8 m/d,地下水矿化度0.88~0.90 g/L,水化学类型为HCO_3-Na型水。

7. 第Ⅸ含水组

本含水层顶板埋深820 m,底板埋深930 m。该含水层组有2~3个,稳定砂层,含水砂层岩性为中细砂,含水砂层累计厚度一般在15~20 m,个别地段小于15 m,单井出水量小于1 000 m^3/d,水头埋深70 m左右,地下水矿化度1.0 g/L左右,水化学类型为HCO_3-Na型水。目前该含水层组在德城区内只有4眼深机井,开采量很小,基本未开发利用。

5.6.1.4 试验园区水源配置

根据《德州市地下水超采区综合整治实施方案》,结合根据《天衢工业园高端化工园区总体发展规划》及园区供水现状,统筹调度与优化配置地表水、地下水、外调水、非常规水,制定再生水利用规划,把非常规水纳入区域水资源管理,加大雨洪资源、中水开发利用力度。水源替代工程可以替代地下水超采区内的一部分开采量,从而削减其地下水的开采量,使其逐步得到治理。在强化节水、抑制需求的条件下,依据南水北调供水计划和南水北调配套工程管网及德州市公共供水管网等,确定以南水北调引江水、引黄水、再生水、雨洪水等为替代水源,新建供水工程、压采替代水源工程、节水改造工程等替代深层承压水和超采的浅层地下水。

规划丁东水库及大屯水库地表水为工业园区主要供水水源,同时提高对再生水的回用重视程度,减少对地下水供水的需求量,据工业园区预测,2020年、2030年园区用水量分别为728万m^3、1 224万m^3;考虑分别使用再生水298.9万m^3、497.3万m^3,故新鲜水总需求量分别为429.1万m^3、726.7万m^3,可进一步压减地下水开采量。具体用水量预测量见表5-8。

表5-8 2020、2030年化工园区用水量预测 单位:万m^3

年份	工业用水	配套设施	环境用水	总计
2020年	713	1.3	13.7	728
2030年	1 209	1.3	13.7	1 224

5.6.2 地下水回灌工程设计

根据中深层地下水回灌补给系统设计的总体要求,德州市深层地下水回灌补给试验工程主要包括水源、水质净化装置、输配水管道、灌抽两用转化阀、监测装置、控制系统与手机 APP 远程控制端。该回灌系统可实现现场操作和远程控制,同时也可以根据回灌压力和回灌流量的要求,实现自然压力回灌和加压回灌两种模式。此外,还可以通过井口处设计的灌抽两用阀体实现同井回灌和回采两种模式转换,以便在回灌过程中发生含水层堵塞时,及时进行回扬。

5.6.2.1 **水源确定**

某企业厂区生产用水已由原来开采深层地下水转换为取用丁东水库调引的黄河水。回灌工程自厂区供水管道接引黄河水作为回灌水源。

5.6.2.2 **水质净化处理装置**

考虑到厂区黄河水直接从丁东水库取水,未进行水质预处理净化,可能含有一些悬浮物或者轻微泥沙,本次在回灌系统中设计水质净化处理装置,采用除沙器除沙和过滤器过滤小粒径颗粒及悬浮物,防止回灌后含水层堵塞,水质净化装置具有自动反冲洗功能。水质净化处理装置结构示意图如图 5-10 所示。

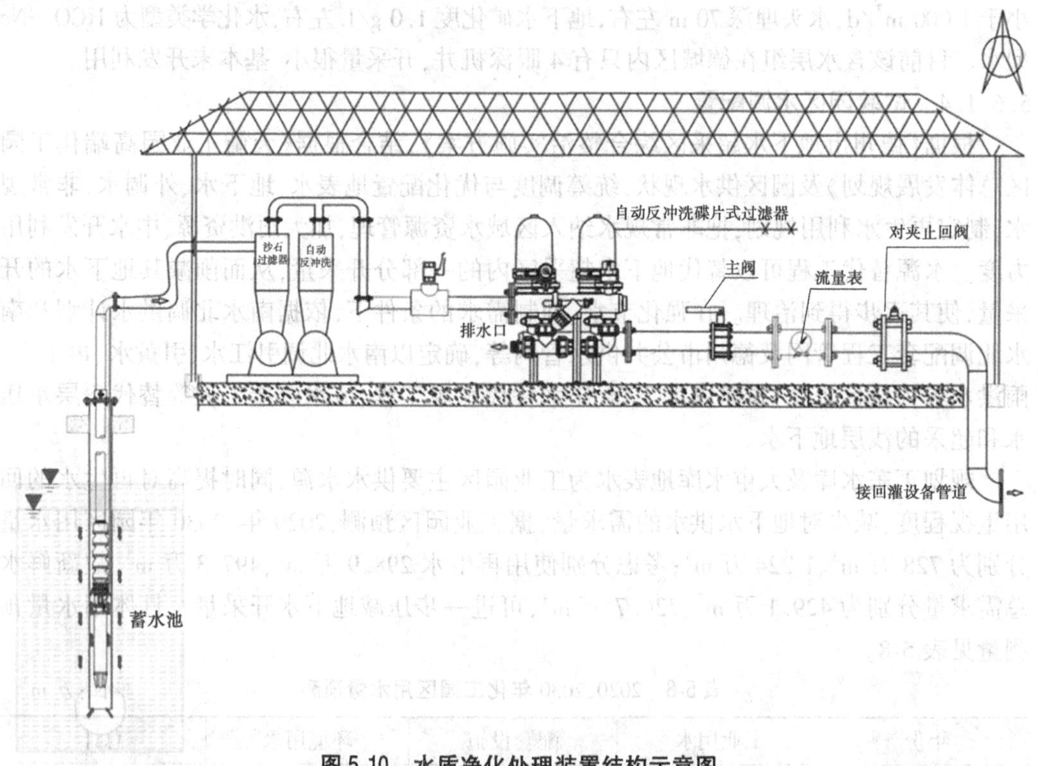

图 5-10 水质净化处理装置结构示意图

5.6.2.3 **输配水管道**

考虑到回灌井潜在应急供水和堵塞回扬的需求,回灌系统中配备了三条输配水管道,通过设置三通阀、电动阀和微电脑控制系统配合实现智能控制,分别为回灌输水管道、预留工业用水应急输配水管道、回扬排水管道。具体详见图 5-11。

5.6.2.4 **灌抽两用阀体设计**

灌抽两用阀可实现同井回灌和回采(或回扬),需要在回灌井内配备潜水泵,以便待回灌不理想,发生含水层堵塞情况时,进行回扬,改善含水层渗透性。灌抽两用阀主要包

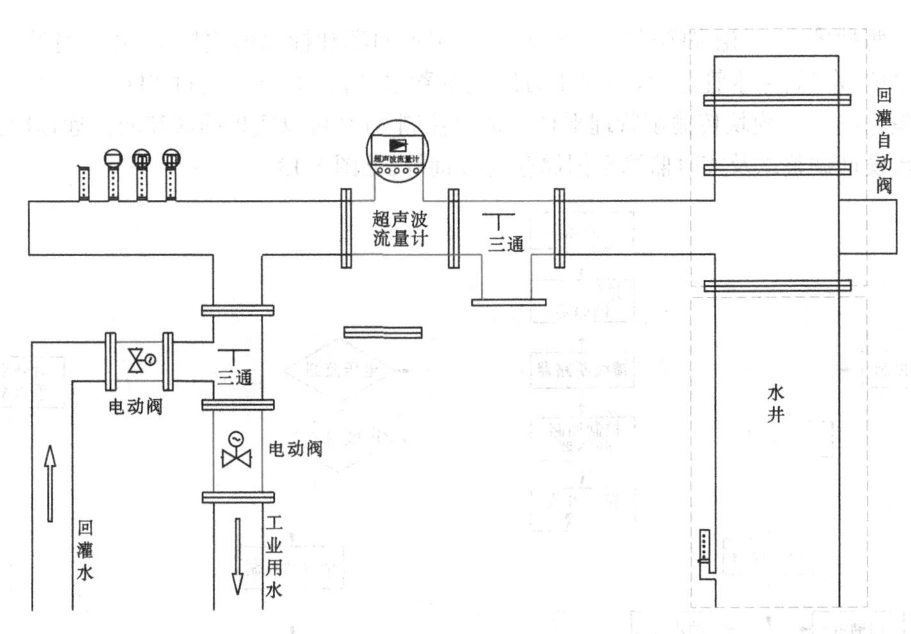

图 5-11 输配水管道示意图

括伺服电机、阀体、导向杆等部件,通过伺服电机带动转轴旋转,上下调整内阀体位置,关闭和开启回灌模式。灌抽两用阀体下端设有穿线孔和排气阀,可将井内潜水泵的电缆线、水位监测线等穿过穿线孔并进行密封,同时利用排气阀回灌时排除井内气体,防止回灌时导致含水层气相堵塞。

该阀体安装在井口位置,便于控制和维护管理,同时可使回灌和回采不同功能转换,通过排气阀控制,实现自然压力回灌和加压回灌模式自动设定。

灌抽两用阀集成见图 5-12。

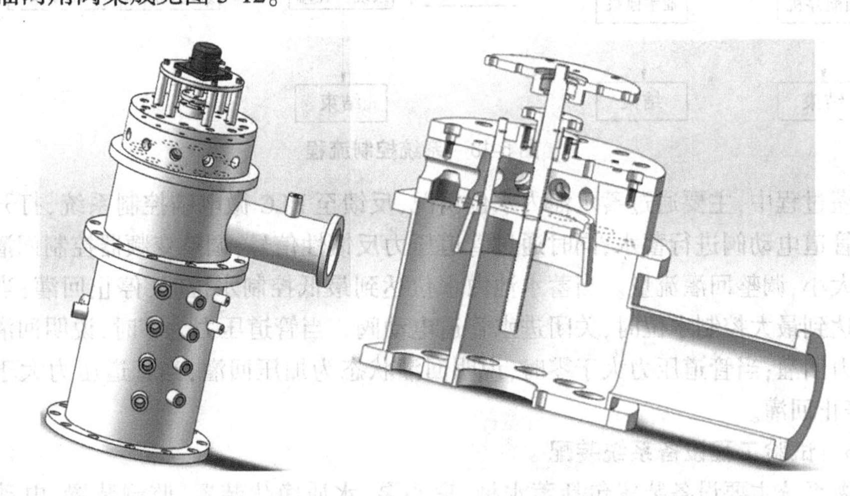

图 5-12 灌抽两用阀设计剖面

5.6.2.5 系统控制与管理 APP

地下水回灌补给系统中控制运行和监测部分全部实现自动控制,包括现场控制和远程控制两种模式,无论在哪种模式下,均可以实现回灌和抽水形式控制,并实时监控回灌井内水位、水温,输水管道、水井内压力以及调蓄水池内的水位,通过 PLC 控制端进行数据采集,通过 4G 模块传输至管理平台。远程控制 APP 可以实现回灌和回扬远程操作、回灌参数设计调整以及实时监测数据储存与查询等,见图 5-13。

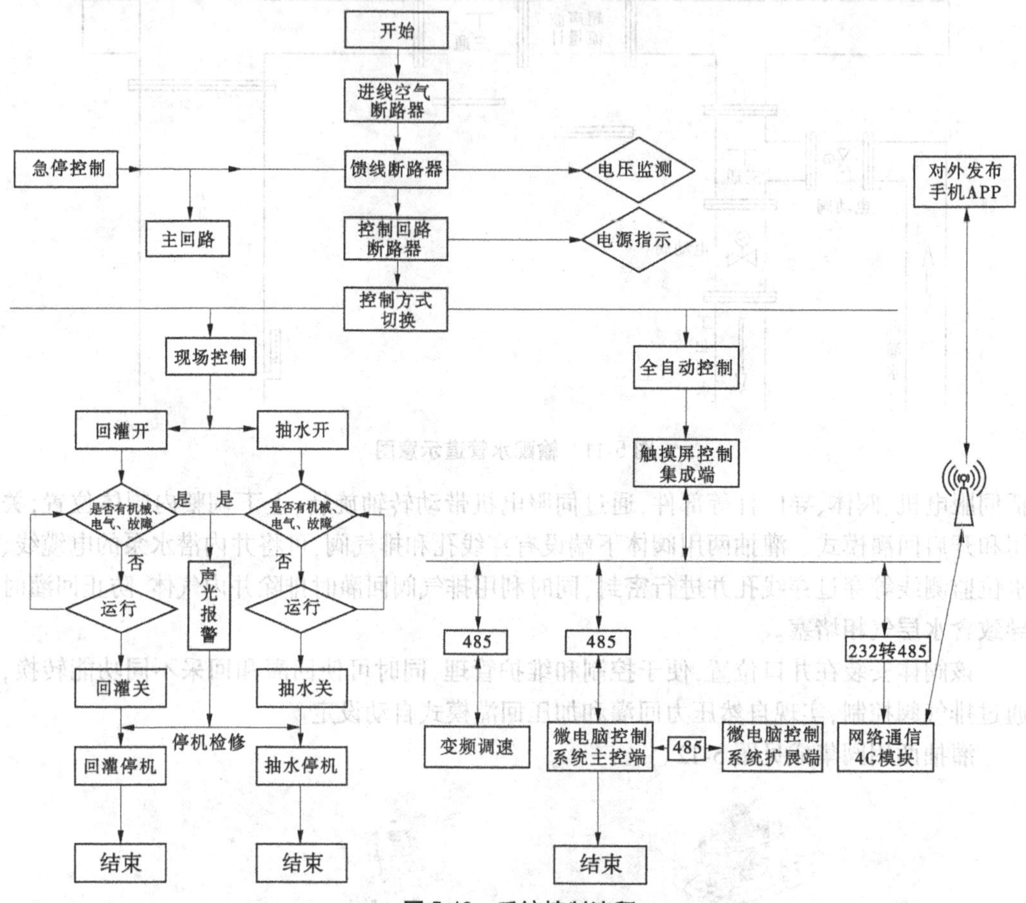

图 5-13　系统控制流程

回灌过程中,主要通过蓄水池内水位情况,反馈至 PLC 微电脑控制系统,打开或者关闭进水管道电动阀进行蓄水,同时通过管道压力反馈性信号,调整变频器控制回灌离心泵的功率大小,调整回灌流量。当蓄水池内水位达到最低控制水位时,停止回灌;当蓄水池内水位达到最大控制水位时,关闭进水管道电动阀。当管道压力为零时,说明回灌状态为自然压力回灌;当管道压力大于零时,说明回灌状态为加压回灌;当管道压力大于压力限制时,停止回灌。

5.6.2.6　试验工程设备系统装配

回灌系统主要设备装置包括蓄水桶、离心泵、水质净化装置、监测装置、电动控制阀等。主要装置及清单见表 5-9 和图 5-14。

1. 蓄水桶

蓄水桶采用户外加厚材料制成,蓄水容量 3 m^3,桶内最高蓄水位距离桶底 1.5 m,抗

冻,冬季在防护措施不是很好的情况下,依然可以在户外应用。

表 5-9　回灌系统主要装置清单

序号	项目名称	单位	规格	数量
1	蓄水桶	m^3	3	1 个
2	离心泵	m^3	30	1 个
3	PE 管	mm	ϕ 90	60 m
4	除沙器	mm	ϕ 90	1 个
5	过滤反冲装置	mm	ϕ 90	1 套
6	井内水位计(含水温、电导率)	m	0~150 m	2 个
7	蓄水桶水位计	m	3	1 个
8	电动阀	mm	ϕ 90	3 个
9	压力表	MPa	0~1.5	2 个
10	流量计	LPM	0~10	1 个

2. 离心泵

离心泵是对回灌水源进行加压的重要装置,设计流量 30 m^3/h,扬程 26 m,转速 2 900 r/min,电机功率 4 kW,离心泵回灌流量和功率可通过变频器进行实时调节,以满足不同回灌流量、自然压力回灌和加压回灌不同模式的变化。

3. 水质净化装置

回灌水先经过除沙器除去大颗粒物质,然后再进入自动反冲洗碟片式过滤器进一步过滤。

沙石过滤器是由圆柱形的双罐或多罐体制成。过滤介质为粒径 0.6~1.2 cm 石英砂和卵石等,改变沙粒粒径可改变过滤精度。双罐体的清水直接反冲洗另一罐体中的杂质,它是目前过滤器中有机杂质和无机杂质最为有效的过滤器,常用于地表水源(河、塘)的过滤。

自动反冲洗碟片式过滤器过滤阶段:水进入过滤器,通过碟片组底部的螺旋盘时水流高速旋转,产生离心效果,使水中杂质、颗粒远离碟片,通过碟片再实施深层过滤;反冲阶段:过滤后的水反方向进入过滤器,通过过滤芯,碟片松开,实施反洗,杂质、颗粒从碟片小槽上冲洗下来,由排污管排出,过滤器的碟片再次被压缩,进入过滤状态。与一般过滤器相比较,自动反冲洗碟片式过滤器过滤精度可根据需求选择不同的规格,同时实现表面过滤盒深层过滤,达到最佳;具有离心盘设计,比传统的碟片过滤器更加节水,维护费用更低,各过滤单元滤芯和接口的可换性保证了过滤器组合的多样性。

4. 控制与监测装置

电动阀是进行输水管道流量和不同管路变化的重要装置,与 PLC 微电脑控制端自动控制。项目区内对回灌井设置了水位、水温监测装置,并实时传输至数据管理平台,对监测井设置了水位、水温、水质(电导率)监测装置,同时在输水管道设置了流量计、压力和温度监测装置;在蓄水桶内设置了温度、水位等监测装置。除此之外,基于安卓操作系统开发了手机 APP,可以实现回灌系统远程控制和数据管理。

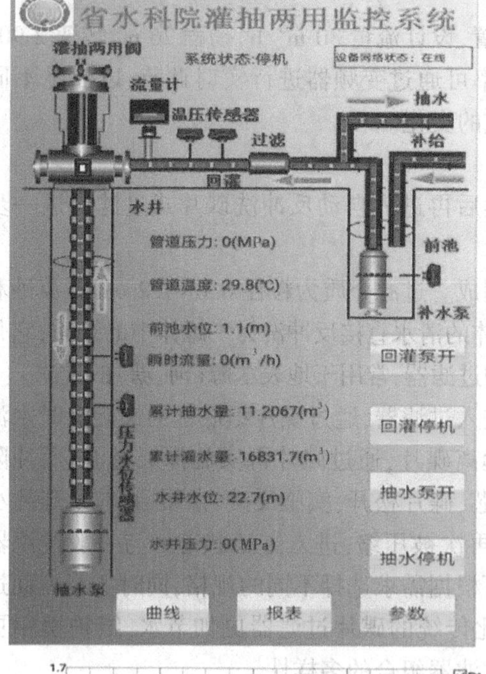

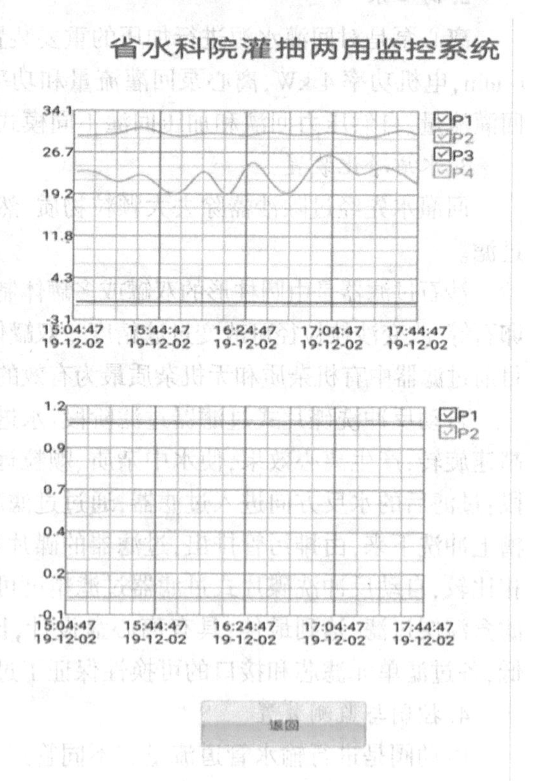

图 5-14　试验工程部分装置和远程控制平台装配

地下水水位监测采用 LSSW-200 型投入式温液一体式监测探头，该装置是一款全不锈钢设计全密封潜入式智能化液位测量仪表。该产品选用高稳定、高可靠性压阻式 OEM

压力传感器及高精度的智能化变送器处理电路,采用精密数字化温度补偿技术及非线性修正技术,是一款高精度液位测量产品。防水电缆与外壳密封连接,通气管在电缆内,可长期投入液体中使用。一体化的结构和标准化的信号输出,为现场使用和自动化控制提供了方便。该产品以两线制方式工作,体积小巧、重量轻、易安装,使用方便,可直接替代两线制模拟4~20 mA DC输出变送器,测量范围:0~200 m/H_2O;温度:0~60 ℃;精确度:±0.25% FS(典型),±0.5% FS(最大);供电电源:15~28 V DC;输出信号:4~20 mA DC,0/1~5/10 V DC(非标定制)。

压力传感器采用插入式,流量计采用管段式超声波流量计。

5.6.3 地下水回灌效果分析

5.6.3.1 回灌方案

选择厂区3眼机井,以3#机井为回灌井,以2#和1#井为观测井,其中2#观测井为实时监测,1#观测井为人工间断性取样监测。分两个阶段进行回灌试验,第一阶段为回灌初试阶段:2019年10月16—28日;第二阶段为稳定流量回灌阶段:2019年10月30日至11月28日。特别说明,10月29日至10月30日12时,回灌停止,到截止时间点回灌井内水位恢复至-100.5 m。

回灌水源为德州市丁东水库调蓄的黄河水。回灌井(3#)地面高程为20.0 m,监测井(2#)地面高程为20.16 m。

5.6.3.2 水源水质

通过取样化验对比分析,对比黄河水和当地地下水水质除个别离子指标相差比较大外,其他指标相对变化不大,满足回灌水源水质标准要求。不同水源水质化验结果见表5-10。通过水质检测发现,试验区地下水回灌含水层水化学类型为HCO_3-Na型水。黄河水中电导率、氟化物、钠等指标比现状地下水指标值要小,而黄河水中高锰酸钾指数、氯化物、硫酸盐、钙镁离子等比现状地下水指标值要大。

5.6.3.3 回灌含水层

根据某企业厂区内回灌井(3#)的钻孔成井报告,回灌井钻孔深度为531.29 m,其中0~215 m内钻孔半径27.3 cm,215~531.29 m段在钻进时调整了钻孔半径,钻孔半径减小为15.1 cm。由于浅层含水层分布淡水与咸水,中层含水层分布咸水,深层含水层分布淡水,因此深层承压含水层最适宜作为取水层及回灌层。3#回灌层主要分布在400~500 m的含水层中,涵盖德州市第Ⅳ层和第Ⅴ层组,含水层总厚度约80 m,此深度范围内黏土体与含水层间隔分布,其中含水层主要由中砂及细砂组成,透水性相对较好,适合作为回灌层(见图5-15)。

5.6.3.4 水动力条件

项目区附近的地下水水位等值线分布情况,从西南向东北,水位逐渐降低,说明地下水的流向是从西南流向东北方向;从西南向东北,等值线密度逐渐增大,说明地下水水力梯度逐渐增大,地下水流速逐渐加快(见图5-16)。

5.6.3.5 水文地质参数

回灌层的含水介质主要由细砂及中砂组成,查阅《水文地质手册》得知细砂及中砂的渗透系数经验值为5~25 m/d。山东省地质局第二水文地质队在德州市肖何庄村开展的抽水试验得到含水层的渗透系数为5.48 m/d,且肖何庄村距离回灌井约5 km,水文地质条件类似,因此可将肖何庄村含水层渗透系数作为回灌井的含水层渗透系数。

表5-10　试验工程水源水质检测结果

项目	单位	黄河原水	1#井	2#井	3#井
		2019-10-16	2019-10-15	2019-10-15	2019-10-16
温度	℃	30	21.5	22.4	21.5
pH	—	8.4	8.1	8.1	8.1
电导率	μS/cm	750	1 340	1 280	1 314
氨氮	mg/L	0.17	0.07	0.05	0.14
高锰酸盐指数(COD_{Mn})		2.3	1.3	0.7	0.6
铜		<0.005	<0.005	<0.005	<0.005
铅		<0.002 5	<0.002 5	<0.002 5	<0.002 5
锌		<0.05	<0.05	<0.05	<0.05
镉		<0.000 5	<0.000 5	<0.000 5	<0.000 5
铁		<0.03	0.31	0.10	0.36
锰		<0.01	0.04	0.03	0.02
铝		<0.01	<0.01	<0.01	0.022
挥发酚		<0.05	<0.05	<0.05	<0.05
氰化物		<0.002	<0.002	<0.002	<0.002
硫化物		<0.005	<0.005	<0.005	<0.005
阴离子洗涤剂		<0.05	<0.05	<0.05	<0.05
氟化物		0.66	3.76	3.65	3.82
氯化物		92.7	73.4	54.9	46.5
硝酸盐氮		0.31	0.145	0.081	<0.016
硫酸盐		153	130	97.2	91.5
汞		<0.000 01	<0.000 01	<0.000 01	<0.000 01
砷		0.001 2	0.004 1	0.002 7	0.005 2
硒		<0.000 3	<0.000 3	<0.000 3	<0.000 3
钠		101	289	273	244
钾		5.50	4.05	2.47	1.79
镁		25.5	1.97	2.08	2.86
钙		33.2	8.31	6.71	6.37
重碳酸根			476	461	444
总碱度			455	427	433
矿化度			673	645	665
总硬度		295	130	167	135

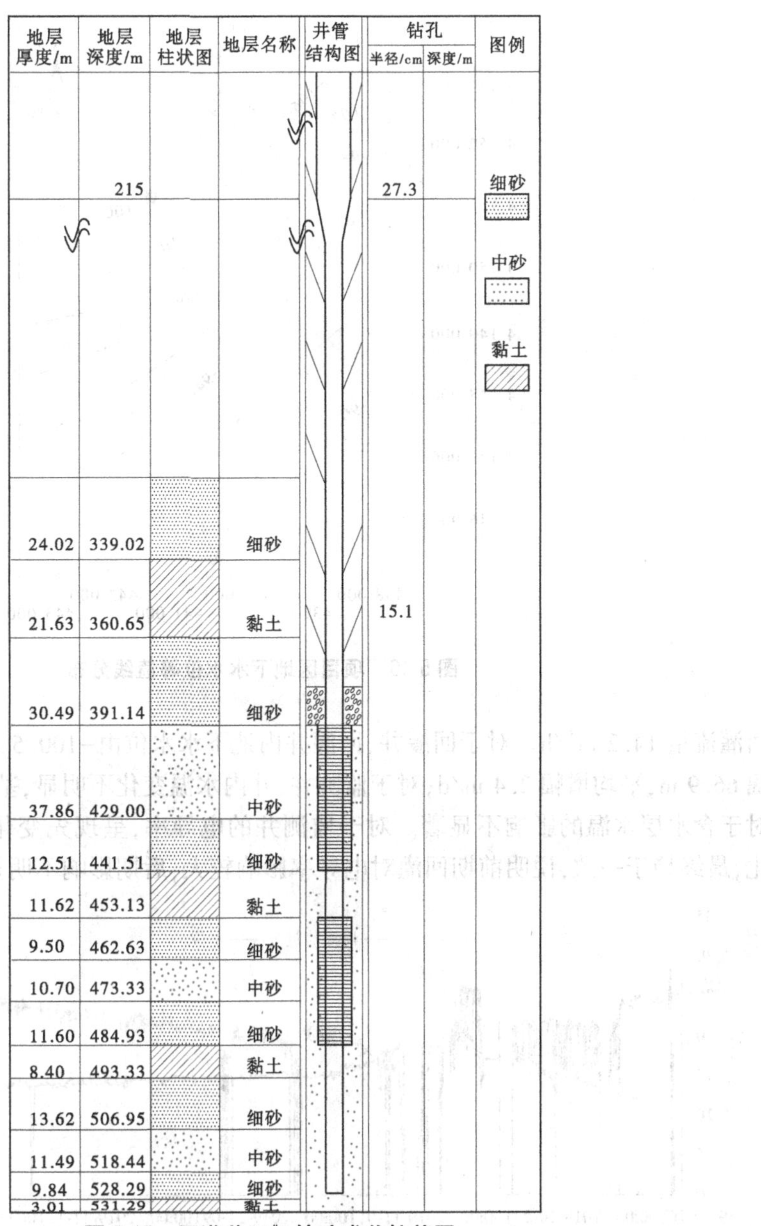

地层厚度/m
地层深度/m
地层柱状图
地层名称
井管结构图
钻孔
半径/cm
深度/m
图例
215
27.3
细砂
中砂
黏土
24.02 339.02 细砂
21.63 360.65 黏土
15.1
30.49 391.14 细砂
37.86 429.00 中砂
12.51 441.51 细砂
11.62 453.13 黏土
9.50 462.63 细砂
10.70 473.33 中砂
11.60 484.93 细砂
8.40 493.33 黏土
13.62 506.95 细砂
11.49 518.44 中砂
9.84 528.29 细砂
3.01 531.29 黏土

图 5-15　回灌井(3#)钻孔成井柱状图

5.6.3.6　回灌试验分析

共进行了两个阶段的持续回灌试验，其回灌井和监测井内地下水水位变化、回灌流量、水温以及电导率的变化过程见图 5-17～图 5-22。

在回灌初始阶段(2019 年 10 月 16—28 日)，累计回灌水量 5 676 m^3，平均回灌流量为 21 m^3/h，回灌井地下水水位由-106.9 m 增长至-50.25 m，增幅 50.65 m，平均增幅 4.7 m/d。回灌井内水温变化受到回灌水源温度的影响，呈现正比变化。

在稳定回灌阶段(2019 年 10 月 30 日至 11 月 28 日)，累计回灌水量 11 150 m^3，平均

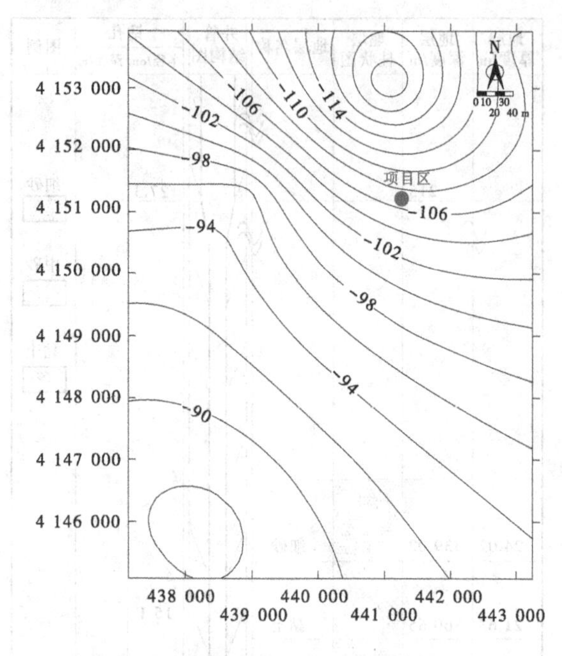

图 5-16　项目区地下水水位等值线分布

回灌流量 14.2 m^3/h。对于回灌井，回灌井内地下水水位由-100.5 m 增长至-33.6 m，增幅 66.9 m，平均增幅 2.4 m/d；对于监测井，井内水温变化不明显，基本上说明回灌过程中对于含水层水温的影响不显著。对于监测井的电导率，呈现先变化后恢复，之后略有变化，最终趋于一致，说明前期回灌对电导率影响较大，后期影响不明显。

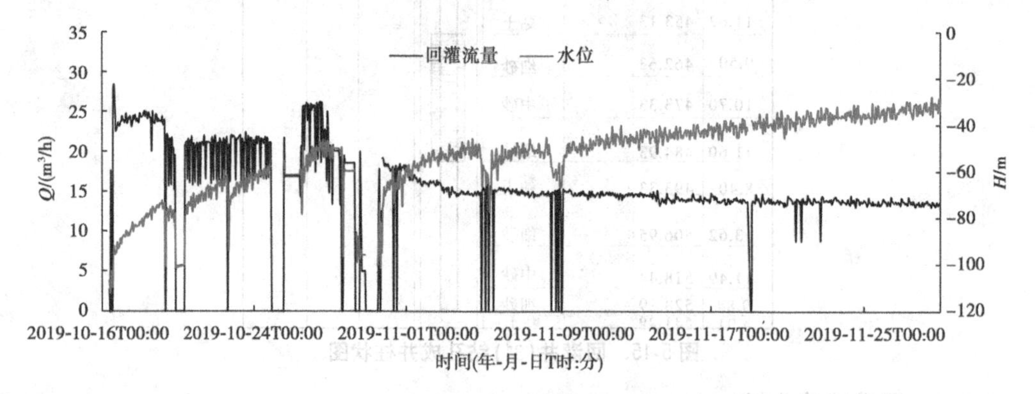

图 5-17　回灌井内水位与回灌流量的过程曲线

5.6.4　地下水回灌试验模拟

模型范围：选取平面坐标 $X=441\ 068$ m 至 $X=448\ 000$ m 之间平行于水流方向的剖面。建立拟二维模型，模型长度介于 $X=441\ 068$ m 至 $X=448\ 000$ m，共计 6 932 m；高度介于 $Z=-520$ m 至 $Z=20$ m，共计 540 m；宽度为 50 m。相对于模型的长度与高度，宽度忽略不计，此模型为二维模型。

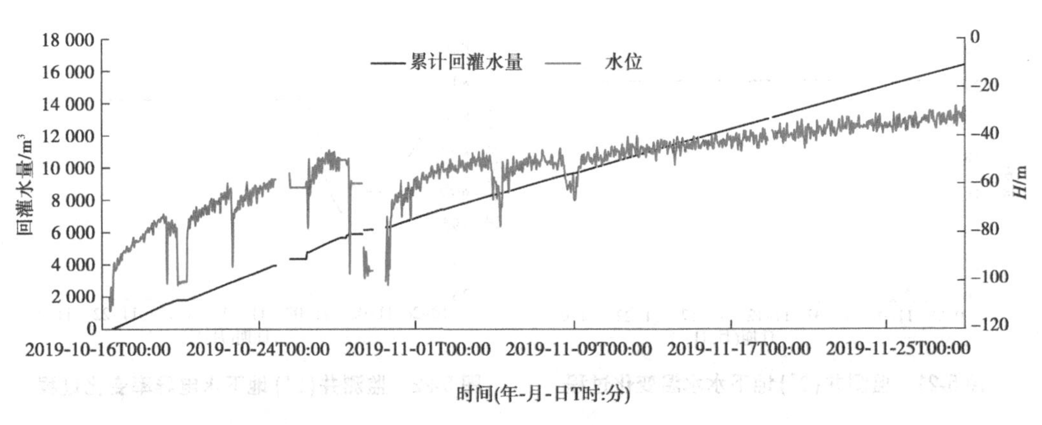

图 5-18　回灌井内水位与累计回灌水量的过程曲线

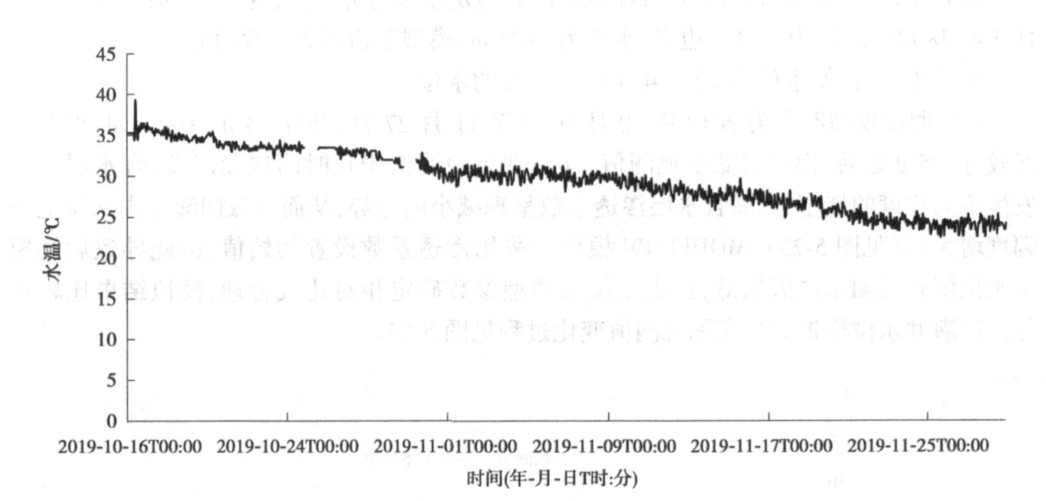

图 5-19　回灌井内 140 m 埋深处水温过程曲线

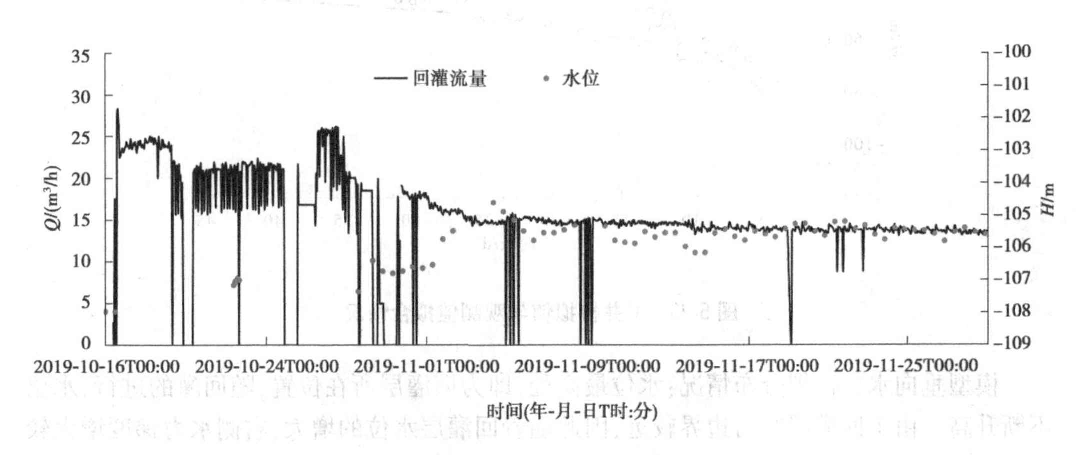

图 5-20　监测井(2[#])地下水水位变化过程

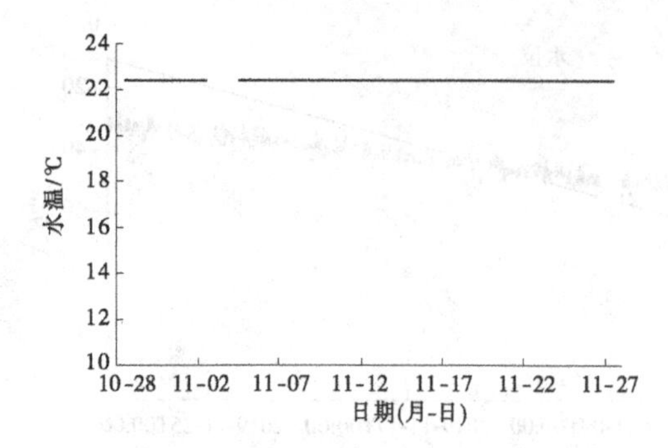

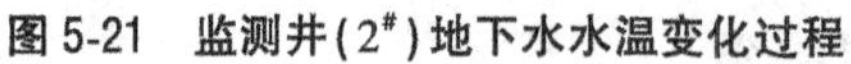
图 5-21　监测井(2#)地下水水温变化过程

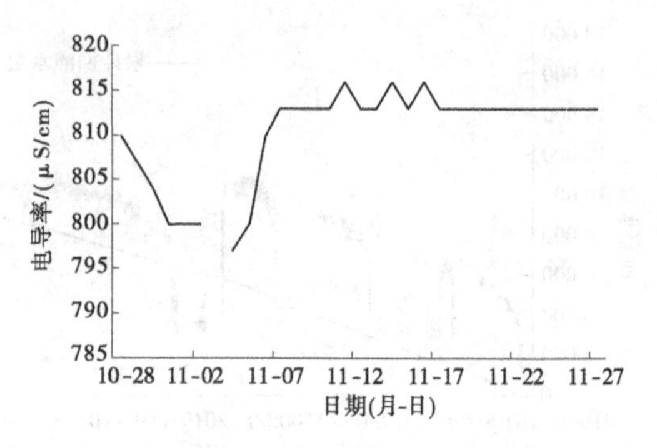

图 5-22　监测井(2#)地下水电导率变化过程

边界条件:模型左边界即 X=441 068 m 处为定水头边界,水头为-106 m;模型右边界即 X=448 000 m 处为定水头边界,水头为-108 m;模型下边界为隔水边界。

初始水位:初始水位为 2019 年 10 月 16 日的水位。

3#井回灌模拟时段为 2019 年 10 月 16 日至 11 月 27 日,共计 43 d。0~25 d,拟合情况较好;25 d 之后,模拟值低于观测值,这一现象说明由于长时间连续回灌,含水层可能发生不同程度的堵塞,回灌含水层渗透系数呈现减小的趋势,从而导致回灌井内水位上升幅度增大(详见图 5-23),MODFLOW 模型中采用渗透系数设置初始值,由此导致后续模拟水位值较观测水位值偏低,这也正说明模型参数确定相对比较合理,模拟结果比较可靠。回灌井水位模拟值与实际观测值变化过程见图 5-23。

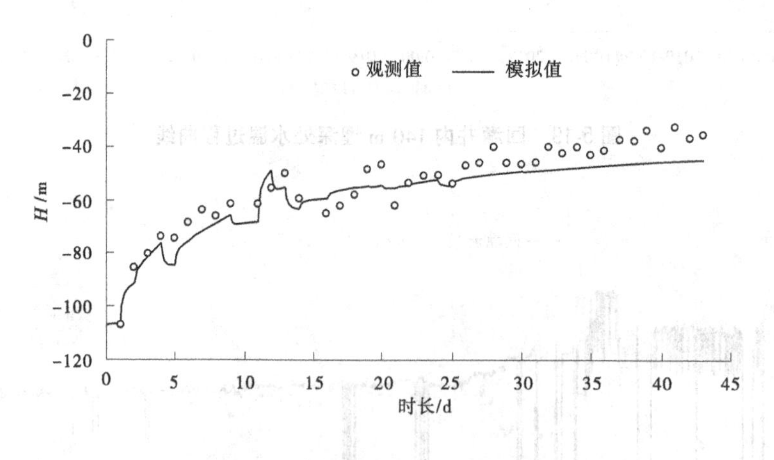

图 5-23　3#井模拟值与观测值拟合情况

模型垂向水位模拟分布情况:水位最高处,即为回灌层所在位置,随回灌的进行,水位不断升高。由于回灌层距右边界较远,因此随着回灌层水位的增大,右侧水力梯度增大较慢,相对于左侧,水力梯度较小。模拟 5 d、15 d、30 d、40 d 的地下水水位垂向分布情况见图 5-24。

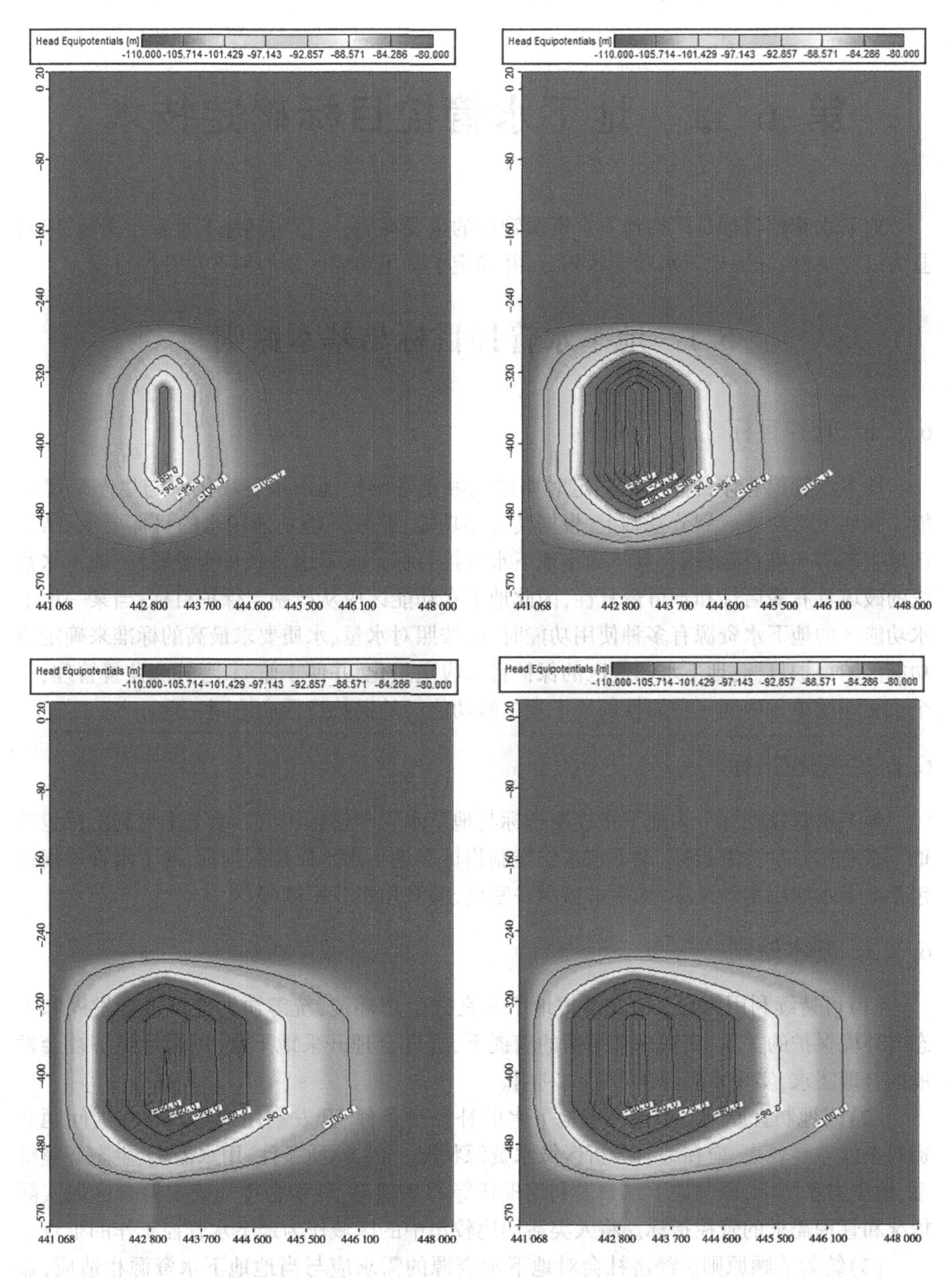

图 5-24　模拟 5 d、15 d、30 d、40 d 的地下水水位空间分布

第 6 章 地下水管控目标确定技术

地下水管控目标是严格地下水资源管理的重要抓手，本章明确地下水管控指标，以莒县为研究实例，开展地下水功能区划分，并确定了基于功能区划的地下水管控目标。

6.1 地下水管控目标与基本原则

6.1.1 管控目标

地下水管控总体目标是在一定时期内能够正常维护地下水各项供水与生态环境功能。在地下水功能区划分基础上，根据其主导功能，兼顾其他功能用水的目标要求，结合区域生态与环境目标特点，具体确定地下水管控目标。地下水系统具有脆弱性，地下水系统的破坏具有滞后性和不可恢复性，因此地下水功能区应从严制定保护目标；当某一地下水功能区的地下水资源有多种使用功能时，应按照对水量、水质要求最高的标准来确定该功能区的保护目标；地下水功能区的保护目标应定量化，并便于监测、考核和监督管理；一个水文地质单元内同一种属性的地下水二级功能区的保护目标应协调一致。

6.1.2 管控指标

地下水管控指标分为地下水控制指标与地下水管理指标两类。地下水控制指标包括地下水取用水量控制指标、地下水水位控制指标和地下水水质控制指标；地下水管理指标包括地下水取用水计量率、地下水监测井密度、灌溉用机井密度等。

6.1.3 基本原则

(1)可持续利用原则。应在维护地下水良好生态环境，统筹协调经济社会发展和生态与环境保护的关系，实现采补平衡的前提下，适度合理开采地下水，以满足经济社会发展的合理需求，实现水资源的可持续利用。

(2)因地制宜原则。不同区域地下水的补径排条件、开发利用现状及存在的问题和资料条件差异较大，应在综合分析区域水资源状况、水文地质条件、用水需求、生态环境维系、地质灾害防治，以及地下水开发利用现状等的基础上，科学合理地确定符合区域实际情况和管理需求的管控指标。将人类活动比较集中的区域作为地下水管控工作的重点。

(3)统筹兼顾原则。经济社会对地下水资源的需求应与当地地下水资源相适应，兼顾近期与长远需求的合理性，统筹协调不同用水(生活、生产、生态)之间、需求与供给之间、开发利用与保护之间、不同区域之间的关系；统筹考虑地下水补径排的特征以及与地表水的转换关系；统筹协调地下水不同使用功能之间的关系，根据相关规划和超采区治理方案，科学合理地确定地下水管控的总体目标与阶段性指标。

(4)适时调整原则。地下水管控指标是地下水开发利用与保护规划的重要组成部分,是进行地下水管理和保护的基础,不同时期地下水管理需求存在差异,应根据水资源配置格局的变化,适时调整地下水管控指标,实现动态管理。

6.2　地下水管控目标确定方法

6.2.1　地下水功能区划分

地下水功能区按两级进行划分。地下水一级功能区划分为开发区、保护区、保留区3类,主要协调经济社会发展用水与生态环境保护的关系,体现国家对地下水资源合理开发利用和保护的总体部署要求。在地下水一级功能区的框架内,根据地下水资源的主导功能,再划分为8类地下水二级功能区。其中,开发区划分为集中式供水水源区和分散式开发利用区;保护区划分为生态脆弱区、地质灾害易发区和地下水水源涵养区;保留区划分为不宜开采区、储备区和应急水源区。地下水二级功能区主要协调地区之间、用水部门之间和不同地下水功能之间的关系。地下水功能区划分体系见图6-1。

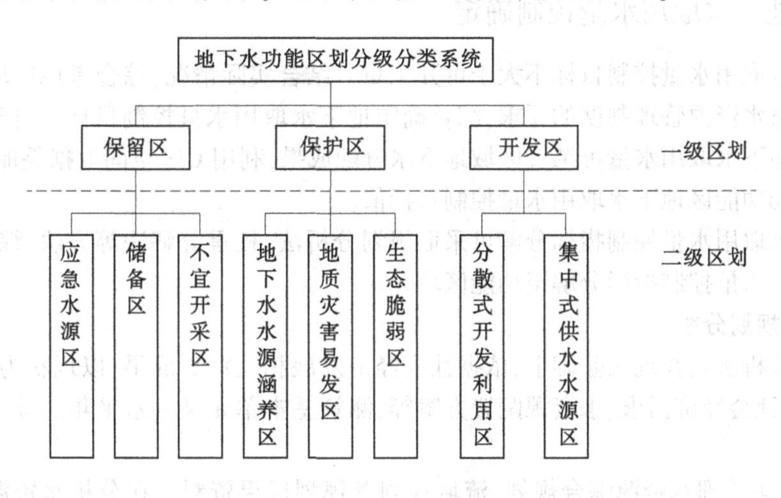

图6-1　地下水功能区划分级分类系统框架

6.2.1.1　开发区

开发区指地下水补给、赋存和开采条件良好,多年平均地下水可开采模数不小于2万$m^3/(km^2 \cdot a)$,单井出水量不小于10 m^3/h;地下水水质满足开发利用的要求,当前及规划期内地下水以开发利用为主且在多年平均采补平衡条件下不会引发生态与环境恶化现象的区域。按地下水开采方式、地下水资源量、开采强度、供水潜力和水质等条件,开发区划分为集中式供水水源区和分散式开发利用区2类二级功能区。

6.2.1.2　保护区

保护区指区域生态与环境系统对地下水水位、水质变化和开采地下水较为敏感,地下水开采期间始终保持地下水水位不低于其生态控制水位的区域。在实际划分中,考虑与自然保护区、生态湿地、名泉、国土部门确定的地质灾害易发区等相结合；作为地下水补给的大部分山丘区划为保护区。保护区划分为生态脆弱区、地质灾害易发区和地下水水源涵养区3类二级功能区。①生态脆弱区指具有重要生态保护意义且生态系统对地下水变化十分敏感的区域，包括湿地和自然保护区等；②地质灾害易发区指地下水水位下降后，容易引起海水入侵、咸水入侵、地面塌陷、地下水污染等灾害的区域；③地下水水源涵养区指为了保持重要泉水一定的喷涌流量或涵养水源而限制地下水开采的区域。

6.2.1.3 保留区

保留区指当前及规划期内由于水量、水质和开采条件较差，开发利用难度较大或虽然有一定的开发利用潜力但规划期内暂时不安排一定规模的开采，作为储备未来水源的区域。保留区划分为不宜开采区、储备区和应急水源区3类二级功能区。①不宜开采区指由于地下水开采条件差或水质无法满足使用要求，现状或规划期内不具备开发利用条件或开发利用条件较差的区域；②储备区指有一定的开发利用条件和开发潜力，但在当前和规划期内尚无较大规模开发利用的区域；③应急水源区指地下水赋存、开采及水质条件较好，一般情况下禁止开采，仅在突发事件或特殊干旱时期应急供水的区域。

6.2.2 地下水取用水量控制确定

地下水取用水量控制目标不大于可开采量。结合实际情况，综合考虑区域水资源供需和最严格水资源管理制度的要求，综合确定地下水取用水量控制目标。对于空间上不同功能区地下水取用水量可结合区域地下水分配成果，利用GIS空间数据叠加处理后，计算获得不同功能区地下水取用水量控制目标值。

地下水取用水量控制指标分解可采取规划分析法、权重分解法等方法，综合分析，将地下水取用水量控制指标分解至功能区单元。

6.2.2.1 规划分析法

规划分析法是在现状基础上，依据社会经济发展相关规划成果，以现状为基础，根据水源条件、社会经济需求、水资源配置方案等，测算基本单元某一水平年的地下水取用水量控制指标。

(1)收集整理水资源综合规划、流域规划等规划成果资料。在分析水资源及其开发利用现状的基础上，综合考虑当地地表水、地下水、外流域调水和其他水源，预测规划水平年的可供水量。选取地下水可供水量和现状开采量的较小值，作为规划水平年地下水可供水量的初始值。

(2)分析经济社会资料，在强化节水、遏制不合理需求的前提下，预测规划水平年经济社会发展对水资源的需求量。

(3)根据规划水平年供水量和需水量预测结果，进行供需平衡分析和水资源配置。如果达到供需平衡，供水预测中的规划水平年地下水开采量暂定为其地下水取用水量控制指标。

(4)如果未达到供需平衡，适当增加规划水平年地下水开采量，以能满足供需平衡的地下水开采量和不加剧现状超采情况的地下水开采量的最小值作为规划水平年地下水取用水量的控制指标。

(5)各分区地下水取用水量控制指标之和应小于等于上一级分区控制指标。

6.2.2.2　**权重分解法**

依据基本单元的水资源条件,对水资源时空分布比较均一的地区,按照开采量权重,分解地下水取用水量控制指标。根据各分区基准年地下水开采量确定权重比例,按照该比例将确定的分区上一级区域地下水取用水量控制指标分解至各分区,具体计算公式如下:

$$Q_i = Q_{规划年} W_i \quad (i = 1,2,\cdots,N) \tag{6-1}$$

式中　W_i——第 i 分区的地下水基准年开采量权重;

Q_i——规划年为第 i 分区的规划水平年地下水取用水量控制指标;

$Q_{规划年}$——分区上一级区域地下水取用水量控制指标;

N——分区个数。

开采量权重法的应用前提是开采量大的地区,未来地下水开采量分摊得也多,或增量也大,一般适用于超采不严重、地下水可开采量较大的地区。

6.2.3　地下水水位控制指标确定

开采地下水期间,不造成地下水水位持续下降,不引起地下水系统和地面生态系统退化,不诱发环境地质灾害。未来地下水开采量变化不大的地区,地下水水位控制指标基本维持现状,考虑到地下水水位自然波动的特点,地下水水位控制指标可按多年平均地下水水位进行确定,对于波动较大的区域,可根据实际情况调整水位,调整范围为0~0.5 m。对于未来地下水开采量较现状有较大变化的地区,根据区域地下水年蓄变量与地下水水位年变差的关系,确定地下水水位控制目标。

对于地下水监测网比较密集且监测数据序列较长的区域,可采用频率统计分析法,按照50%频率下地下水水位值进行控制。

6.2.4　地下水水质控制指标确定

对于具有生活供水功能的开发利用区域,水质目标不低于《地下水质量标准》(GB/T 14848—2017)Ⅲ类,现状水质优于Ⅲ类时,以现状水质作为控制目标;工业供水功能的区域,水质标准不低于Ⅳ类,现状水质优于Ⅳ类时,以现状水质为控制目标。对于其他功能的区域,其中水质良好的地区,维持现有水质状况;受到污染的地区,原则上以污染前该区域天然水质作为保护目标。

6.2.5　地下水管理指标确定

6.2.5.1　**地下水取用水计量率**

将城镇和工业地下水取用水计量率和农业地下水取用水计量率作为管理指标。

1.城镇和工业地下水取用水计量率

城镇和工业取用水(在线)计量率是指有(在线)计量设施的取用水量占城镇和工业取用水总水量比例。根据已有规划和相关政策要求,分别制定年取用水量1万 m^3 以上的城镇和工业地下水取用水户取用水计量率、超采区内年取用水量1万 m^3 以上的城镇和工业取用水户的取用水在线计量率、年取用水量 10 万 m^3 以上的城镇和工业地下水取用水户的取用水在线计量率的目标，作为地下水管理指标。

2.农业地下水取用水计量率

农业取用水计量率是指有计量设施（包括直接计量或采取“以电折水”等间接计量方式）的取用水量占农业取用水总量的比例。根据已有规划和相关政策要求，分别制定超采区农业取用水户规模以上机电井（包括井口井管内径 200 mm 及以上的灌溉机电井、日取水量 20 m^3 及以上的供水机电井）的取用水计量率目标，作为地下水管理指标。

6.2.5.2 地下水监测井密度

（1）依据《地下水监测工程技术规范》（GB/T 51040—2014），对特殊类型区，监测井密度的下限值作为现阶段管理指标。

（2）地下水超采区水位/埋深监测站布设密度宜为 15~30 眼/1 000 km^2。严重超采区内监测站密度应加大，在超采区的地下水降落漏斗中心处，必须布设地下水水位监测井；超采区内监测站宜采用专用监测站。

（3）对于地下水监测基本类型区，应逐步达到《地下水监测工程技术规范》（GB/T 51040—2014）的要求。基本类型区、特殊类型区地下水监测站布设密度分别见表 6-1、表 6-2。

表 6-1 基本类型区地下水水位基本监测站布设密度 单位：眼/1 000 km^2

基本类型区名称			监测站布设形式	开发利用程度分区		
一级	二级	三级		弱	中等	强
平原区	冲、洪、湖积平原区	山前冲、洪、湖积倾斜平原区	全面布设	3~4	4~8	8~15
		冲积平原区		2~4	4~8	8~15
		滨海平原区		2~4	4~8	8~15
		湖积平原区		1~2	2~5	5~10
	山间平原区	山间盆地区		3~5	5~10	10~15
		山间河谷平原区		4~6	8~10	10~15
	内陆盆地平原区	山间倾斜平原区	选择典型区布设	1~2	2~6	6~10
		冲积平原区		0.5~1	1~4	4~10
		河谷区		0.5~1	1~6	6~10
	黄土高原区	黄土台塬区		0.3~0.6	0.6~2	2~4
		黄土梁峁区		0.5~1.5	1.5~4	4~8
	荒漠区	绿洲区		2~3	3~6	6~10
		河谷区		1~2	2~6	6~8

续表 6-1

基本类型区名称			监测站布设形式	开发利用程度分区		
一级	二级	三级		弱	中等	强
山丘区	一般基岩山区	风化网状裂隙区	选择典型代表区布设	2~3	3~6	6~8
		层状裂隙区		3~4	4~8	8~10
		脉状断裂区		4~6	6~8	8~10
	岩溶山区	裸露岩溶区		1~2	2~4	4~6
		隐伏岩溶区		2~3	3~6	6~8
	丘陵区	基岩丘陵区		1~2	2~4	4~6
		红层丘陵区		1~2	2~4	4~6
		黄土丘陵区		0.5~1	1~3	3~6

注:地下水开发利用程度用开采系数 K_c 表示,即开采量与可开采量之比。地下水开发利用程度可划分为4级:①弱开采区:$K_c<0.3$;②中等开采区:$K_c=0.3\sim0.7$;③强开采区:$K_c=0.7\sim1.0$;④超采区:$K_c>1$;其中,超采区在特殊类型区基本监测站布设密度表中。

表 6-2　特殊类型区基本监测站布设密度　　单位:眼/1 000 km^2

特殊类型区名称	密度
城市建成区	15~30
大型水源地	10~20
超采区(漏斗区)	15~30
海(咸)水入侵区	20~30
地面沉降区	20~30
地下水污染区	10~15
生态脆弱区	5~15
次生盐渍化区	10~15
岩溶塌陷区	10~20

6.2.5.3　灌溉用机井密度

根据《机井技术规范》(GB/T 50625—2010),将灌溉用机井的井距与数目要求作为地下水灌溉的管理指标。对于井距计算分为方格网形和梅花形,根据计算所得合理井距,按照单井灌溉面积计算灌溉机井数量。

6.3 实例应用

以莒县为实例研究区,研究区地下水主要为孔隙水和裂隙水,属于浅层地下水。立足于浅层地下水功能区划,在此基础上,确定地下水管控目标。

6.3.1 浅层地下水功能区划分

根据地下水功能区划方法,并结合研究区地下水资源开发利用情况,将该地浅层地下水功能区共划分为1个开发区和2个保护区。开发区分为1个集中式供水水源区和1个分散式开发利用区,分别为沂沭泗河莒县集中式供水水源区和沂沭泗河莒县分散式开发利用区;保护区细化为2个地下水水源涵养区,分别为沂沭泗河莒县地下水水源涵养区和山东半岛沿海诸河莒县地下水水源涵养区。研究区地下水功能区分布范围见图6-2。

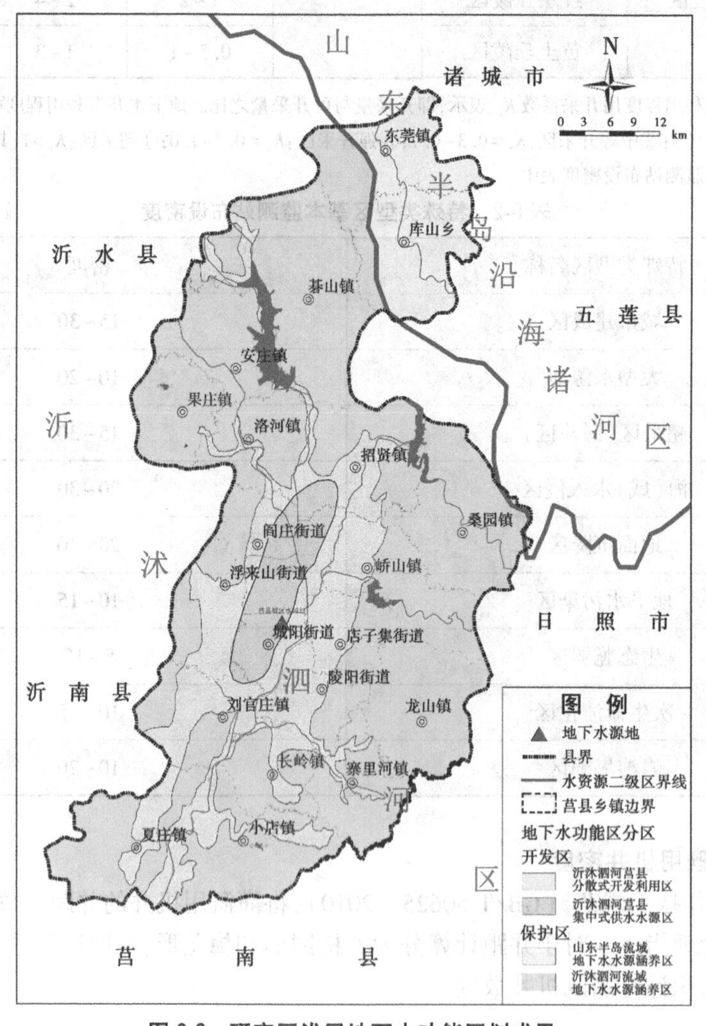

图6-2 研究区浅层地下水功能区划成果

6.3.1.1　水功能区地下水年均总补给量

利用浅层地下水年均总补给量模数分区图和浅层地下水功能区分区图进行叠加分割，取得各水功能区的面积和总补给量模数，并通过相乘计算累计得到各水功能区近期地下水年均总补给量，各水功能区的年均总补给量如表 6-3 所示。

表 6-3　浅层地下水功能区的年均总补给量、水资源量、可开采量

浅层地下水功能区			面积 /km²	年均总补给量 /万 m³	地下水资源量 /万 m³	可开采量 /万 m³
地下水一级功能区名称	地下水二级功能区名称	地下水资源评价类型区				
沂沭泗河莒县开发区	沂沭泗河莒县集中式供水水源区	一般平原区	79.9	1 289.8	1 063.9	925.4
	沂沭泗河莒县分散式开发利用区	一般平原区	393.8	5 337.3	4 402.4	3 829.6
沂沭泗河莒县保护区	沂沭泗河莒县地下水水源涵养区	山丘区	1 188.0	12 958.8	12 958.8	7 438.4
山东半岛沿海诸河莒县保护区	山东半岛沿海诸河莒县地下水水源涵养区	山丘区	156.6	896.6	896.6	514.6
合计			1 818.3	20 482.5	19 321.7	12 708.0

6.3.1.2　水功能区年均地下水资源量

将浅层地下水年均地下水资源量分区图和浅层地下水功能区分区图叠加，取得各区域的面积和年均地下水资源量，得各地下水功能区年均地下水资源量。各水功能区的年均地下水资源量如表 6-3 所示。

6.3.1.3　水功能区年均可开采量

将浅层地下水年均开采模数分区图和浅层地下水功能区分区图叠加，计算各区域的面积和年均开采模数；采用各功能区的面积乘以相应的年均开采模数，可得各地下水功能区近期地下水年均可开采量，各水功能区的年均可开采量如表 6-3 所示。

6.3.2　地下水管控目标确定

6.3.2.1　地下水取用水量、水质控制目标

根据《日照市水利局关于分解 2020 年度水资源管理控制目标的函》（日水发〔2020〕13 号），日照市确定了 2020 年度水资源管理控制目标，并分解至各区县，其中莒县地下水用水总量控制目标为 9 200 万 m³。根据分配的控制目标，莒县采取有效措施，依法严格管理，确保实现地下水用水总量 2025 年度控制目标。根据第 2 章水权分配成果，通过 GIS 空间叠加综合确定不同功能区的分配权重和分配地下水取用水量。同时结合实际地下水功能区定位，确定地下水水功能区水质目标，见表 6-4。

表 6-4　研究区地下水取用水量、水质控制目标确定成果

浅层地下水功能区			面积/km^2	可开采量/万 m^3	取用水量控制目标/万 m^3	水质控制目标
地下水一级功能区名称	地下水二级功能区名称	地下水资源评价类型区				
沂沭泗河莒县开发区	沂沭泗河莒县集中式供水水源区	一般平原区	79.9	925.4	670.0	Ⅲ
	沂沭泗河莒县分散式开发利用区	一般平原区	393.8	3 829.6	2 772.4	Ⅲ
沂沭泗河莒县保护区	沂沭泗河莒县地下水水源涵养区	山丘区	1 188.0	7 438.4	5 385.0	Ⅲ
山东半岛沿海诸河莒县保护区	山东半岛沿海诸河莒县地下水水源涵养区	山丘区	156.6	514.6	372.6	Ⅲ
合计			1 818.3	12 708.0	9 200	—

6.3.2.2　地下水水位控制指标确定

研究区地下水远程遥测系统正常运行的专用地下水监测井 8 眼，分布情况为国控监测井 1 眼，省控监测井 2 眼、市控监测井 5 眼。根据 2015—2019 年莒县监测控制井站获得的地下水水位埋深、地下水水位数据进行计算分析，详见表 6-5。

表 6-5　研究区地下水水位埋深控制目标确定成果　　单位：m

浅层地下水功能区			多年平均水位埋深/m	最高水位埋深/m	最低水位埋深/m	控制水位埋深/m
地下水一级功能区名称	地下水二级功能区名称	地下水资源评价类型区				
沂沭泗河莒县开发区	沂沭泗河莒县集中式供水水源区	一般平原区	4.1	8.5	2.6	4.1
	沂沭泗河莒县分散式开发利用区	一般平原区	4.5	7.9	3.1	4.5
沂沭泗河莒县保护区	沂沭泗河莒县地下水水源涵养区	山丘区	3.6	6.4	2.2	3.6
山东半岛沿海诸河莒县保护区	山东半岛沿海诸河莒县地下水水源涵养区	山丘区	3.9	6.9	2.1	3.9

6.3.2.3　地下水管理目标确定

1. 地下水取用水计量现状

（1）城镇和工业地下水取用水计量率现状。根据现状地下水井调查结果，莒县城镇和工业年取水 1 万 m^3 以上机电井年取用水量 201.54 万 m^3，年取水 10 万 m^3 以上机电井年取用水量 87.64 万 m^3。现状计量均采用水表计量，城镇和工业地下水取用水计量率为 100%。

（2）农业地下水取用水计量率现状。莒县 2019 年农业地下水取用水量 6 254 万 m^3，

根据对农业地下水取用水计量进行实际调查，目前农业取用水量在渠灌区一般采用水表或流量计直接计量，井灌区地下水取用水量一般采用以电折水方式进行计量。据统计，2019年农业灌溉规模以上机电井地下水取用水量为5 179万m^3，研究区现状农业地下水取用水计量率为68.8%。

2. 地下水监测站网建设现状

近年来，研究区加强地下水监测站网整合，提高监测能力。地下水监测以自动化监测为目标，经过监测井整合规划提升三阶段，监测能力大大提高，基本实现水位监测自动化。运行维护按照专业队伍维护、专人在线管理、专门校准测试的“三专”模式进行管理，保证监测数据及时准确可靠。截至2020年10月，研究区内布设地下水远程遥测系统正常运行的专用地下水监测井8眼，包括国控监测井1眼、省控监测井2眼、市控监测井5眼。

按照《地下水监测工程技术规范》(GB/T 51040—2014)中关于地下水监测井密度要求进行统计，按照平原区10眼/1 000 km^2的密度要求、山丘区6眼/1 000 km^2的密度要求，并与现状井数量进行对比，确定地下水监测井密度。从确定结果可知，平原区地下水监测井密度在现状年基本达到规范中各种类型区所要求的密度，规划年地下水监测井密度在现状年的基础上略有增加，达到10眼/1 000 km^2的密度要求；山丘区地下水监测井密度在现状年尚未达到规范中各种类型区所要求的密度，到规划年达到6眼/1 000 km^2的要求。

6.3.2.4　机井发展与现状

根据现状灌溉机井统计调查，研究区共有农业灌溉机井6 187眼，控制农业灌溉面积43.3万亩。经计算，研究区农业灌溉机井单井控制面积为4.66 hm^2。因此，按上述公式计算得出合理井距为132 m。根据莒县井灌区有效灌溉面积、实际灌溉用机井眼数，计算得出单井控制灌溉面积及平均井距。

综上计算分析，研究区地下水管理目标确定成果见表6-6。

表6-6　研究区地下水管理目标确定成果

浅层地下水功能区			计量率/%		监测密度/(眼/1 000 km^2)	灌溉机井密度/眼
地下水一级功能区名称	地下水二级功能区名称	地下水资源评价类型区	城镇和工业	农业		
沂沭泗河莒县开发区	沂沭泗河莒县集中式供水水源区	一般平原区	100	100	10	272
	沂沭泗河莒县分散式开发利用区	一般平原区	100	100	10	1 343
沂沭泗河莒县保护区	沂沭泗河莒县地下水水源涵养区	山丘区	100	90	6	4 051
山东半岛沿海诸河莒县保护区	山东半岛沿海诸河莒县地下水水源涵养区	山丘区	100	90	6	534

第7章 地下水利用保护综合管理技术

地下水监测预警是地下水综合管理的重要技术手段,能够及时反映地下水开发利用与保护过程状态,本章着重介绍地下水站网优化和监测系统建设以及围绕水权交易、节水等方面提出的地下水体制机制建设等有关内容。

7.1 地下水监测预警技术

7.1.1 地下水监测网络优化

7.1.1.1 地下水监测站分类

地下水监测站分类划分依据不同,其结果也不相同。依据《地下水监测规范》(SL 183—2005)标准,按照地下水监测的目的可划分为基本监测站、统测站和试验站,其中统测站主要为水位统测而设立的监测站,试验站主要为不同试验项目而特地设定的监测站。通常情况下,地下水监测站基本监测站可分为水位、开采量、水质、水温、泉流量基本监测站,其中以水位、水质基本监测站为主。对于水位和水质基本监测站,按照管理级别划分可分为国家级监测站、省级重点监测站、普通基本监测站。

7.1.1.2 监测站网优化原则

(1)合理布设监测站,做到水平上点、线、面相结合,垂向上层次分明,以浅层地下水监测站为重点,尽可能做到一站多用。

(2)充分考虑节约经济成本,优先选用符合监测条件的已有井孔。

(3)兼顾与水文监测站的统一规划和配套监测。

(4)尽可能避免部门间重复布设目的相同或相近的监测站。

(5)针对岩溶地区站网布设的特殊情况。

7.1.1.3 监测站网优化方法

地下水监测站网优化是有效获取区域含水层系统水文信息的关键技术,是科学揭示地下水运动规律的重要基础,由此,地下水监测站网优化历来受到社会的重视。综观国内研究进展,地下水监测站优化方法有多种,主要包括克里金方法(Kriging)、卡尔曼滤波法、地下水污染迁移优化法等。不同方法各有优缺点,从方法简便使用方面来讲,一般情况下克里金方法(Kriging 插值优化模型)应用较为广泛。Kriging 插值优化模型是分析评价地下水监测网密度行之有效的方法。该方法适用于水质、水位观测井网的优化,以及研究程度较高的基础性区域的监测井网。Kriging 插值优化模型用于监测网点空间分布的插值计算,可避免人为因素造成的随意性。理论上,同一地下水流系统中各点水位都具有空间上的相关性,但实际计算中超过一定距离的外圈层监测孔往往不宜参与计算,宜以最近的内圈层(2~6 个监测点)参与计算,效果较好。而现实社会中,地下水监测井网受人

为作用的影响变得较为复杂。在计算时需要考虑实际的水文地质条件、气候气象、地形地貌状况、土壤条件等影响因素。应用 Kriging 插值优化模型的优点在于,进行优化时只要合理地确定阶数 N、临界理论方差 σ_0^2,并恰当地处理好地下水监测井网的诸多影响因素,就能得到较为准确合理的优化结果。

1. Kriging 方法原理

Kriging 方法是一种对时空分布变量求最优、线性、无偏内插估计量的方法。在水文地质方面,它可根据已知监测点上水文地质变量(水位、水质、渗透系数等)的实测数据,对水文地质变量进行结构性分析后,对周围已知点的测量值赋予一定的权系数,进行加权平均来估计待估点的水文地质变量。

变量 $Z(x)$ 是以空间点 x 的空间坐标为变量的随机场,该变量在空间上具有互相关性和随机性,该互相关依赖于空间上相对位置及随机场特性,这种变量称为区域化变量,地下水水位即属区域化变量。

以平面二维空间上地下水水位为例,设地下水流系统中水位是随机函数 $Z(x)$ 的一个实现,符合本假设[区域化变量 $Z(x)$ 具有无限大方差],若用 N 个监测孔上的监测值 $Z(x_i)(i=1\sim N)$,对一个未知点 x_0 进行估值计算,利用 Kriging 方法有:

$$Z^*(x_0)=\sum_{i=1}^{N}\lambda_i Z(x_i) \tag{7-1}$$

式中　$Z^*(x_0)$——利用 $Z(x_i)$ 对 x_0 进行估算的估算值;

λ_i——Kriging 权系数。

利用式(7-1)进行估算时,要做到无偏和最佳估算:

无偏性

$$E[Z^*(x_0)]=E[Z(x_0)] \tag{7-2}$$

最佳性

$$\sigma^2=\mathrm{Var}[Z^*(x_0)-Z(x_0)]=\min \tag{7-3}$$

结合协方差定义,在无偏条件下达到最佳条件,引入拉格朗日算法,可得:

$$\begin{cases}\sum_{j=1}^{N}\lambda_j\gamma(x_i,x_j)+\mu=\gamma(x_i,x_0)\\ \sum_{i=1}^{N}\lambda_i=1\end{cases} \tag{7-4}$$

式中　$\gamma(x_i,x_j)$——变差函数;

$\gamma(x_i,x_j)=\frac{1}{2}\mathrm{Var}[Z(x_i-x_j)]$;

Var[ ]——方差算符;

μ——拉格朗日算子。

式(7-4)是用来求 Kriging 插值权系数 λ_i 的 Kriging 方程组,在变差函数已知条件下,它是一正定方程组,有唯一解。

用 Kriging 方法进行插值计算时,其计算误差的理论方差 σ^2 为:

$$\sigma^2=\sum_{i=1}^{N}\lambda_i\gamma(x_i,x_0)+\mu \tag{7-5}$$

由于 Kriging 方法不仅可以充分利用所有监测网点上的有关资料，而且还可给出计算的理论误差的方差。根据实际需要给定方差临界值，用现有监测点算出各处理论上的 σ_0^2，当 $\sigma^2>\sigma_0^2$ 时，表示井网密度偏小，需增加网点；反之，则表示井网密度偏大，需消藏网点。这样就达到了定量分析井网密度的目的，若再结合一些优化算法（如混合整数规划），就可对监测网密度进行优化设计。

2. 变差函数

变差函数是刻画区域化变量 $Z(x)$ 在空间上统计结构的变化，即变量在空间上具有一定相关性质的变化规律，它只依赖于空间点间的相对位置与随机场特征，这是 Kriging 方法的理论基石。

运用 Kriging 方法时，在 $Z(x)$ 服从本征条件时，理论上 $\gamma(h)=\frac{1}{2}E[Z(x)-Z(x+h)]^2$。则当二点间相对距离为 h 的实测数据有 $N(h)$ 对，利用 x_i 点与 x_i+h 点上变量实测值可求出实验变差函数 $\gamma^*(h)$ 为：

$$\gamma^*(h)=\frac{1}{2N(h)}\sum_{i=1}^{N(h)}[Z(x_i)-Z(x_i+h)]^2 \tag{7-6}$$

利用式(7-6)算出不同间距 h 所对应的 $\gamma^*(h)$，再作 $\gamma^*(h)$ 关于 h 的曲线拟合，就可求出 $\gamma(h)$。理论上 $\gamma(h)$ 曲线形态服从幂函数、高次多项式、高斯函数、球状函数等分布形式。

变差函数的计算，一般根据实测点水文地质变量值，绘制变差函数图，选取合适的理论变差函数模型，采取最佳拟合技术确定变差函数的表达形式。在实际监测井网中，由于监测井分布极不规则，这种情况下的变差函数计算，可根据实测点水文地质变量值先算出每个测量点与其他测量点之间的距离 h_{ij}，若测量点有 n 个，h_{ij} 就有 $n(n-1)/2$ 个。然后按距离间隔把这些 h_{ij} 分类，计算出每一类中 h_{ij} 的平均值以及区域化变量 Z_i、Z_j 的平方增量 $(Z_i-Z_j)^2$ 的平均值。最后它们作为 h 和 $\gamma(h)$ 的对应值，点绘 $h\sim\gamma(h)$ 图，根据这些点在图上的分布，选取合适的理论变差函数模型，用最佳拟合技术确定合适的变差函数 $\gamma(h)$。

$\gamma(h)\sim h$ 是一单调递增函数，它既然是刻划 $Z(x)$ 空间上变化的规律性的函数，则它与地下水流系统所处的地质条件及水文地质条件密切相关，在求算 $\gamma(h)$ 过程中要注意与有关条件相结合。

3. 阶数 N 的确定

获得 $\gamma(h)$ 后，再求算 Kriging 权系数。理论上，在计算某一估值点时，整个研究区的水位都与该点水位相关，但在实际计算中发现，只有靠近估值点“内圈层”的若干监测孔才与估值相关密切，而较远的“外圈层”孔不但没什么影响，而且容易使方程组产生严重病态，进而使计算失真。为解决这种“屏蔽”作用，实际研究中采用最近的内圈层监测孔参与计算，并适时调整参与计算的监测孔，使效果达到最佳。

4. Kriging 方程组的求解

本次研究应用 Matlab 软件进行求解计算。为此，在变差函数已知的情况下，将 Kriging 方程组转化为矩阵形式，结果如下：

$$A\boldsymbol{\lambda} + \mu E = B \tag{7-7}$$

$$A = \begin{bmatrix} \gamma(x_1,x_1) & \gamma(x_1,x_2) & \cdots & \gamma(x_1,x_N) \\ \gamma(x_2,x_1) & \gamma(x_2,x_2) & \cdots & \gamma(x_2,x_N) \\ \vdots & \vdots & & \vdots \\ \gamma(x_N,x_1) & \gamma(x_N,x_2) & \cdots & \gamma(x_N,x_N) \end{bmatrix}$$

$$B = \begin{bmatrix} \gamma(x_1,x_0) \\ \gamma(x_2,x_0) \\ \vdots \\ \gamma(x_N,x_0) \end{bmatrix}, \boldsymbol{\lambda} = \begin{bmatrix} \lambda_1 \\ \lambda_2 \\ \vdots \\ \lambda_N \end{bmatrix}, E = \begin{bmatrix} 1 \\ 1 \\ \vdots \\ 1 \end{bmatrix}$$

式中　$\gamma(x_i,x_j)$——变差函数；

$\boldsymbol{\lambda}$——Kriging 插值权系数；

μ——拉格朗日算子。

相应的式(7-6)变为：

$$\sigma^2 = \boldsymbol{\lambda}^{\mathrm{T}} B + \mu \tag{7-8}$$

式中　σ^2——理论方差。

实际计算中，确定所要参与计算的监测孔个数即阶数 N 后，利用式(7-7)、式(7-8)，输入相应的数值后就可以求出 Kriging 插值权系数与理论方差。

5. 临界理论方差的确定

分析监测网密度时，涉及方差临界值合理选择问题。目前我国尚无相应规范规定，但就国内外文献来看，一般认为当理论方差 σ^2 在 0.5～0.6 时，井网精度就可满足实际需要。

7.1.2　地下水监测站设计

地下水监测站设计包括监测井、附属设施和仪器设备三方面内容。

7.1.2.1　监测井设计

监测井设计分新建站和改建站。

1. 新建站

新建监测站设计包括井深、管材、开孔井径、井壁管、过滤管、沉淀管、封闭及止水、岩土样采集、洗井、抽水试验、电测井等。

(1)井深。

合理井深是监测井设计的基本指标。井深设计主要依据各地水文地质条件、目标含水层(组)动态变化范围。监测井必须凿至目标含水层(组)内一定的深度。

地下水监测目标含水层为孔隙潜水，当其厚度不大于 30 m 时，凿穿整个含水层(组)；大于 30 m 时，凿至多年最低水位以下 10 m。

地下水监测目标含水层为孔隙承压水，当其厚度不大于 10 m 时，凿穿整个含水层(组)；大于 10 m 时，凿至该含水层(组)顶板以下 10 m。

地下水监测目标含水层为裂隙水，应根据物探成果以及实地打井情况，凿至裂隙发育带一定深度。

地下水监测目标含水层为岩溶水，应凿穿岩溶水上部覆盖岩层，到岩溶发育部位一定深度为止。

根据设计原则，设计井深最小值为 10 m，目标含水层为孔隙潜水，最大值为 500 m，目标含水层为孔隙承压水。

(2)管材选择。

因井管直接与水、矿物质、空气等物质接触，并受到重力、水土压力、水的浮力等力学作用，综合考虑测井深度、地质条件、地下水水质等因素选择管材。

根据山东省情况，本次设计井深 100 m 以内的监测站，多数采用 200 mm 的 PVC-U 管，也有采用钢管；超过 100 m 的监测站，考虑井管下部的承压能力和施工条件，选用钢管，管径大部分选用 219 mm，也有采用 146 mm。

此外，对于有水质监测项目的监测站，特别是水质自动监测站，为了不影响监测结果，采用管径 200 mm 的 PVC-U 管；在井深超过 100 m 时，采用管径 219 mm 的钢管。

管材质量应符合《机井井管标准》(SL/T 154—2013)，或《水井用・聚氯乙烯(PVC-U)管材》(CJ/T 308—2009)的规定。

(3)开孔孔径。

根据规范要求，采用填砾过滤器时，可按下式设计监测井开孔孔径：

$$D = d + 2b \tag{7-9}$$

式中 D——监测井开孔孔径，mm；

d——井管外径，mm；

b——滤料厚度，mm，含水层岩性为细砂、粉细砂时取值不宜小于 150 mm，含水层为其他岩性时取值不宜小于 75 mm。

(4)井管设计。

根据电测井成果，目标含水层采用过滤管，其他层位采用井壁管，井壁管高出监测井附近地面 0.5 m。

①过滤管设计。

过滤管介于井壁管和沉淀管之间，监测井凿穿的地下水监测目标含水层全部安装过滤管。

本次初步设计过滤器主要采用缠丝过滤管、骨架过滤管以及 PVC-U 割缝滤水管，钢管开孔率为 25%~30%，塑料管开孔率为 5%~10%。

当地下水监测目标含水层为松散岩层孔隙水，过滤器所处位置的含水层岩性为中粗砂、砾石、卵石时，宜采用骨架过滤器或缠丝过滤器；过滤器所处位置的含水层岩性为细砂、粉细砂时，宜采用填砾过滤器。

当地下水监测目标含水层为基岩裂隙水和岩溶水时，过滤器采用骨架过滤器或缠丝过滤器，若岩层稳定可不安装过滤器。

②滤料填充。

井管安装后应及时进行滤料充填，充填所用滤料主要有砂、石英砂和砾石，砾料必须干净(用清水或蒸汽清洗)。在放置自动监测设备和抽水的主要层位，应全部采用石英砂

进行填充,其他层位结合监测井所处地区和含水层情况,根据《水文水井地质钻探规程》(DZ/T 0148—2014)中的要求,应选用质地坚硬、密度大、浑圆度好的石英砾石,避免采用易溶岩和含铁锰的砾石以及片状或多棱角碎石,按规范进行填砾操作。

本设计滤料选择两种类型,分别为磨圆度良好的砂和砂砾石,滤料规格可按下式确定:

$$D_{50} = (10 \sim 20)d_{50} \tag{7-10}$$

滤料数量计算公式为:

$$V = 0.785(D_k^2 - D_g^2)L\alpha \tag{7-11}$$

式中 V——滤料数量,m^3;

D_k——填砾井段的开孔孔径,m;

D_g——过滤管外径,m;

L——填砾井段的长度,m;

α——超径系数(无因次),α=1.2~1.5,本次设计取α=1.4。

根据地下水监测站所处位置和含水层情况,选用不同粒径、级配以及磨圆度较好的硅质砂、砾石为主的滤料进行填充,填砾厚度不小于75 mm。充填滤料应填自滤水管底端以下不小于1 m处至滤水管顶端以上不小于3 m处。

③沉淀管设计。

沉淀管安装在监测井底部,均采用井壁管,长度3~5 m,管底用钢板焊接封死,或利用混凝土封死,或用木塞塞住塑料管。当井深<50 m时,采用长度3 m的沉淀管;当井深≥50 m时,则采用长度5 m的沉淀管。

(5)封闭及止水设计。

充填滤料顶端至井口井段的环状间隙应进行封闭和止水,封闭和止水应根据《地下水监测井建设规范》(DZ/T 0270—2014)中8.4节的要求进行操作。止水段单层厚度需大于5 m,封闭和止水的材料需选用水化时间大于40 min、膨胀系数为2~3倍且密实度为1.3~1.4 t/m^3的优质钙基膨润土。在监测层位上部存在大厚度含水层时或下部存在承压或微承压含水层时应加大围填厚度,充填黏土球垂向厚度宜高于止水层位顶板高度2~3 m,防止地下水越流。在止水层位的上部,再充填普通膨润土至孔口,起到止水及固定和保护井壁管的作用。基岩监测井应采用水泥固井,对上部第四系松散含水层止水,单层围填高度不小于2 m,一般选用P.O32.5以上硅酸盐水泥。并采用管内外水位差法和压力法检验止水效果。

(6)岩土样采集设计。

取芯井的布设原则为:每个三级水文地质单元至少应有一个监测井按照规范要求提取钻探岩土芯样;同一水文地质单元在每个县级行政区尽量选取一眼最深的井作为取芯井;在水文地质条件较复杂、资料较缺乏的地区加大取芯井布设比例,水文地质资料较翔实的地区可减少布设。

根据以上布设原则,结合山东省的实际情况,设计对取芯井所取岩芯进行岩土样分析。在施工中遇到问题时,在工程量变更不大的情况下可酌情变更,无须报部项目办审批。

钻探过程中,采取土样、岩样应符合《供水水文地质勘察规范》(GB 50027—2001)和《机井技术规范》(GB/T 50625—2010)的规定,具体如下:

①取出的土样能正确反映原有地层的颗粒组成。

②取芯井应进行全孔取芯。孔隙水岩芯采取率应达到:黏性土大于70%,砂层、砾石层大于40%;基岩岩芯采取率应达到:完整基岩大于70%,构造破碎带、风化带、岩溶带等大于30%。

③回转无岩芯钻进时可在井口冲洗液中捞取鉴别样。采取鉴别地层的岩、土样,非含水层每3~5 m取一个,含水层每2~3 m取一个,变层时应加取一个。

④记录各岩土样的采集深度,进行编号,并现场填写岩土样采集单,以地市为单位,填写钻探提取岩土芯样监测井统计表。

⑤土样和岩样(岩芯)应按地层顺序存放,并及时描述和编录。土样、岩样应保存至工程验收,必要时可延长存放时间。

(7)洗井设计。

①洗井方法。根据各地区含水层岩性特征、监测井结构和井管管材的实际情况,本设计中,钢管采用活塞或空气压缩机洗井,PVC-U管采用抽水洗井。

②洗井要求。洗井工作必须在下管、填砾、止水后立即进行,以防止因停置时间过长,井壁泥皮硬化,造成洗井困难,影响钻井的出水量。洗井效果应满足以下条件:当向监测井内注入1 m深井管容积的水量,水位恢复时间超过15 min时,应继续进行洗井;否则,可认为完成洗井工作。洗井台班数不少于6个。

(8)抽水试验设计。

采用单孔稳定流抽水试验,抽水试验前设置井口固定点标志并测量监测井内静水位。抽水试验后,计算渗透系数和单位涌水量等参数。本次设计中所有监测井全部进行抽水试验,抽水试验的水位降深次数为1次,台班数为3个。

(9)电测井。

为确保地层勘察数据的准确性,新建站均应开展电测井工作。

电测井采用梯度电极或电位电极与地面电极在钻孔中建立直流电场,测量延井轴分布的两点之间的电位差来求取地层的视电阻率,根据视电阻率曲线形态划分地层,确定其厚度,定量估算地层的电阻率和孔隙度。观测方法为:在钻孔中放置与方法相应的电极系装置(包括供电电极、测量电极及相应的电子电路),通过供电电极向井孔地层通入电流产生电场,记录测量电极之间的电位差,当电极系沿着钻孔从井底向上以一定速度移动时,测量出整个钻孔地层剖面的视电阻率值。电测井工作应当遵循以下几个原则:

①测井速度根据仪器延时参数和测量精度要求而定,不大于1 000 m/h。

②标记电缆深度时,应挂相当于井下仪器重量的挂锤。

③测井曲线首尾必须记录有基线,首尾基线偏移不大于2 mm。

④曲线线迹清楚,当曲线出现断记和畸变时,必须在现场查明,采取有效措施后,重新记录。

⑤视电阻率进行标准测井时,应使梯度和电位测井曲线能兼顾分层定厚和估算渗透层及其侵入带的真电阻率。

2. 改建站

改建站在现有监测井或封停压采井中选取确定，通过改建工程，使其达到国家级监测站的技术要求。改建工程主要考虑井口损坏和井内淤堵两种情况，洗井维修可采用机械清淤、机械洗井、盐酸洗井、钢丝刷洗井等方式。洗井台班数不低于6个，进行抽水试验。

(1)改建站应具备以下条件：

①能够满足长期运行要求，不宜选择规划拆迁范围内的现有井，可以参照区域规划确定。

②井的位置应远离天然水体和水利工程，避免地表水对监测精度的影响；交通便利。

③井深要穿透目标含水层(组)，或满足新建站井深要求，可以根据该井井深以及所在地区水文地质图确定。

④井壁完好，水位反应灵敏，维修费用经济，可以通过抽水试验确定。

(2)洗井、清淤方法。

根据改建站的具体情况，分别采用活塞洗井、空压机洗井、盐酸洗井等洗井清淤方法。

①活塞洗井。活塞常用小径抽筒制作，上接钻杆或钢丝绳，用钻机卷筒的一速或二速，一般为0.65~1.55 m/s上下拉提，促使井内产生瞬时真空和形成水力击，破坏井壁泥皮并把渗入含水层中的细小颗粒携带入井中，从而达到疏通含水层的目的。这种方法对于基岩裂隙含水层或中砂以上松散粗颗粒地层中的井管是普遍适用的，它具有成本低、洗井效率高、质量好，并能克服其他机械洗井法不易奏效的优点。

②空压机洗井。一般采用7 m/min或9 m/min空压机向井内释放压缩空气，借助水气混合液造成井管内外的压力差，或在间歇送气情况下高压气源产生的剧烈激荡，冲击破坏井壁，同时，可将井底沉淀物排出地面。因空压机洗井受空气管淹没深度的工作压力的局限，其适应的洗井深度一般不超过100 m。在钻进泥浆稠度较大的基岩裂隙或粗颗粒地层中，活塞洗井效果要好于空压机洗井，但活塞洗井的巨大抽吸力容易把地层中的细小颗粒大量吸向井的四周，严重时可引起涌砂或堵塞井壁进水通道，甚至损伤井管。因此，对于一些未安装金属井管的监测井，或在细流提升到动水位以上相当高粉砂含水层中，然后再落回到井中，产生细颗粒或存在其夹层的情况下，采用空压机洗井具有较佳的效果。

③盐酸洗井。适用于包网缠丝填砾过滤器的金属管材。由于金属管材受到化学腐蚀，形成结垢沉淀物，造成过滤器堵塞，注入盐酸可使这些铁、钙和镁等化合物溶于水，排出井外；但不适宜铁丝网过滤器。

(3)抽水试验。

抽水试验方法与新建井一致。

7.1.2.2　辅助设施设计

1. 一体化式监测设备辅助设施

为减少占地，一体化式监测设备的监测站绝大多数不建站房，只建设井口保护设施。

井口保护设施共包括筒式(A)和箱式(B)两种，一般情况下，监测井保护设施采用筒式。根据基础连接方式不同，筒式又分为混凝土浇筑(A1)和地脚螺栓连接(A2)两种方案，本次设计采用混凝土浇筑(A1)。

A方案井口保护设施定制一般要求：

(1)材质与外涂料。采用普通碳钢(表面镀锌),整体喷塑。

(2)一般尺寸。出地面高度700 mm,直径为300~400 mm,厚度为8 mm。井口保护装置与基础为浇筑方式的,应埋入地下不小于300 mm,保护装置总高度不小于1 000 mm,对于146 mm管材,建议保护装置直径为300 mm;对于200 mm或219 mm管材,保护装置直径可适当增加,但原则不超过400 mm。井口保护装置与地面基础采用直接锚固方式固定的,井口保护设施高度为700 mm,直径建议为400 mm。

(3)上盖。材质与保护筒保持一致,尺寸大小应满足与保护筒紧密相连,并具有防水功能;直径300 mm井口保护装置建议上盖直径为316 mm;直径400 mm井口保护装置建议上盖直径为416 mm;上盖应配置通信盖板(直径10~12 cm),使用非金属对通信信号衰减较小的专业材料,一般为专用的工程塑料,具有抗冲击、抗老化、耐腐蚀、耐高温低温的性能;通信盖板与上盖应安装牢固,并有可固定通信天线的装置;上盖与保护筒通过转轴和专用锁具连接,当上盖打开时,可以与保护筒保持90°夹角,能够放置移动数据识读转储设备或水位巡测设备。

(4)锁具。使用专门设计的锁具,采用专用锁头与锁栓,配置专用工具;防盗锁由M20四角螺栓从下向上经过保护筒上的锁扣与防盗螺母连接;为防止雨水渗入,螺栓未贯穿上盖。

(5)通气孔。井口保护装置口沿下20~30 mm处,沿四周均匀分布由外向内按45°角向上,打数个孔(建议4~6个),直径2~4 mm。

(6)井口固定高程点。为便于测量水位,在保护筒顶端内侧切割一个长20 mm、宽4 mm、深2 mm的凹槽,内喷刷防锈漆、红油漆,作为井口固定高程点。

(7)地基处理。无冻土地区,建议一般处理深度为400 mm;对于有冻土层的地区,建议一般处理深度为冻土深(H)以下200 mm,总深度为(H+200) mm;地基处理直径为600 mm。

(8)电源。该方案需建立杆,杆高2.5 m,采用表面光滑、酸洗热镀锌钢管。基础采用C25混凝土现场浇筑,高出地面100 mm,地下埋设深度不小于300 mm;同时,预埋6个M10地脚螺栓,并通过法兰盘将立杆连接固定于基础上。

太阳能板,采用抱箍固定在立杆上,其倾斜度应能调节,以适应各地纬度。放置太阳能板蓄电池的仪器箱采用抱箍方式固定在太阳能板下方立杆上,电源线通过预埋于地下200 mm、略向下倾斜的DN25PVC走线管与仪器设备相连。仪器箱尺寸大小应能满足太阳能蓄电池放置要求。避雷针支撑与顶部托盘焊接,焊缝高度为5 mm。

A1现场浇筑方案安装要求:井管外壁采用水泥进行密封,并采用C25混凝土进行基础现场浇筑,浇筑过程中井口保护装置应铅直,埋设深度不小于300 mm,可高出地面50 mm,高出部分可斜坡浇筑。

A2地脚螺栓连接方案:先将基础采用C25混凝土浇筑至与地面齐平,并将3个M12地脚螺栓预埋于基础内5~10 mm;井口保护装置底部应配置3个地脚螺栓接口,以便通过法兰盘和地脚螺栓与基础紧固。井口保护装置安装后,再采用C25混凝土浇筑高出地面50 mm的圆形混凝土基础,以保护井口保护设施,并做好防水。

2. 水准点

水准点是地下水监测井的基础设施，是校核地下水水位的重要高程基准。水准点建设方案如下：水准点位于地下，埋于监测井围栏内合适位置，与井筒间隔 1.5 m。水准点指示桩埋于水准点正北方向 1.5 m 处，采用 C25 混凝土浇筑，出地面部分标注水准点编号及位置指示箭头，以便于测量人员快速找到水准点位置。水准点钢管内灌满水泥砂浆，表面涂抹沥青，并用旧布和麻线包扎，然后再涂一层沥青，上覆盖板。

3. 标示牌

标示牌主要作用是：标示国家地下水监测站点，起到保护与宣传的作用。标示牌要统一，材料应防风蚀雨蚀。标示牌规格为长 500 mm、宽 300 mm、厚 2 mm，"国家地下水监测站点"所属字体为隶书，字高 6 cm(200 号)，"标题、警示语、监测站编号、监测项目、设置日期、所属单位、联系电话"字体为隶书，字高 4.5 cm(150 号)，安装于测站醒目处。仪器保护箱的标示牌以软铁皮为材料，规格应小于站房标示牌，大小应与保护箱相适应，铆固于保护箱外。

4. 防雷要求

防雷等级取Ⅱ级。具体做法如下：在保护装置上部安装单只避雷针，规格为Φ 12 圆钢。引下线用扁铁焊接接入地网，地网采用环形接地网。可根据施工实际及《建筑物防雷设计规范》第 5 节调整，但必须满足接地电阻小于 10 Ω 的要求。

5. 观测场围栏

选取有条件的地下水监测井，建设观测场，设立围栏。围栏高度 1.2 m，材质采用 PVC，规格为 3.0 m×2.0 m×1.2 m，四角采用 PVC 固定桩，在中间增加一处固定桩增加围栏的稳定性。围栏场地面采用面包砖铺设，用石材路沿石，面积为 3.5 m×2.5 m。

6. 水位信息显示屏

选用 30 cm×40 cm 以上的 LED 显示屏。显示屏显示有关要素：站名、时间、水位、水温等信息。显示屏呈 45°角固定在太阳能支杆上，安装高度 1.0 m。

7.1.2.3　水位、水温仪器设计

为减少占地，本工程水位、水温监测设备原则上采用一体式设备，即水位计、遥测终端机、电源等均可完全置于井内和井口，建议采用一体式压力式水位计。除占地较少外，此类设备技术上较先进，性能更为可靠。所有设备保质期和厂商运行维护期应不小于 5 年，期内出现问题，仪器厂商应尽快处理解决。

1. 一体式压力式水位计

地下水埋深大于 15 m 的监测井，应采用压力式水位计。应放在历史最低水位以下，承压范围应符合水位最大变幅的要求。压力式水位计的性能质量主要取决于压力测量元件的类型、是否有温度修正功能，以及设计、工艺、产品化程度。陶瓷电容测压元件比传统的压阻式元件稳定，应优先选用此类设备。压力式水位计在水下，测得的是水深压力和水面上的大气压力之和，应通过通气管将大气压引入水下的测压元件，或通过其他方式，自动抵消了大气压，得到水深产生的压力，测得水深并转换成水位。

2. 遥测终端机(RTU)

RTU 用于自动采集、存储、传输各种类型地下水监测传感器的数据，其特点是体积

小、功耗极低,一般应采用内置电池供电。RTU 通过 RS232/RS485 或模拟量接口连接监测传感器,自动采集传感器数据;通过数据传输单元按照规定的数据传输协议定时自动传输监测数据;通过数据存储单元存储监测传感器数据;通信信道一般采用 GPRS/SMS,数据通信规约符合《国家地下水监测工程(水利部分)监测数据通信报文规定》的要求。

使用压力式水位计的测站 RTU 应安装于井口保护设施内,浮子式的宜安装于井口保护设施内。

3. 仪器设备主要性能指标

(1)水位计。

水位变幅范围:0~10 m、0~20 m、0~30 m 及以上。

水位变幅 0~10 m,测量误差不超过±2 cm;水位变幅>10 m,测量误差不超过量程的 0.2%。

重复性误差:不超过±1 cm。

信号输出方式:光纤/电缆传输。

大气压补偿方式:绝压式/差压式。绝压式需要另外单独测量各个测站所在位置的大气压,如果区域不大,可以用中心站处的大气压代表多个测站的大气压,在中心站统一处理;差压式使用通气电缆能测得正确的地下水水位,但通气电缆在长期使用中,容易发生管内积水,甚至冰冻情况,如弯曲或进入异物会发生堵塞的故障,可靠性不如绝压式。

设备平均无故障时间(MTBF):不小于 25 000 h。

(2)水温。

水温计分辨率:0.1 ℃;在 0~70 ℃水温变幅范围内,不超过±0.5 ℃。

(3)环境适应性指标。

①工作温度:水下部分,0~40 ℃(接触的水不结冰);井内部分,-5~55 ℃;地面部分,-10~45 ℃或-25~55℃。

②工作湿度:井内部分,相对湿度 100%RH(40 ℃时);地面部分,相对湿度不大于 95%RH(40 ℃时)。

(4)储存环境。

①储存温度:-40~60 ℃;

②储存湿度:相对湿度不大于95%RH(40 ℃时)。

(5)机械环境。

振动:应能承受《水文仪器基本环境试验条件及方法》(GB/T 9359—2016)所规定的振动试验。

自由跌落:应能承受《水文仪器基本环境试验条件及方法》(GB/T 9359—2016)所规定的自由跌落试验。

电磁环境:工频抗扰度性能应满足《电磁兼容试验和测量技术工频磁场抗扰度试验》(GB /T 17626. 8—2006)第 3 级要求。

(6)RTU。

设备平均无故障时间(MTBF):不小于 25 000 h。

应至少具备 2 个 RS232/RS485 数字输入接口,用于连接监测传感器,实现数据、命令

双向传输。

应至少具备 1 个模拟量输入接口，支持 4~20 mA 电流输入或 1~5 V 电压输入，至少达到 12 位分辨率，用于连接监测传感器。

可暂存前一天至数天的监测数据，供一次性传输。

应具备一定的防干扰性，要求在输入电压变化±15%条件下保持输出不变。

系统待机时功耗应不大于 0.6 mW。

(7) 固态存储。

一体化压力式水位水温计已带有固态存储记录器，RTU 也具有数据长期固态存储功能，本次设计不再配备单独的数据长期固态存储器，监测站测的数据应输出到 RTU 遥测传输。

存储容量：存储记录数据不小于 400 d（每日记录数据不小于 6 次，不超过 3 参数）。

存储数据种类：仪器所测参数。

存储记录数据准确性：存储记录的数据正确无遗漏，且与自报数据相一致，数据正确率达 100%。

时钟误差：不大于±10 s（10 d）。

(8) 设备防护要求。

外观：仪器外表面应无锈蚀、裂纹及涂敷层剥落等现象，文字标志应清晰完整。

结构：机械紧固部位应无松动，塑料件不应出现起泡、开裂、变形，电气接点应无锈蚀；各种电缆、气管、部件之间的接头应可靠且方便装拆。

密封性能：

①水下部分，压力式水位计，外壳防护等级满足 IP68 要求；浮子式水位计，空心浮子完全浸入 60 ℃水中，1 min 内无气泡。

②井内部分，外壳防护等级满足 IP67 要求。

③井口保护设施部分，外壳防护等级满足 IP67 要求。

(9) 电源。

结合实际情况选择供电方式。供电方式：干电池/锂电或者风光互补供电，本次设计采用风光互补供电，压力（或浮子）水位计在每日“六采一发”要求下，电池可用寿命不少于 2 年。

7.1.2.4　水质监测设备

1. 一体化监测设备

本次采用一体化水质监测设备，考虑到水质因素，建议采用陶瓷传感器，增加抗腐蚀能力。一体化产品的测量电极、测控电路、数据存储器、电源等部件是一个整体，在水下自动完成测量、记录，通过专用电缆读取数据和遥测传输，这类产品的功能完整、抗干扰性强、应用方便。所有设备保质期和厂商运行维护期应不小于 5 年，期内出现问题，仪器厂商应尽快处理解决。

2. 遥测终端机（RTU）

RTU 用于自动采集、存储、传输各种类型地下水监测传感器的数据，其特点是体积小，功耗极低，一般应采用内置电池供电。RTU 通过 RS232/RS485 或模拟量接口连接监测传感器,自动采集传感器数据;通过数据传输单元按照规定的数据传输协议定时自动传输监测数据;通过数据存储单元存储监测传感器数据;通信信道一般采用 GPRS/SMS,数据通信规约符合《国家地下水监测工程(水利部分)监测数据通信报文规定》的要求。测站 RTU 应安装于井口保护设施内。

3. 仪器设备主要性能指标

(1)TDS。电导范围:10~5 000 μs/cm;电导精度:±1.5%(FS)。

(2)环境适应性指标。

①工作温度:水下部分,0~40 ℃(接触的水不结冰);井内部分,-5~55 ℃;地面部分,-10~45 ℃或-25~55 ℃;

②工作湿度:井内部分,相对湿度 100%RH(40 ℃时);地面部分,相对湿度不大于 95%RH(40 ℃时)。

(3)储存环境。

①储存温度:-40~60 ℃;

②储存湿度:相对湿度不大于 95%RH(40 ℃时)。

(4)机械环境。

振动:应能承受 GB/T 9359 所规定的振动试验。

自由跌落:应能承受 GB/T 9359 所规定的自由跌落试验。

电磁环境:工频抗扰度性能应满足 GB /T 17626.8 第 3 级要求。

(5)RTU。

设备平均无故障时间(MTBF):不小于 25 000 h。

应至少具备 2 个 RS232/RS485 数字输入接口,用于连接监测传感器,实现数据、命令双向传输。

应至少具备 1 个模拟量输入接口,支持 4~20 mA 电流输入或 1~5 V 电压输入,至少达到 12 位分辨率,用于连接监测传感器;可暂存前一天至数天的监测数据,供一次性传输。

应具备一定的防干扰,要求在输入电压变化±15%条件下保持输出不变;系统待机时功耗应不大于 0.6 mW。

(6)固态存储。

一体化水质监测设备已带有固态存储记录器,RTU 也具有数据长期固态存储功能,本次设计不再配备单独的数据长期固态存储器,监测站测的数据应输出到 RTU 遥测传输。

存储容量:存储记录数据不小于 400 d(每日记录数据不少于 3 次,不超过 3 参数)。

存储数据种类:仪器所测参数。

存储记录数据准确性:存储记录的数据正确无遗漏,且与自报数据相一致,数据正确率达 100%。

时钟误差:不大于±10 s(10 d)。

(7)设备防护要求。

外观:仪器外表面应无锈蚀、裂纹及涂敷层剥落等现象,文字标志应清晰完整。

结构：机械紧固部位应无松动，塑料件不应出现起泡、开裂、变形，电气接点应无锈蚀，各种电缆、气管、部件之间的接头应可靠且方便装拆。

密封性能：

①水下部分，水质传感器，外壳防护等级满足 IP68 要求；

②井内部分，外壳防护等级满足 IP67 要求；

③井口保护设施部分，外壳防护等级满足 IP67 要求。

(9)电源。

干电池/锂电，一体化水质传感器在每日“两采一发”要求下，电池可用寿命不少于 2 年。

7.1.2.5　仪器设备安装

地下水监测站仪器设备主要包括水位、水温监测设备，水质监测设备，数据传输设备，防雷设备，电源等，见图 7-1。

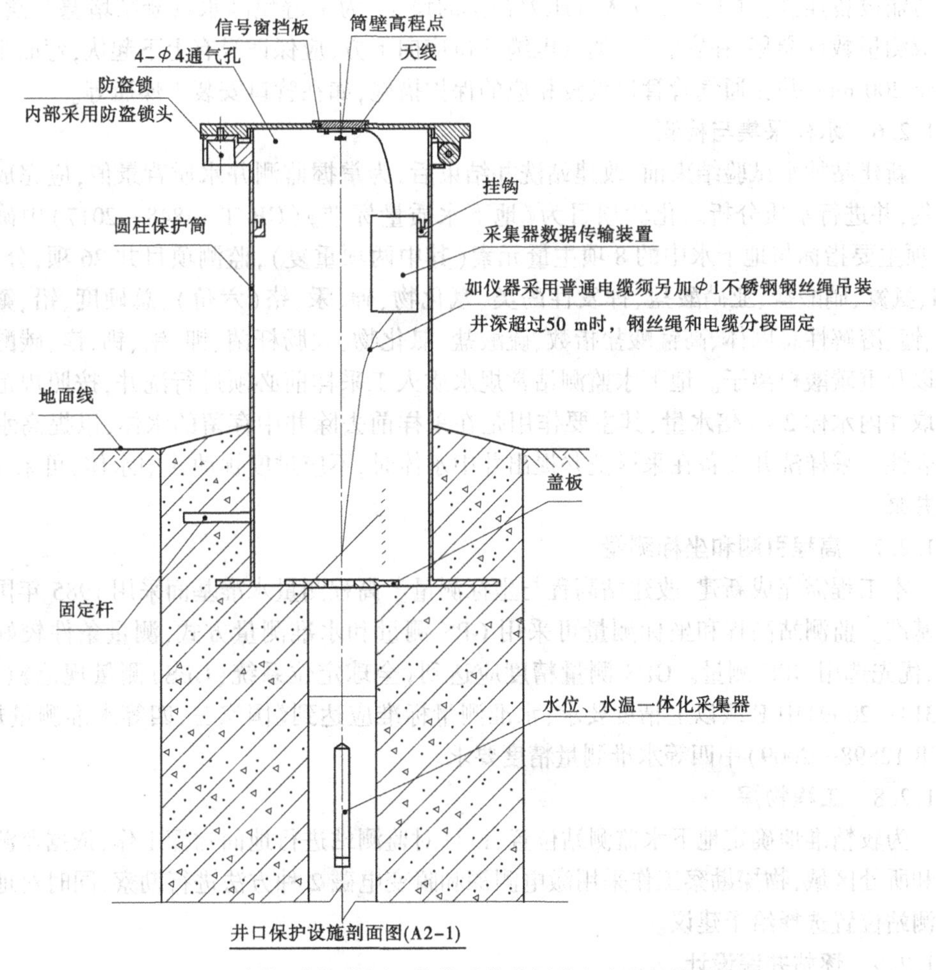

图 7-1　水位、水温监测一体化采集监测设备安装结构示意图

水位、水温一体化设备到场后，应随机抽取 3%~5%送检，检测合格后方可安装；安装

前,首先应检查各项土建工程是否符合要求,并对井口进行基础处理,确保监测设施满足牢固、可靠及防水、防盗要求。安装时,应将数据传输设备以悬挂的方式固定在井口保护设施内的挂钩上,检查悬挂是否牢固,传输信号是否畅通。为了避免因长时间受力或热胀冷缩造成线缆长度发生较大变化,从而产生测量误差并影响电缆传输效果,设计采用直径1 mm 不锈钢钢丝绳将探头吊装,使传输电缆处于轻微受力的状态;此时须在井口保护设施圆柱井筒内壁设置钢丝绳卡,用于卡紧ϕ1 不锈钢钢丝绳;RTU 安装时如有需要,可在井口保护设施圆柱保护筒内增设托盘,但托盘与圆柱保护筒必须为刚性连接。井深超过50 m 时,钢丝绳和电缆应分段固定。

设备安装时,根据人工实测地下水埋深,量出合适的压力探头线缆长度,地下水水位变化幅度较小的监测井,线缆长度应多于人工实测地下水埋深1~2 m;地下水水位变化幅度较大的监测井,线缆长度应在实测最低历史水位、年最大变幅以下1~2 m。井口保护设施内设置井口固定高程点,对高程进行标注,以便于测量水位时使用。将传输电缆线与自动传输设备连接,对于有自动大气压力补偿的设备,为了避免因水汽凝结堵塞补偿通道,造成测量数据漂移,在安装时,通气电缆开口应向下方,应保证没有上下起伏,弯曲半径不小于200 mm,并在通气管管口设置相应的保护措施,如在管口安装干燥瓶等。

7.1.2.6 水样采集与检测

新建站抽水试验结束前、改建站洗井结束后,为掌握监测井水质背景值,应完成水样采集,并进行水质分析。化验项目为《地下水质量标准》(GB/T 14848—2017)中确定的20 项主要指标与地下水中的8 项主量元素(其中两项重复),监测项目共26 项,分别是:pH、氨氮、硝酸盐、亚硝酸盐、挥发性酚类、氰化物、砷、汞、铬(六价)、总硬度、铅、氟、镉、铁、锰、溶解性总固体、高锰酸盐指数、硫酸盐、氯化物、大肠杆菌、钾、钠、钙、镁、碳酸根离子以及重碳酸根离子。地下水监测站常规水质人工采样前必须进行洗井,按照规范要求抽取井内水体2~3 倍水量,其主要作用是在采样前去除井中存留的水体,以提高水样的代表性。采样洗井设备在采样洗井提出井中水体时,不应过度扰动井中水体,可采用2 in洗井泵。

7.1.2.7 高程引测和坐标测量

本工程需完成新建、改建站高程与坐标测量。高程测量水准基面采用1985 年国家高程基准。监测站高程和坐标测量可采用GPS 测量和水准测量方式,测量条件较好的地区,优先选用GPS 测量。GPS 测量精度应达到《全球定位系统(GPS)测量规范》(GB/T 18314—2009)中E 级以上精度要求;水准测量标准应达到《国家三、四等水准测量规范》(GB 12898—2009)中四等水准测量精度要求。

7.1.2.8 工程物探

为较精准地确定地下水监测站位置,设计对监测站进行地面物探工作,依据监测站井深和所处区域,物探勘察工作采用激电测深和瞬变电磁2 种方法进行勘察,同时对地下水监测站位置选择给予建议。

7.1.2.9 逐站井深设计

根据监测站所处县市、水文地质单元、地貌类型、地层岩性、地下水类型、监测层位、含水层结构、孔深等特征开展逐站井深设计。

7.1.3 地下水自动化监测系统

地下水自动化监测系统，即地下水监测信息采集与传输系统，自动采集地下水水位、水质、水温等信息传输至数据信息中心。该系统主要有传感器、电缆线、数据采集与传输器、供电设备、信息管理平台等，以及附属设备避雷针。自动化监测系统技术框架见图7-2。

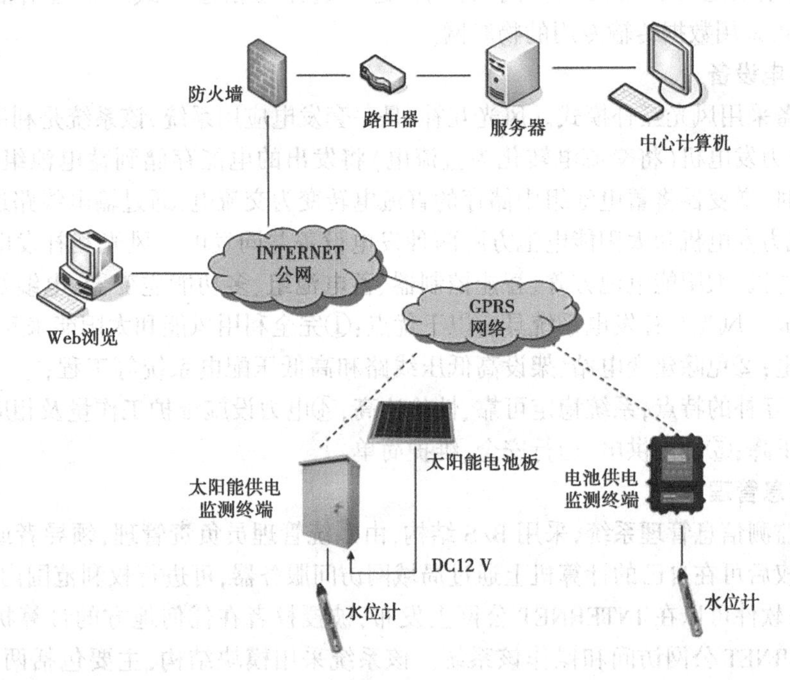

图7-2 地下水自动化监测系统框架

7.1.3.1 传感器

传感器是一种检测装置，能感受到被测量的信息，并能将感受到的信息，按一定规律变换成为电信号或其他所需形式的信息输出，以满足信息的传输、处理、存储、显示、记录和控制等要求。传感器类型主要包括地下水水位传感器、地下水水质传感器、地下水水温传感器等。传感器也可综合集成单一指标，如温度和水位、水位和水质等。目前，地下水水位传感器一般采用压力式，结构原理简单，易于推广应用，分辨率应小于等于1.0 cm，具体按照系统要求选择；地下水水质传感器，主要应用在原位水质监测当中，主要监测指标有COD、BOD、硝酸盐、重金属、氰化物等。地下水水温传感器，通常与地下水水位传感器结合使用，分辨率不应小于0.1 ℃。

7.1.3.2 数据采集与传输器

数据采集与传输器是一种具有实时数据采集、处理功能的自动化设备，具备实时采集、自动存储、即时显示、即时反馈、自动处理、自动传输功能。将各类型传感器输出信号（数字信号），通过有线或者无线方式传输至数据信息中心，进行数据存储、分析处理等。地下水水位监测站采用“六采一发”的方式，定时采集由采集设备控制，每天8时、12时、16时、20时、24时、4时采集水文要素，8时通过传输设备定时发报一次，设备具备多发功能,可同时将数据传输至县、市、省相关平台。含 UV 的水质站每天 10 时、22 时各采集一次,次日 8 时一次发送;五参数自动水质监测站每天 10 时采集一次,次日 8 时发送。采用电池供电的监测站除报送水位、水温等监测信息外,还应报送电源状态,即电源的电压。各类监测站均应具备信息双向传输功能,即除监测站自动向监测中心传输数据外,监测中心还能向监测站发送指令调取指定的监测数据。当采用无线传输方式时,宜采用双信通道通信方式,主信道可选用无线上网,备用信道可选用短信息方式。主通信信道采用 GPRS/SMS,可采用数据传输专用的物联网。

7.1.3.3 供电设备

供电设备采用风光互补模式。风光互补,是一套发电应用系统,该系统是利用太阳能电池方阵、风力发电机(将交流电转化为直流电)将发出的电能存储到蓄电池组中,当用户需要用电时,逆变器将蓄电池组中储存的直流电转变为交流电,通过输电线路送到用户负载处,是风力发电机和太阳能电池方阵两种发电设备共同发电。风光互补发电系统主要由风力发电机、太阳能电池方阵、智能控制器、蓄电池组、多功能逆变器、电缆及支撑和辅助件等组成。风光互补发电系统具有以下优点:①完全利用风能和太阳能来互补发电,无须外界供电;②免除建变电站、架设高低压线路和高低压配电系统等工程;③具有昼夜互补、季节性互补的特点,系统稳定可靠、性价比高;④电力设施维护工作量及相应的费用开销大幅度下降;⑤低压供电,运行安全、维护简单。

7.1.3.4 信息管理系统

地下水监测信息管理系统,采用 B/S 结构,由系统管理员负责管理,领导者或其他工作人员经授权后可在自己的计算机上通过局域网访问服务器,可进行权利范围内的操作。如果需要,该软件可以在 INTERNET 公网上发布,被授权者在任何地方的计算机上都可以通过 INTERNET 公网访问和操作该系统。该系统采用模块结构,主要包括两大模块:一个是人机界面,另一个是通信前置机。每个模块又由若干小模块组成。通信前置机软件主要负责监控中心与现场设备的通信,它具有强大的兼容性,可支持厂家生产的 GPRS、CDMA、MODEM、RS485 等通信产品,支持多种通信方式共存一个系统。人机界面包括基础数据管理、远程操作、人工录入、数据查询、数据报表、数据分析、地图管理等多项内容,可根据不同客户的不同需求设计组合成个性化的监控与管理系统软件。

7.1.4 地下水生态预警

地下水生态环境敏感地区应建立地下水生态预警机制,尤其用于生活和工业集中开发的重要的地下水源地,地下水资源过度开采往往会诱发严重的地下水生态环境问题。因此,应当选择关键的地下水生态环境敏感因子来确定地下水水位(水量)、水质等预警指标,通常结合地下水管控指标综合确定,主要依据水资源调查成果,一方面分析地下水资源禀赋条件,地下水开采与补给是否达到平衡;另一方面分析现状用水条件,开采地下水过程中地下水水位在一定周期内是否保持稳定;同时地下水开采是否符合地下水管理以及地下水压采控制要求。地下水生态预警指标(地下水水位)可采用三级预警,分别为红色预警、橙色预警和黄色预警,其中红色预警为最高地下水生态预警等级,并针对不同预警等级制订地下水开采管理方案。在地下水水位触及红线之前,应当允许地下水资源

的开采利用以保障社会经济系统的正常供水需求;但当地下水水位低于控制红线时,就应当以生态环境保护为首要目标而实施严格的禁采措施。

7.2 地下水体制机制建设

(1)强化地下水功能区划分级管理,健全地下水管理法规体系。

相比较地表水系统,地下水系统显得十分脆弱,在开发利用过程中,一旦保护不当或者未加以保护,极容易遭到破坏,很难修复。按照地下水功能区制定的利用与保护的管控目标,在全国地下水管理条例的基础框架下,抓紧制定出台地方地下水管理办法等,落实管理责任、提高决策能力、强化监督管理等重点内容,同时补充完善矿泉水、地热水、地温利用等方面的管理办法,逐步建立健全地下水管理的法规体系,严格保障地下水功能区各项功能的正常使用。地下水功能区经县人民政府批准后,将作为今后涉及地下水建设项目审批、水资源优化配置、科学管理和保护的基本依据,不得擅自更改。地方人民政府在地下水开采管理、水污染防治等工作中,要按照地下水功能区的要求,协调或衔接好有关开发利用规划与功能区划的关系,确保地下水功能区管理目标的实现。明确并落实管理责任目标。建立地方性法规和监督管理制度,使地下水管理工作有法可依,将地下水利用与保护工作落到实处,同时鼓励并推进用水户积极参与地下水管理工作,积极探索推行用水者协会等基层地下水管理体制。确立以地下水二级功能区为单元的地下水资源保护方针,逐步建立和完善地下水功能区统一管理与行政区域管理相结合的水资源保护管理体制和运行机制。根据地下水功能区的保护目标,以二级功能区为单元,以水质管理和污染源防治为重点,依法强化水行政主管部门对地下水资源保护和生态环境部门对地下水污染防治的监督管理,逐步形成流域与区域、资源保护与污染防治、有关部门之间分工明确、责任到位、统一协调、管理有序的地下水资源保护管理工作机制。地方政府要高度重视地下水资源保护工作,明确政府领导对地下水环境保护的目标责任,县级人民政府主要负责人对本行政区域地下水资源管理和保护工作总负责,并将各功能区管理任务层层分解落实,重要开采区域实行定期报告制度。

(2)强化用水总量控制与取水许可管理,完善最严格水资源管理制度。

按照《地下水管理条例》和《取水许可和水资源费征收管理条例》等要求,建立和完善以总量控制为基础的最严格的地下水管理制度,加强对地下水开发利用与保护的监督管理和分类指导。落实最严格水资源管理制度,提高水资源集约节约利用水平,实行地下水分区取用水量控制,将水量控制指标分解落实到县级以下行政区或者重要的地下水源地,实行地下水开采的总量控制,将水质保护目标和水位控制目标落实到地。建立地下水取水工程开展水资源论证,对于不符合地下水取水总量控制和地下水水位控制要求的,不符合限制开采区取用水规定的,不符合行业用水定额和节水规定的,不符合强制性国家标准的,水资源紧缺或者生态脆弱地区新建、改建、扩建高耗水项目,以及违反法律、法规的规定开垦种植而取用地下水的项目取水申请不予批准。建立地下水年度用水计划制度,有计划地对本行政区域内地下水年度用水实行总量控制制度。严格凿井资质审批制度,依法规范机井建设审批,先进行水资源论证,后打井取水。对凿井方案、凿井合同、凿井施工企业的资质等进行严格审查，加强施工质量管理，确保成井质量。同时，积极合理调整开采井布局，对于不合理开采井予以关停，以达到削减开采量的目的。对违反地下水开发、利用、保护规划进而造成地下水功能降低、地下水超采、地面沉降、水体污染的，应依法处理。

(3)加强地下水涵养和储备，健全地下水预防保护与战略储备制度。

加强对地下水水源地保护的监管力度，搞好水源地安全防护和水源涵养。制定并出台地下水水源保护管理办法，建立地下水水源地登记和信息发布制度，涵养和保护地下水水源地，发挥其正常供水和应急供水功能。合理划定地下水水源地保护区，设置严格的污染源准入制度，坚决取缔被污染地下水水源地。对于已遭受污染的水源地，按照“谁污染谁治理”的原则，逐步清理污染源，恢复良好环境，保障城乡饮水安全。采取综合措施，防止工业污染物通过废污水排放、固体废物堆放、渗井、渗坑等渗入污染地下水；防止农药、化肥等对区域地下水的污染。地下水是重要的应急与战略储备水源，在地表水污染事故或连续干旱的极端气候条件下提供应急水源，保障经济社会的正常秩序。要建立和完善地下水应急与战略储备制度，包括划分地下水应急利用的等级与标准、应急预案制定与管理、应急会商与调度等内容。要做好应急备用水源的基础设施建设，并加强其日常维护和管理，保证应急状态下能及时启用并发挥应急供水作用。做好地下水应急储备水源地的论证、建设，明确启用原则和条件、启用程序、管理调度运行方案，加强应急管理的决策支持。

(4)积极推进水权确权与分配管理，建立健全水权交易与监督制度。

坚持政府和市场“两手发力”，处理好政府作用与市场机制的关系，积极培育水权水市场。鼓励新增用水通过水权交易方式取得，推动水资源依据市场规则、市场价格和市场竞争，促进水资源优化配置，实现效益最大化和效率最优化。切实加强水资源用途管制和水市场监管，尽快出台水权交易管理办法，保障公益性用水需求和取用水户的合法权益，决不能以水权交易之名套取用水指标，更不能变相挤占农业、生态用水。推动水权水市场顶层设计，形成自上而下的水权交易规则流程，从市场准入、水权鉴证、水权交易、用途管制、水市场监管等多个方面，建立健全水权交易制度体系。完善水权水市场监管体系的顶层设计，清晰定位其价值、目的、目标，增强具体水市场监管措施的系统性、整体性、协同性。水权交易监管是对现有水资源管理的延伸与拓展，涉及政治、社会、经济和行政等一系列管理体制。它是指政府在建成的水权水市场平台上，制定水权交易管理的法律法规等相关制度，在水权交易过程中对水权的产生、变更等进行组织协调、控制和监督，并解决相关水事纠纷。水权交易监管制度是在水权交易法规体系的基础上，建立政府主管、社会组织和交易平台协调配合的监督管理，包括各级水行政主管部门成立的水权交易管理机构和由市场平台提供的市场服务机构，明确界定交易各方的权利和义务，明确交易双方的法律责任和契约责任，建立相关的奖惩制度，维护水权交易市场秩序。县水利局为县域水权交易管理机构，主要负责县域内的用水户交易资格、交易论证审批和交易活动的交易监督管理工作。为此，依据水资源规划、水功能区划等相关规划和政策，区分农业、工业、服务业、生活、生态等用水类型，严格实行水资源用途管制，重点对水权分配确定、水权分配方式以及水权确权登记等实施水权监督管理；坚持放管并重，实行宽进严管，激发市场主

体活力，平等保护用水主体合法权益，促进水权交易，交易双方应当建设并完善计量监测设施，将水权交易实施后水资源水环境变化情况及时报送有关水行政主管部门；强化对市场准入、交易价格、交易用途的监管，建立水权利益诉求、纠纷调处和损害赔偿机制，维护水权水市场的良好秩序；适时组织开展水权交易实施后评估，通过公众网站等依法公开水权交易的有关情况；积极做好水权纠纷的调解工作。

(5)深入开展节水型社会建设，完善节水管理制度。

按照《关于加强水资源用途管制的指导意见》，进一步贯彻落实中央关于健全自然资源用途管制制度要求，加强水资源用途管制工作，统筹协调好生活、生产、生态用水，充分发挥水资源的多重功能，使水资源按用途得到合理开发、高效利用和有效保护。严格用水定额和计划管理，强化行业和产品用水强度控制。加强行业用水监管与预警管理，行政主管部门和监督执法部门按照各自的职责分工，加强对用水器具生产、销售及设计、施工、安装、使用等全过程的监督管理。主要包括：①各生产、经销、设计单位不得生产、经销、选用明令淘汰的用水器具；②质量技术监督局负责对生产、流通领域进行监督检查，对生产、经销明令淘汰的用水器具的行为，将依据有关产品质量的法律、法规进行行政处罚；③建立各用水单位监管及预警机制，提高用水效率，改善水质，确保生产稳定运行。强化建设项目节水“三同时”管理，新建、改建和扩建建设项目应当制订节水措施方案，保证节水设施与主体工程同时设计、同时施工、同时投入使用(“三同时”制度)。主要包括：①有关部门要强化“三同时”制度在城市规划、施工图设计审查、建设项目施工、竣工验收备案等管理环节的落实；②有关单位要严格按照规定进行节水措施方案设计、施工和监理；③对违反“三同时”规定的，有关部门要依法采取处罚措施。严格节水考核与责任追究，严格制定节水考核指标的，强化问题导向，扩大考核内容，将节水目标任务完成情况作为县人民政府、相关部门、相关企业及其负责人综合考核评价的重要内容。主要包括：①在落实水行政主管部门牵头负责的基础上，明确各有关部门的职责，做到各司其职，密切配合，形成合力，通过落实最严格水资源管理制度推动节水型社会建设；②严格用水总量和强度双控责任追究，对落实不力的地方，采取约谈、通报等措施予以督促；③对因盲目决策和渎职、失职造成水资源浪费、水环境破坏等不良后果的相关责任人，依法依纪追究责任。

参考文献

[1] 王浩,胡春宏,王建华,等.我国水安全战略和相关重大政策研究[M].北京:科学出版社,2019.
[2] 郑汉通,许长新,徐乘.黄河流域初始水权分配及水权交易制度研究[M].南京:河海大学出版社,2006.
[3] 张雷,仕玉治,刘海娇,等.基于物元可拓理论的水库初始水权分配研究[J].中国人口·资源与环境,2019,29(3):110-117.
[4] 尹明万,于洪民,陈一鸣,等.流域初始水权分配关键技术研究与分配试点[M].北京:中国水利水电出版社,2012.
[5] 陈守煜.可变模糊集理论与模型及其应用[M].大连:大连理工大学出版社,2009.
[6] 熊立华,郭生练.分布式流域水文模型[M].北京:中国水利水电出版社,2004.
[7] 李德毅,杜鹢.不确定性人工智能[M].北京:国防工业出版社,2005.
[8] 中国地质调查局.水文地质手册[M].2版.北京:地质出版社,2012.
[9] 刘路广,崔远来.灌区地表水与地下水耦合模型的构建[J].水利学报,2012,43(7):826-833.
[10] 王蕊,王中根,夏军.地表水和地下水耦合模型研究进展[J].地理科学进展,2008,27(4):37-41.
[11] 李砚阁.地下水库建设研究[M].北京:中国环境科学出版社,2007.
[12] 杨建青,章树安,陈喜,等.国内外地下水监测技术与管理比较研究[J].水文,2013,33(3):18-24.
[13] 章树安,陈喜,杨建青,等.国外地下水监测与管理[M].南京:河海大学出版社,2011.
[14] JERSON KELMAN,RAFAEL KELMAN. Water Allocation for Economic Production in a Semi-arid Region[J]. International Journal of Water Resources Dvelopment,2002,18 (3):26:391-407.
[15] GOPALAKRISHNAN C. The Doctrine of Prior Appropriation and Its Impact on Water Development: A Critical Survey[J]. American Journal of Econnomics& Society,1973,32:61-72.
[16] HOWE C W, et al. Innovative Approaches to water allocation: The potential for water markets[J]. Water resources research,1986,22(4):439-445.
[17] WANG Zhongjing, ZHENG Hang, WANG Xuefeng. A harmonious water rights allocation model for Shiyang River Basin, Gansu province, China[J]. International Journal of Water Resources Development, 2009, 25(2):355-371.
[18] DOERFLIGER N, JEANNIN P Y, ZWAHLEN F. Water vulnerability assessment in karst environments a new method of defining protection areas using a multi-attribute approach and GIS tools[J] . Environmental Geology, 1999 ,39(2): 165-176.
[19] 陈守煜,王国利.含水层脆弱性的模糊优选迭代评价模型及应用[J].大连理工大学学报,1999,39(6):811-815.
[20] 邢立亭,高赞东,叶春和,等.岩溶含水层脆弱性评价的COP模型及其改进[J].中国农村水利水电,2009(7):39-40.
[21] 李志萍,谢振华,邵景力,等.北京平原区浅层地下水污染风险评价[J].评价应用,2013,8(1):43-46.
[22] 赵玉国.基于GIS的岩溶地区地下水脆弱性评价——以重庆市老龙洞地下河流域为例[D].重庆:西南大学,2011.
[23] 郑春苗,GORDON D B.地下水污染物迁移模拟[M].北京:高等教育出版社,2009.

[24] 贾金生,田冰,刘昌明. Visual MODFLOW 在地下水模拟中的应用——以河北省栾城县为例[J]. 河北农业大学学报,2003,26(2):72-78.
[25] 徐军祥,邢立亭. 济南泉域岩溶水数值预报与供水保泉对策[J]. 地质调查与研究,2008,31(3):210-213.
[26] 赵旭. 基于 FEFLOW 和 GIS 技术的咸阳市地下水数值模拟研究[D]. 咸阳:西北农林科技大学,2009.
[27] 王丽亚,韩锦平,刘久荣,等. 北京平原区地下水流模拟[J]. 水文地质工程地质,2009(1):11-18.
[28] 贾仰文,王浩,倪广恒,等. 分布式流域水文模型原理与实践[M]. 北京:中国水利水电出版社,2005.
[29] 王中根,朱新军,李尉,等. 海河流域地表水与地下水耦合模拟[J]. 地理科学进展, 2011, 30(11):1345-1353.
[30] 王军霞. 江汉-洞庭平原流域水文模型与地下水数值模型耦合模拟研究[D]. 北京:中国地质大学,2015.